海洋微污染物
微流控智能检测技术

王俊生　赵凯　王月竹　丁格格　等著

化学工业出版社

·北京·

内容简介

微流控芯片技术是一门基于物理化学和分析化学，并借助纳米技术和微机械，在生物化学和生物医学工程的推动下兴起的多学科交叉融合的学科，具有自动化、小型化、集成化、耗样少、反应速度快等诸多优势，应用前景非常广阔。自从微流控芯片技术诞生以来便得以迅速发展，引起了学术界和产业界的高度关注，成为一门具有战略意义的新兴科学技术。

本书旨在向广大读者介绍微流控芯片技术的基础理论和前沿应用。全书共分为6章，内容涵盖微流控技术基础理论与发展历程、微流控芯片中的物理场、微流控芯片材料与加工工艺、微流控芯片中的前处理与检测技术、数字微流控技术，以及微流控芯片在船舶海洋环境中的应用。书中介绍了微流控技术的基本理论、基本方法、关键技术和最新的研究进展。本书适合作为微流控技术、分析化学、生物技术和微机电系统（MEMS）等相关领域科研人员和技术人员的参考资料。

图书在版编目（CIP）数据

海洋微污染物微流控智能检测技术 / 王俊生等著. 北京 : 化学工业出版社, 2025. 8. -- ISBN 978-7-122-48644-8

Ⅰ. X55

中国国家版本馆CIP数据核字第2025X7C850号

责任编辑：卢萌萌
文字编辑：王云霞
责任校对：王 静
装帧设计：韩 飞

出版发行：化学工业出版社
（北京市东城区青年湖南街13号 邮政编码100011）
印 装：北京天宇星印刷厂
787mm×1092mm 1/16 印张12 彩插6 字数263千字
2026年1月北京第1版第1次印刷

购书咨询：010-64518888 售后服务：010-64518899
网 址：http://www.cip.com.cn
凡购买本书，如有缺损质量问题，本社销售中心负责调换。

定 价：128.00元

《海洋微污染物微流控智能检测技术》编委会

主　　任：王俊生

副 主 任：赵　凯

著者人员：

王俊生　赵　凯　王月竹

丁格格　王艳娟　冯巧宇

前言

分析检测技术是科学技术领域的重要组成部分，对推动全球科技创新和经济发展起到了关键作用。各国现代化步伐的加快，对检测技术的需求也日益增加，发展先进的分析检测技术和设备已经成为全球生命科学和高新技术领域的竞争热点。在当前以生命科学为主导的时代，科学技术的进步使得生命科学领域涌现出大量先进技术，以服务人类的生命健康事业，微流控技术是其中至关重要的技术之一。

微流控技术，也被称为芯片实验室（lab on a chip）或微流控芯片（microfluidic chip），是一门基于物理化学和分析化学，依托纳米技术和微机械，并随着生物化学和生物医学工程的发展而兴起的多学科交叉融合的学科。作为一种新兴的集成化技术平台，微流控芯片内部集成了微通道、微反应器、微泵、微阀等功能性微纳米结构单元，能够自动实现样品前处理、反应、富集、标记、检测和分离等多个操作。它可以将一个完整的医学或生物实验室浓缩到一块数平方厘米的芯片上，满足小型化、集成化和自动化的分析检测要求。目前，微流控技术已被广泛应用于环境检测、食品安全、药物筛选、疾病诊断、生命健康和石油化工等领域。本书在编写过程中，重点关注以下几个方面：

① 微流控芯片的发展历程与理论基础；

② 微流控芯片的加工工艺与制作环境；

③ 微流控芯片的样品处理与检测技术；

④ 数字微流控芯片技术理论及其操控；

⑤ 微流控芯片在船舶海洋环境中的应用。

具体而言，本书从微流控芯片相关科学研究的热点出发，旨在培养学生的创新研究能力和解决复杂工程问题的能力。除了传统基础实验内容，本书还编入了一些最新的前沿研究资料，反映当前环境问题的最新进展。主要内容包括微流控芯片中的物理场、微流控芯片材料与加工工艺、微流体驱动与控制技术、数字微流控技术等关键实验技术。此外，本书特别融入了船舶海洋背景高校的特色，关注微流控芯片应用领域的最新研究成果，旨在适应微流控芯片的发展趋势，满足高等学校光电信息科学与工程、机械工程、材料科学、环境工程等相关专业的教学需求。

本书是著者对近年来微流控芯片在船舶海洋环境领域应用的总结，凝聚了著者的集体智慧和辛勤工作。全书具体分工如下：第1章由王俊生、王艳娟著写，第2章由王艳娟著写，第3章由赵凯著写，第4章由王俊生、冯巧宇著写，第5章由赵凯著写，第6章由王俊生、王月竹、丁格格著写。初稿完成后，著者相互校对，最终由赵凯统稿并定稿。

本书的著写受到辽宁省研究生教育教学改革研究资助项目（辽教通［2022］249号-215）、大连海事大学教育教学改革项目（YJG2022201、YJG2023101、BJG-C2024031）、教育部产学研合作协同育人项目（231003584130308）的资助。此外，本书在著写过程中广泛借鉴参考了已出版的相关教材、专著和文献，在此谨向有关作者表示诚挚的谢意。

由于著者研究领域和学识所限，书中难免有不足之处，恳请广大读者不吝赐教，我们将在今后工作中不断改进。

著者

2025年6月

目录

第1章 绪论

1.1 概述

分析检测技术是科学技术领域最重要的组成部分之一，对推动全球科技创新和经济发展起到了至关重要的作用。可以说，科技发展和创新的每一步都离不开分析检测技术。截至目前，颁发的诺贝尔奖中约1/6与分析检测技术有着直接关系，如晶体学X射线衍射技术、同位素示踪技术、质谱技术、电泳分析与光谱分析技术等。世界各国现代化步伐的加快，对检测技术的要求也越来越高，发展先进的分析检测技术与设备已经成为全球生命科学领域和高新技术领域的竞争热点。在以生命科学为主导的当今时代，随着科学技术的发展，生命科学领域已经涌现出大量先进技术，以服务人类生命健康事业。微流控技术便是其中之一。

作为一类新兴的集成化技术平台，微流控芯片凭借其内部集成的微通道、微反应器、微泵、微阀等各类功能性微纳米结构单元，能够自动实现样品前处理、反应、富集、标记、检测和分离等多个反应操作。它能够将一整个医学或生物实验室浓缩集成到一块数平方厘米的芯片上，成功实现了小型化、集成化、自动化的分析检测要求，如图1-1（书后另见彩图）。微流控技术不仅可以实现芯片内封闭式原位自动化检测，显著提高了检测灵敏度与能力，而且能够实现高通量、并行乃至多靶标同时检测，显著提升了整体的检测水平。目前，微流控技术已广泛应用于环境检测、食品安全、药物筛选、疾病诊断、生命健康和石油化工等方面。

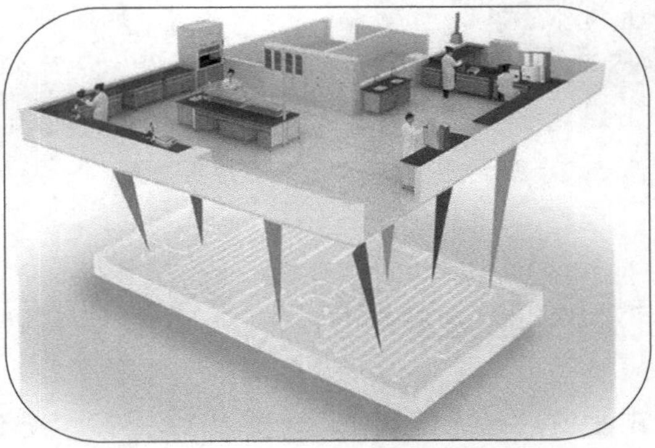

图1-1 微流控芯片的集成化示意图

1.2 微流控芯片实验室及其发展历史

1.2.1 微流控芯片实验室

微流控技术又被称为芯片实验室（lab on a chip）或微流控芯片（microfluidic chip），是以物理化学和分析化学为基础，纳米技术和微机械为依托，并随着生物化学、生物医学工程的发展而兴起的一门多学科交叉融合的学科。与传统单一科学技术相比，微流控技术能够将分析化学、材料学、分子生物学等领域所涉及的样品前处理、反应、分离、检测等过程全部集成到一块微米级的芯片上，高效、自动地完成分析检测全过程。它不仅具有自动化、小型化、集成化等诸多优点，还能大大缩短样本的处理时间，精密控制流体流动，节约试剂耗材，有着极为广阔的应用前景。微流控技术的诞生，是研发人员对自动化和效率更为极致的追求。其问世至今不过30多年的历史，但因发展迅猛，吸引了一批又一批科研学者投身其中。

微流控芯片实验室内的各操作单元由微通道结构互相连通。通过设计不同结构的微通道网络，可以使流体按照所需的要求流动，进而在数微米大小的芯片上实现各种实验操作。图1-2为几种微流控芯片实物图。

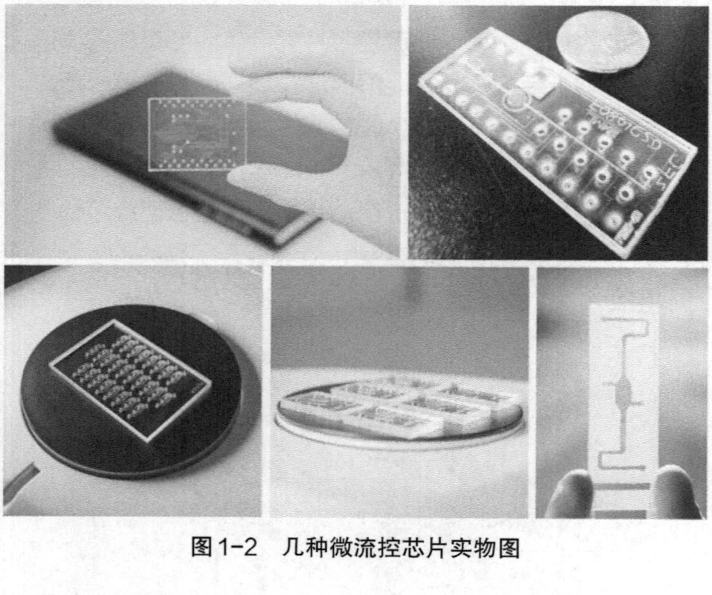

图1-2 几种微流控芯片实物图

1.2.2 微流控芯片实验室发展历程

作为一种新兴的技术平台，微流控技术这一概念始于20世纪50年代，当时科学家在纳升（nanolitre）和皮升（picolitre）范围内进行微量液滴的操控，这为今天高度发展的喷墨打印技术和微流控控制技术提供了技术基础。另一个里程碑事件起于1979年，Terry及其研究团队在硅晶片上构建出亚毫米级微通道，以此实现了小型化气相色谱仪（gas chromatograph，GC），并被广泛应用于细胞死亡观察、药物筛选和肿瘤标志物检测等领域。直到1990年，瑞典科学家Manz和Widmer首次提出微流控芯片的雏形概念：全分析系统（total analysis systems，TAS）和微全分析系统（micro total analysis systems，μ-TAS）。最初，μ-TAS主要用于生物和化学分析领域，并且普遍采用电泳来操控和驱动微纳米尺度的流体。在该系统中，待测样品的处理、反应、检测和其他操作过程全部集成于微通道内，但当时设计微流控芯片结构的方法并不明确。1994年，Ramsey等改进了毛细管电泳的进样方法，并提高了芯片性能。同年，研究者们在荷兰恩斯赫德市（Enschede）召开了首届μ-TAS国际会议。在这段时期，μ-TAS与微流控芯片之间并没有明确的定义，两者往往混用。并且，芯片上的成熟操作单元仅有分析、进样等，集成化程度低，主要用于分析检测等领域。随着芯片上操作单元的逐渐发展与成熟，微混合、微反应和微分离等操作单元的提出，使得微流控芯片的应用范围大幅度拓展，远远超过了μ-TAS所定义的分析范畴。

1995年，加利福尼亚大学伯克利分校的Mathies及其研究团队成功利用微流控技术实现DNA测序，并将聚合酶链反应（polymerase chain reaction，PCR）集成到微流控芯片中。Mathies团队的研究展示了微流控技术的商业价值。同年，世界上第一家微流控公司Caliper在美国成立。1998年，Whiteside和Xia成功利用聚二甲基硅氧烷（polydimethylsiloxane，PDMS）的快速成型特性和软光刻技术制造出微流控芯片，有效地降低了微流控芯片的制造成本。此后，微流控芯片领域的专利之战日趋严重，一些微流控芯片开发企业纷纷与世界著名分析仪器生产厂家合作。1999年，Caliper公司和HP公司［即现在的安捷伦（Agilent）公司］联合推出了首台商品化微流控分析仪器Bioanalyzer 2100及相应的分析芯片。2001年，微流控领域专业期刊《芯片实验室》创办。2002年，Quake等在国际顶尖期刊*Science*上发表专辑（第298卷第5593期），汇总并介绍了具备上千个微阀和数百个微反应器的集成式微流控芯片，展现了微流控装置从早期的单一电泳分离分析到大规模集成化多功能微流控平台的飞跃。随后，2003年，微流控技术被*Forbes*（福布斯）杂志评为“影响人类未来的15项最重要发明之一”。2004年，*Business 2.0*（商业2.0）杂志（2004年第5卷第8期）的封面文章将微流控技术称为“将改变世界的七项技术之一”。自此之后，许多微流控公司相继成立，微流控芯片成为科学家们研究的最热门话题之一，并开始在生物化学、免疫、分子诊断和基因测序等领域大放异彩。

2006年，国际顶尖杂志*Nature*（第442卷第7101期，第367-418页）发表芯片实验室专辑，收录了一篇概论和六篇综述，从多个角度详述了微流控芯片的发展历史、现状和未来前景，并将微流控芯片评价为the technology of the century（本世纪的技术）。2007年，Nagrath及其团队首次使用微流控技术成功分离出癌症患者身体中罕见的循环肿瘤细胞（circulating tumour cells，CTCs），相关成果发表于*Nature*上。2010年，Huh等首次在微流控芯片上实现了肺器官功能重建并发表于*Science*上。同年，Ihara及其团队将开放式夹心Elisa与微流控传感系统相结合，成功实现了对分子量小于10^6抗原的快速非竞争性免疫检测。2012年，麻省理工学院Zervantonakis及其团队构建出一款基于微流控技术的三维肿瘤-

血管截面分析系统，相关成果发表于*PNAS*上。2013年，第一款体外仿生三维模型芯片被Nguyen等成功构建，该芯片重建了血管生成过程中的形态变化，有效阐明了血管新生的复杂分子机制。2014年，Bersini等开发出一款3D微流控装置来分析人乳腺癌骨转移的生物学性质，证明了微流控系统在癌症生物学和诊疗方法筛选方面具有广阔的应用前景。2015年，Amstad及其团队利用超声喷雾干燥原理首次开发出可从多种材料中高效提取无定形纳米颗粒的微流控雾化器，为药物筛选做出有利贡献。2016年，哈佛大学Wehner等利用注塑和软光刻技术构建出软体机器人，该机器人完全由遍及各处的微流控通道网络进行控制，通过计算机编程来催化机器体内燃料产生的气体，进而执行各种动作。同年，我国将微流控芯片技术列为“十三五”规划关键性突破技术之一。

2017年，Dance在*Nature*上报道了医学微流控芯片的制作及应用价值，进一步推动了微流控装置在医学检测领域的发展。2020年，在进入微流控技术发展的四十载之际，为了展示该领域的最新研究进展，Wiley出版社旗下的*Small*杂志专门组织了“The Fourth Decade of Microfluidics”专刊（DOI:10.1002/ smll202000070）。该专刊由哈佛大学David Weitz教授、香港大学岑浩璋教授和深圳大学孔湉湉副教授担任客座编辑，共收录39篇文章，其中研究论文17篇、综述22篇，内容涵盖了微流控技术多个研究方向的重要研究进展，如单细胞分析、微液滴操纵、微尺度流体控制、新型生物材料制备、仿生材料、体外分析生物技术、肿瘤芯片、生物电子和再生组织工程等。2021年，斯坦福大学生物工程师Polly Fordyce、生物化学家Daniel Herschag及其同事在*Science*杂志上发表了高通量酶动力学微流控系统，这种价值10美元、仅有7cm^{2}大小的玻璃芯片能在几小时内同时检测1000多种酶突变，可用于剖析潜在的进化轨迹，确定人类疾病相关基因突变的功能性结果等，为人类医学事业的进步做出了自己的贡献。同年，我国“十四五”规划纲要中强调：微流控技术是医疗装备未来创新方向的重点规划项目。

图1-3为微流控发展史上的重要里程碑事件。

这样一段科学技术简史表明，微流控芯片自诞生以来，一直受到学术界和产业界的极大关注。在20世纪，人们借助半导体或金属中流动的电子得到的广阔的“信息”，成就了具有战略意义的信息科学和通信技术。而在21世纪，通过带有生物分子、细胞或纳米颗粒的样品溶液在微流控芯片通道或平面上流动以研究生命、理解生命，以至部分地改造生命，将有可能同样成就一种新的具有战略意义的科学技术——微流控学。在未来数十年内，微流控芯片能承载多种单元技术并使之灵活组合和规模集成的特征将会使其成为系统研究的重要平台。

1.2.3 微流控芯片实验室发展前景

在未来十年内，我们预计微流控技术将会继续被整合到不同的研究方向和应用领域中，并通过与新兴学科（如人工智能、纳米材料和神经形态工程等）结合来进行不断创新。随着该领域的不断成熟，微流控技术在众多应用和产品中发挥了关键性作用，这些应用和产品将会重塑司法鉴定、医疗诊断、食品安全等领域的细分市场。随着大量基于微流控的全新产品和技术的开发，预计至2025年微流控市场将继续增长约14%，图

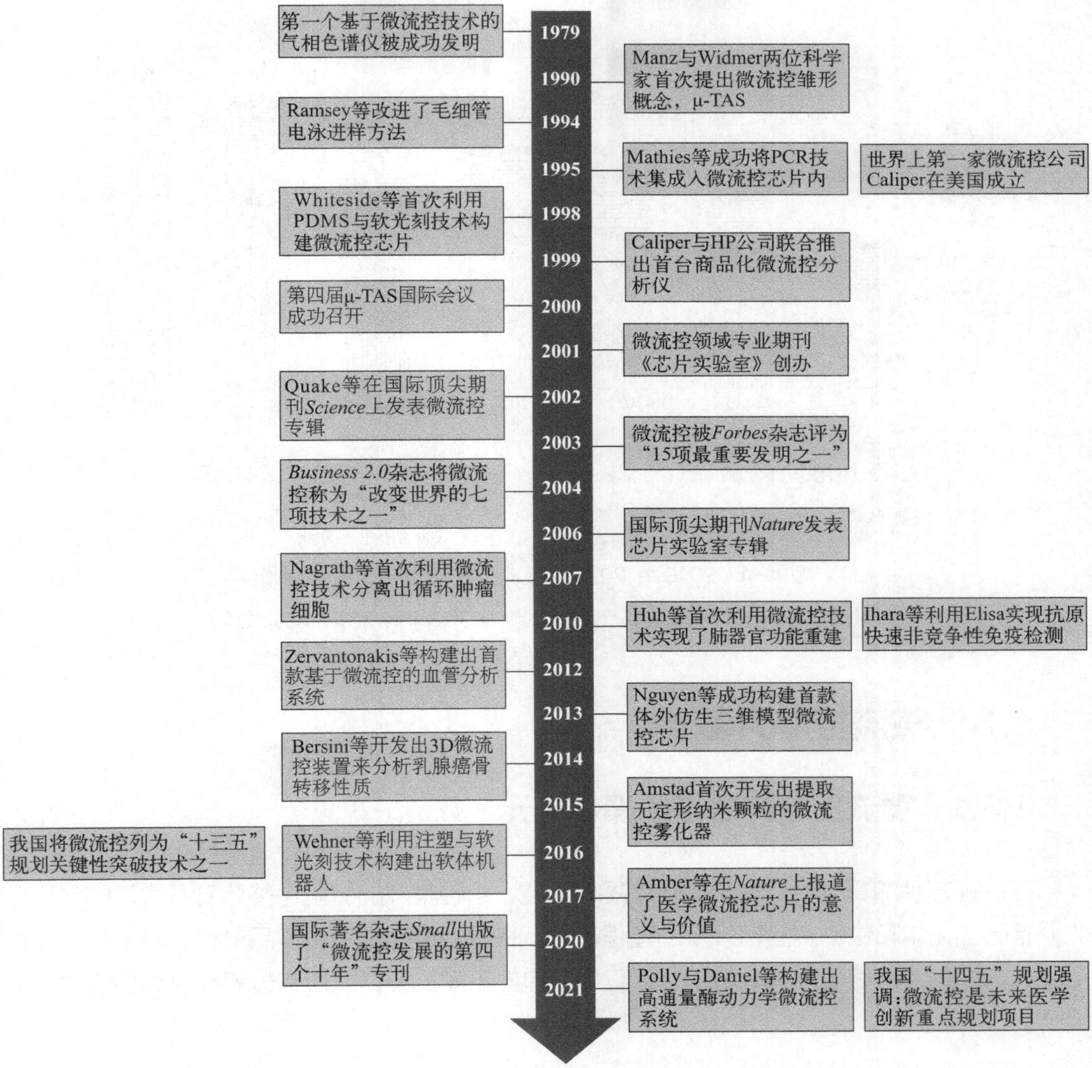

图1-3　微流控芯片的发展历史

1-4为2019～2025年微流控产品市场价值预测（书后另见彩图）。2019年，全球研发微流控技术和生产微流控产品的先进企业和初创公司的数量已超过1000家。基于微流控的代表性产品主要分布于生物技术产业中的两个关键领域——即时检测（point-of-care testing，POCT）和基因组学检测。主要产品代表有：用于POCT诊断的离心式微流控生物芯片、用于抗原和抗体筛检的单细胞分析系统、用于探究稀有细胞和酶活性的荧光激活细胞分选系统、基于数字微流控技术的逆转录聚合酶链反应（RT-PCR）系统或微液滴数字聚合酶链反应（ddPCR）系统。预计在不久的将来，微流控技术将为分子诊断高效地提供大量极其丰富的基因信息，并最终在普通家庭中实现分子水平上的POCT疾病检测甚至治疗。为了实现这个目标，还需要面对重大的挑战和障碍。这些挑战和障碍，以及各细分领域的发展状况将会在后面的各章节中详细论述。

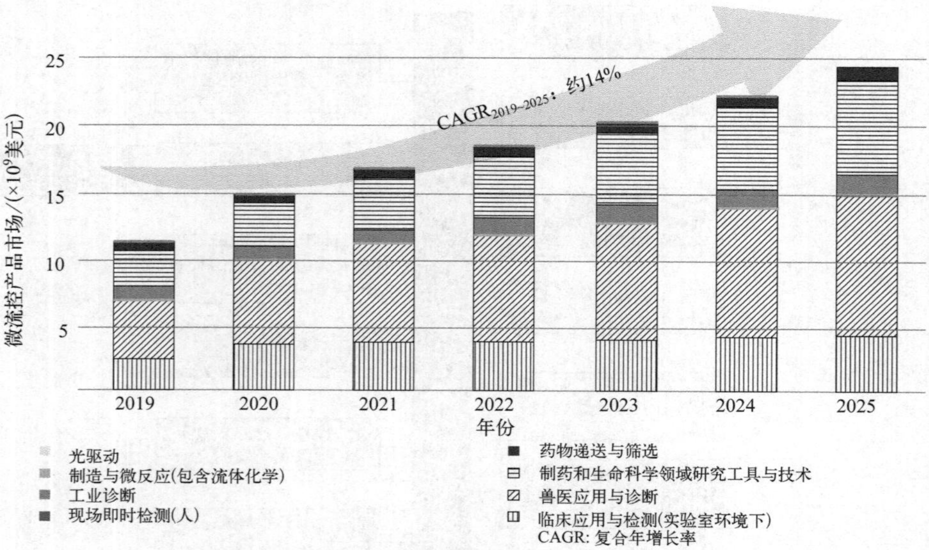

图 1-4　2019 ~ 2025 年微流控产品市场价值预测

（数据来源：《2020 年微流控行业现状报告》，Yole Dévelpppement，法国）

1.3　微流控芯片基础

1.3.1　微流控芯片的基本操作单元

微流控芯片的真正优势在于实验室规模集成，这种集成的微型化整体又以微型的单元操作为基础。化学和生物实验室涉及的过程很多，在分子层面上，有样品进样、混合反应、样品驱动与控制、分离检测等。每一个过程中又包含不同的操作，所有过程和操作按需求灵活组合。

1.3.1.1　样品进样

样品进样是进行微处理的第一步，利用芯片平台处理样品需要将样品从样品源引入芯片的样品处理通道或通道网络，该步骤通常称为进样。样品源可以在芯片上，也可以在芯片外。若样品源在芯片外就需要配连接导管或通道与芯片进行连接，也需要加以输运的驱动力，比如电动力和压力等。微流控芯片可以处理液态、气态和固态样品。固态样品本身不具流动性，需要在流体化后实施进样，流体化常用的手段是溶解或以液/气流携带的方式。所以，按照样品形态可以将进样分为气态样品进样、液态样品进样、固态样品进样三类。其中液态样品是微流控芯片实验室中应用最多的一种。关于样品进样技术会在后续章节介绍。

1.3.1.2　微混合与微反应

反应是物理、化学及生物学领域中最重要的操作单元之一；而混合，则是反应能够有效进行的催化剂，增强混合是为了更快地完成反应操作。溶质的混合一般来讲有两种机理：对流与扩散。微流控芯片主要靠扩散实现传质，如无任何辅助，其反应速率慢。因此，各种微混合技术被开发出来，以实现快速的反应过程。所以这些微混合技术主要可以分为两类：主动混合技术和被动混合技术。主动混合技术的核心是利用外力（如磁场力、电场力或声场力）来完成混合。被动混合技术以其不用借助任何外力就能实现混合的特点，在微流控领域有着更为广泛的应用。被动混合技术的核心就是利用微加工工艺制备出的微结构干扰流体的正常流动，从而实现了混合的目的。

微反应技术是将化学反应过程应用在微结构内的技术，体现这种技术的设备或器件称为微反应器。它的基本特征是：线性尺寸小、物理量梯度高、表面积/体积比大、流动为低雷诺数层流。微反应器是强化化学反应过程的重要设备。当化学反应在微尺度空间内进行时，可以充分提高传热效率，提高选择性和转化率，提高反应过程的安全性和集成度，从而达到生产目标。微反应器具有样品反应速率快、消耗量少的优点。微反应器易于与微流控芯片的其他功能单元集成，以构建微流控芯片系统，因此微反应技术已广泛应用于化工生产中。

1.3.1.3 微驱动与微控制

（1）微驱动

微流体驱动方式一般可分为两类：一类是机械驱动方式，如离心力驱动、压力驱动等，主要利用自身机械部件的运动来达到驱动流体的目的，驱动系统中包含能运动的机械部件；另一类是非机械驱动方式，包括电驱动、电水力驱动、表面张力驱动、热驱动等，其特点是系统本身没有活动的机械部件。非机械式微泵是利用其他形式的能量（电、声、化学能、光、磁等）作用在流体上，驱动流体的流动，主要有电渗驱动、电水力驱动、表面张力驱动、热驱动、磁流体驱动等。此外，其他类型的非机械驱动还包括光驱动、超声波驱动、气泡驱动等。由于不含有活动部件，非机械驱动通常具有结构简单、易于加工、系统集成和流动呈无脉动等优点。但同时非机械驱动方式工作性能受多种因素影响，对所驱动流体的性质依赖性较大，应用范围有局限性，因此，目前微流控系统中应用较好的主要是机械驱动方式。

（2）微控制

微流体控制是微流控芯片实验室的操作核心，是实现微流控技术的前提和基础，是微流控系统发展水平的重要标志。微流体所涉及的进样、混合、反应、分离等过程无一不是在可控流体的运动中完成的。无论宏观流体还是微观流体，阀都是流体控制的核心部件。由于其重要性，微型阀的研制早在微流控芯片诞生以前就引起了人们的广泛关注，相关的技术积累有一部分很快被转移到微流控芯片研究中。另外，由于微流控芯片发展初期以芯片毛细管电泳为主要表现形式，毛细管电泳所依赖的电渗驱动至今仍是微流控芯片研究中应用最为广泛的一种微流体控制技术。微流体控制技术主要分为电动控制和微型阀控制两类。

1.3.1.4 微检测

（1）光学检测技术

微流控光学检测方法通过检测光的各种参量来确定生化样品的各项指标，这种检测方法是微流控芯片信号检测系统中应用最广泛的一种方式。光学检测灵敏度高，与样品无接触，设备简单且易于与微流控芯片相集成。光学检测方法是目前使用最多的检测方法，主要分为吸光度检测法、荧光检测法、化学发光检测法、激光热透镜检测法和折射率检测法等，其中比较常用的检测方法有荧光检测法、化学发光检测法、吸光度检测法，其原理及特点如表1-1所示。

表1-1 常用的光学检测技术

方法	原理	特点
荧光检测法	利用光电探测器来检测物质的荧光，分为直接检测和间接检测。直接检测是指被测物质本身可以发射荧光，可以根据这些荧光的特性来判断该荧光物质的一些参数。而间接检测主要用于非荧光物质或荧光很弱的物质，需要通过化学反应将荧光物质与被测物质进行结合	灵敏度极高、选择性好、不损伤样品、选择性较高、线性范围较宽、响应速度快
化学发光检测法	通过测定发光强度来检测被测物的含量的检测方法。其原理是在化学反应中某些反应物分子可吸收反应中释放的化学能，并从其基态跃迁至激发态，处在激发态的分子以光辐射的形式返回基态就产生了发光现象	无需激发光源，检测器结构简单、价格低廉、灵敏度较高
吸光度检测法	根据物质分子对紫外及可见光的吸收特性和吸收程度，对物质进行定性和定量分析的一种吸收光谱法	具有可测定的物质种类多、结构较简单的优点

（2）电学检测技术

电学检测是分析化学中一种成熟的分析检测技术，因其成本低、体积小、灵敏度高、高速、易于与微芯片集成而广泛应用于微流控系统，是以电极作为传感器直接将溶液中待测组分的化学、物理等信号转变为电信号的方法。检测时不受光程和样品浊度影响，其灵敏度高、选择性好、成本低，而且其制作工艺与目前的微机电系统（MEMS）技术兼容，因此电学检测方法在μ-TAS中也有很好的应用前景。根据检测原理不同、采用的检测器的不同可分为电阻检测法、电流检测法、电导检测法、电势检测法、电感检测法和电容检测法等，表1-2列出了常见的电学检测技术的原理和特点。

表1-2 常用的电学检测技术

方法	原理	特点
电阻检测	当绝缘颗粒流经微孔时，颗粒会置换排出其中等体积的导电液，导致微孔处电阻发生变化，当颗粒完全通过检测微孔时，系统又恢复初始情况，通过一定的外接检测设备，每一个微粒通过微孔时均会产生一个电脉冲，可以由此对颗粒进行检测	操作简便、精确度高、灵敏度较高，可以用于开发便携式检测设备
电流检测	也称为安培检测，主要通过检测试剂在电极上反应所产生的氧化电流或还原电流来对待测物进行检测	灵敏度高、选择性好、装置简单、可以达到较低的检测极限等
电导检测	电导检测是根据带电组分对溶液电导率的贡献而进行检测。对于微流控芯片而言，这种检测方法适用于检测那些用其他方法不易检测的小离子物质。电导检测器可以分为接触式和非接触式两种	检测物质范围较广、环境适应性强

续表

方法	原理	特点
电势检测	电势检测也叫电位检测，它是以微型化的离子选择电极为基础的一种检测技术，已被用在微全分析系统上	价格低廉、携带方便、适用浓度广、操作简单快捷等
电感检测	当铁磁性颗粒通过电感线圈时，颗粒被磁化使原电感线圈的磁场发生改变，对应地产生一个脉冲信号，从而进行检测	稳定性高，不易受到外界影响
电容检测	当颗粒通过两个金属电极构成的电容传感器时，由于等体积的缓冲液被颗粒取代，所以电容检测区域介电常数发生了改变，从而导致电容值发生改变	操作简便、性能稳定、精度较高

（3）其他检测技术

除了电学检测技术外，还有很多应用于微流控芯片的高效检测技术，表1-3列出了几种常见的检测技术。

表1-3 其他常用的检测技术

常用方法	原理	特点
电化学检测	电化学检测是通过电极将溶液中待测物的浓度转变成电信号以实现待测组分检测的一种分析检测方法，基于电化学技术来测量待测物的物理特性，如大小、频率、速率和电导率等	具有快速响应、实验操作更加简单、对细胞活性影响较小等优点
质谱检测	质谱检测法是通过样品离子的质荷比来进行成分和结构分析的方法。样品在离子源中电离后产生离子，然后在质量分析器中按照质荷比大小分离，最后经检测器检测以获得样品的质谱图	具有高灵敏度、高选择性、广谱检测、定性和定量准确等特点
拉曼光谱检测	拉曼光谱用来研究系统中分子的振动、转动及其他低频率振荡模型，这些光谱提供的“化学指纹”可以用来鉴定特定分析物。不同于分子红外光谱，极性分子和非极性分子都能产生拉曼光谱，而且由于水分子不会对其光谱产生影响，拉曼光谱不需要分析物绝对干燥	空间和时间分辨率高，适于对细胞及其生物分子的实时监测
折射率检测	材料的折射率是电磁波在真空中的传播速度与它在介质中的传播速度的比值，是一个衡量电磁波在材料内部传播减慢的物理量。折射率检测对于环境温度、压力或是流速非常敏感，与微流控设备结合并精确地控制外部条件后可以检测多种分析物	对外围的缓冲液非常敏感，避免了荧光标记和化学修饰对细胞的影响，适于细胞自然状态的监测
热透镜显微检测	将两束同轴激光经过光学显微镜聚焦于微通道的样品溶液中，其中激发光柱激发样本，探测光柱测量折射率的变化。由于光吸收分子的浓度与热透镜效应呈线性相关关系，所以通过测量探测光柱的光强变化可以进行定量分析	检测极其灵敏，可以对单个细胞进行无创、实时监测
表面等离子共振检测	微流控表面等离子共振检测主要是对界面上生物分子相互作用的无标记实时监测，通过对生物反应过程中表面等离子共振的动态变化监测获取生物分子相互作用的特异信号	无标记实时监测，可以检测溶液中可被捕获或是沉积在界面表面上的分子及细胞

更多关于微流控芯片基本操作单元的知识将在本书后续章节详细介绍。

1.3.2 微流控芯片的分类

微流控芯片的分类方法有很多，按照制作微流控芯片的材料可以分为玻璃芯片、纸基芯片、有机聚合物芯片等。常用的有机聚合物如聚甲基丙烯酸甲酯（polymethyl methacrylate，PMMA）、聚二甲基硅氧烷（polydimethylsiloxane，PDMS）、聚碳酸酯（polycarbonate, PC）和水凝胶等。另外还有单晶硅片、石英芯片等。按照微流控芯片的传感方式又可以分为电学传感芯片、光学传感芯片、声学传感芯片、磁学传感芯片和生物传感芯片等。

1.3.2.1 按材质分类

材质是区分不同种类微流控芯片的一个常用方法，采用不同材质设计制造的微流控芯片具有各自不同的特点和适用方面，表1-4列出了常见材质微流控芯片的优缺点及加工方法。

表1-4 常见材质微流控芯片的优缺点及加工方法

材质类型	优点	缺点	加工方法
玻璃	化学性质非常稳定，耐强酸碱腐蚀，此外，还具有亲水性强、热导率高、流道耐压能力强、电渗性质良好、光学性质良好等优点，表面改性可以采用化学方法进行，例如采用光刻和蚀刻	加工较大深宽比的通道较难；较高的加工成本、加工难度较大	光刻+蚀刻
硅	化学惰性和热稳定性优良；光洁度良好，成型工艺成熟，能够用于制作聚合物芯片的模具	易碎，价格贵；绝缘性能不好；较复杂的表面化学行为、加工困难	光刻+蚀刻
有机聚合物	材料的可选范围很大，聚合物材料是最为常见的日用和工业材料，材料制备技术成熟且材料成本相对低廉，易于加工	不耐高温，硬度低	热压法、注塑法、激光直写法等
纸基芯片	来源广泛，生产技术相对成熟，因此便于大规模生产；具有良好的液体输送能力，避免了使用复杂的流量传输系统；样品消耗量低；检测背景有利于使用分光检测；易于物理化学修饰并且具有良好的生物兼容性；成本低廉	样品利用率低，样品可能发生渗漏，对于太低浓度的样本纸基芯片无法检测	蜡画、印章、激光切割、刀切割、光刻、喷墨打印、喷蜡打印等
水凝胶	具有亲水性的疏松多孔结构，超过99%的成分为水，可以使得生物大分子通过	缺点是非常柔软，无法用于稳固的测试系统	激光直写、3D打印等

1.3.2.2 按传感方式分类

根据所采用的传感方法不同也可以将微流控芯片分成不同类别，表1-5列出了几种常见的传感方式并简述了其原理和特点。

表1-5 微流控芯片传感方式

传感方式	分类	原理	特点
电学传感	可分为电流法、电位法、阻抗法等	电学传感器通过测定电量、阻抗、电流、电位等电学参数来确定溶液中待测物的各种参量	无标记的颗粒检测，对检测目标伤害小；方法简便、精确度高
光学传感	依原理可以分为荧光传感、电化学发光传感、生物发光传感和拉曼光谱传感等	光学传感方法通过检测光的各种参量来确定生化样品的各项指标，这种检测方法是微流控芯片信号检测系统中应用最广泛的一种方式	检测灵敏度高、设备简单且易于与微流控芯片相结合，更有潜力应用于活细胞实时监测

续表

传感方式	分类	原理	特点
声学传感	可分为体声波、驻波表面声波、行波表面声波等	声学传感主要是利用不同颗粒对声波反射幅值不同的原理进行检测	具有制作简单、价格便宜、生物相容性好、驱动流体迅速且能够实现无接触的粒子操纵等优势；缺点是该方法容易受到背景噪声、环境温度、缓冲液状态等因素的影响，体积较大，难以集成
生物传感	包含聚合酶链反应（PCR）、免疫反应、各类酶反应及DNA杂交反应等	生物传感器一般利用生物体本身（如细胞、组织等）或生物活性物质（酶、抗原、抗体等）作为功能性敏感基元，并将其固定于信号转换器上，当加入目标物之后通过信号转换器转换为电信号	灵敏度高、易微型化，能在复杂样品体系中进行快速检测

1.3.3 微流控芯片设计软件

微流控研究需要用到的软件工具很多，比如仿真与建模软件、计算机辅助设计软件、数据分析软件等，本节只介绍几种常用的软件，如表1-6所示。

表1-6 微流控常用软件

类别	名称	特点与功能
仿真与建模软件	COMSOL Multiphysics	COMSOL Multiphysics是一个基于有限元分析的软件，可用于工程、制造和科学研究的绝大多数领域，其自带CAD建模工具。COMSOL Multiphysics软件的优势在于多物理场耦合，基于偏微分方程组针对不同应用领域，用户可以快速建立模型，以及一系列与第三方软件的接口软件，其中包含常用CAD、MATLAB、Pro/E和Excel等软件的同步链接产品
	Fluent	Fluent在流体、热传递和化学反应等有关的工业均可使用。它具有丰富的物理模型、先进的数值方法和强大的前后处理功能，其拥有多种基于解的网格自适应、动态自适应技术以及动网格与网格动态自适应相结合的技术；适用于牛顿流体、非牛顿流体等多种流体，且适用范围非常广泛，可以用来计算流体的各种流动形式
	Pro/Engineer	Pro/Engineer的基本功能包括参数化功能定义、实体零件及组装造型，Pro/Engineer可以通过各种不同设计来实现专用模型，也可以在平面内自主绘制二维造型，再对造型在三维空间内进行拉伸、旋转、平移或镜像等操作
计算机辅助设计软件	AutoCAD	AutoCAD是Autodesk（欧特克）公司首次于1982年开发的自动计算机辅助设计软件，用于二维绘图、详细绘制、设计文档和基本三维设计，现已经成为国际上广为流行的绘图工具。AutoCAD具有良好的用户界面，通过交互菜单或命令方式便可以进行各种操作。它的多文档设计环境，让非计算机专业人员也能很快地学会使用。在不断实践的过程中更好地掌握它的各种应用和开发技巧，从而不断提高工作效率。AutoCAD具有广泛的适应性，它可以在各种操作系统支持的微型计算机和工作站上运行
	Solidworks	Solidworks是一个专门用于机械设计的软件，在设计、制造、工程和数据管理等方面广泛应用。它是基于Windows开发的三维CAD软件系统，使用者可以在数据库中直接选择需要的简单模型，大大缩短了建模的时间
数据分析软件	Origin	Origin是用来进行曲线拟合、信号处理、统计以及峰值分析等的一款科学绘图、数据分析软件，具有强大的数据导入功能。Origin可以将工作表格如Excel、文本文件等直接导入，以列计算式取代数据单元计算式进行计算。此软件可以进行多种图像绘制，这种便捷、快速的制图方式为科学制图提供了很大的便利

续表

类别	名称	特点与功能
数据分析软件	MATLAB	MATLAB是一个人机交互性强、操作简单的高级语言，它包含函数、控制语句、输入和输出、直观编程。MATLAB语言更加简单，语法特征与C++语言极为相似，是建立在C++语言基础上的，其优势在于：强大的多物理场仿真可以增强MATLAB编程。MATLAB具有强大的计算功能，并包括大量计算算法，可以解决一些重复性实验问题，比如在机器学习中作为处理大数据的工具和函数
其他软件	Materials Studio	Materials Studio是用于满足化学和材料工业的实际需要，同时也是学术研究的好帮手和一种新型的、功能强大的教学工具。可以在量子力学、分子力学与分子动力学、晶体、结晶与X射线衍射、高分子与介观模拟、定量结构与性质关系等方面应用
	Lammps	Lammps是一款基于分子动力学模拟的模拟器，操作者可以自行编译代码来满足编程需求，或者通过自己提前编辑好的in文件直接输入。Lammps作为一款强大的分析软件，它支持各种相态（气态、液态、固态）下、各种系统下、百万级的原子分子体系，并提供支持多种势函数

1.3.4　常用的实验设备

微流控加工和制作所需要的实验设备很多，本小节从超净间设备、微加工设备、实验设备等几个方面来介绍，关于各种常见设备的更多细节会在第3章中详细介绍。由于本书篇幅有限，本节把这几类设备的功能和特点总结在表1-7～表1-10中，以便读者快速了解。

表1-7　超净间设备

名称	功能	图片
生物安全柜	生物安全柜是能防止实验操作处理过程中某些含有危险性或未知性生物微粒发生气溶胶散逸的箱型空气净化负压安全装置，是实验室生物安全一级防护屏障中最基本的安全防护设备	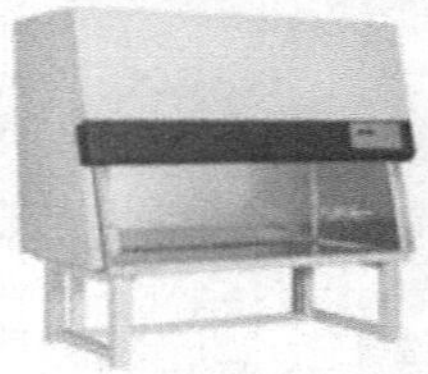
超净工作台	超净工作台，是为了适应现代化工业、光电产业、生物制药以及科研试验等领域对局部工作区域洁净度的需求而设计的。通过风机将空气吸入预过滤器，经由静压箱进入高效过滤器过滤，将过滤后的空气以垂直或水平气流的状态送出，使操作区域达到百级洁净度，保证生产对环境洁净度的要求	
空气浴尘室	空气浴尘室也称风淋室，作为实验人员或物品进入实验室时的必需通道，用来吹除人体衣服、设备、物料、工具上的尘埃污染，能有效地阻止尘源进入洁净区	
净化空调	净化空调系统为了使超净间内保持所需要的温度、湿度、风速、压力和洁净度等参数，将向室内不断送入一定量经过处理的空气，以消除洁净室内外各种热湿干扰及尘埃污染	

续表

名称	功能	图片
紫外灭菌灯	紫外线消毒灯亦称紫外线杀菌灯、紫外线荧光灯、紫外灭菌灯，是一种利用紫外线的杀菌作用进行灭菌消毒的灯具。紫外线消毒灯向外辐射波长为253.7nm的紫外线。该波段紫外线的杀菌能力最强，可用于对水、空气、衣物等的消毒灭菌	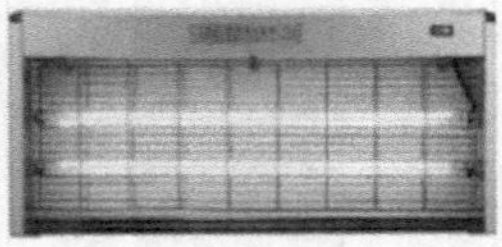

表1-8 微加工设备

名称	功能	图片
紫外曝光机	紫外曝光机也称光刻机，是印制电路板（PCB）制作工艺中的重要设备。通过开启灯光发出UVA波长（320 ～ 420nm）的紫外线，将胶片或其他透明体上的图像信息转移到涂有感光物质的表面上	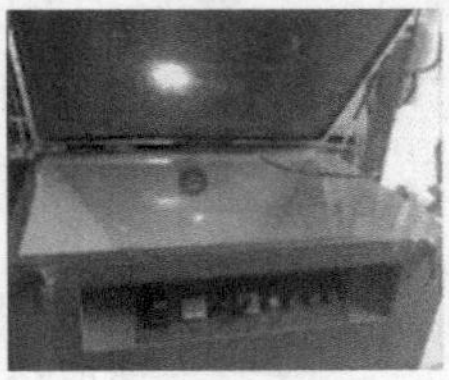
等离子清洗机	等离子清洗机是利用等离子体来达到常规清洗方法无法达到的效果。等离子体是物质的一种状态，并不属于常见的固液气三态。对气体施加足够的能量使之离化便成为等离子状态。等离子体的“活性”组分包括离子、电子、原子、活性基团、激发态的核素（亚稳态）、光子等。等离子清洗机就是通过利用这些活性组分的性质来处理样品表面，从而实现清洁、涂覆等目的	
薄膜测厚仪	薄膜测厚仪又称测厚仪、薄膜厚度检测仪、薄膜厚度仪等，薄膜测厚仪专门适用于量程范围内塑料薄膜、薄片、隔膜、纸张、箔片、硅片等各种材料的厚度的精确测量	
恒温真空烘箱	真空烘箱，是将干燥物料处于负压条件下进行干燥的一种箱体式干燥设备。它的工作原理是利用真空泵进行抽气抽湿，使工作室内形成真空状态，降低水的沸点，加快干燥的速度。真空烘箱能在较低温度下得到较高的干燥速率，热量利用充分，主要适用于对热敏性物料和含有溶剂及需回收溶剂物料的干燥	
3D打印机	3D打印机是快速成型的一种工艺，采用层层堆积的方式分层制作出三维模型，其运行过程类似于传统打印机，只不过传统打印机是把墨水打印到纸质上形成二维的平面图纸，而三维打印机是把液态光敏树脂、熔融的塑料丝、石膏粉等材料通过喷射黏结剂或挤出等方式实现层层堆积叠加形成三维实体	
匀胶机	匀胶机是在高速旋转的基片上，滴注各类胶液，利用离心力使滴在基片上的胶液均匀地涂覆在基片上的设备，膜的厚度取决于匀胶机的转速和溶胶的黏度	
加热板	将电能转变成热能以加热物体	

表1-9　实验设备

名称	功能	图片
注射泵	注射泵由步进电机及其驱动器、丝杆和支架等构成，具有往复移动的丝杆、螺母。螺母与注射器的活塞相连，注射器里盛放药液。工作时，单片机系统发出控制脉冲使步进电机旋转，而步进电机带动丝杆将旋转运动变成直线运动，推动注射器的活塞进行注射输液，实现高精度、平稳无脉动的液体传输	
函数信号发生器	函数信号发生器是一种信号发生装置，能产生某些特定的周期性时间函数波形（正弦波、方波、三角波、锯齿波和脉冲波等）信号，频率范围可从几微赫到几十兆赫	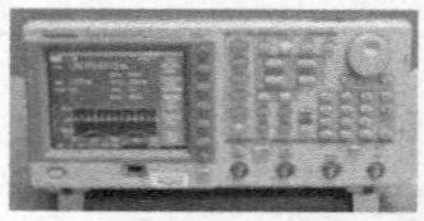
数字示波器	数字示波器是数据采集、A/D转换、软件编程等一系列技术制造出来的高性能示波器。数字示波器一般支持多级菜单，能提供给用户多种选择、多种分析功能	
稳压电源	稳压电源是能为负载提供稳定的交流电或直流电的电子装置，包括交流稳压电源和直流稳压电源两大类。当电网电压或负载出现瞬间波动时，稳压电源会以10～30ms的响应速度对电压幅值进行补偿，使其稳定在±2%以内	
高速离心机	高速离心机的转速一般在10000～30000r/min之间，并且带有制冷系统。由于转速较高，产生的离心力大，是对样品溶液中悬浮物质进行高纯度分离、浓缩、精制，提取各种样品进行研究的有效制备仪器	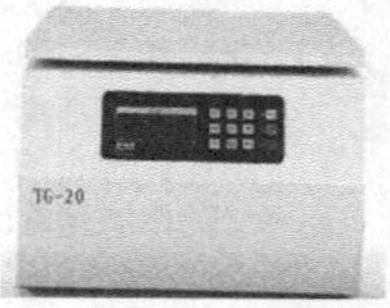

表1-10　其他常用设备

名称	功能	图片
荧光显微镜	荧光显微镜用于研究细胞内物质的吸收、运输及化学物质的分布与定位等。细胞中有些物质，如叶绿素等，受紫外线照射后可发荧光；另有一些物质本身虽不能发荧光，但如果用荧光染料或荧光抗体染色后，经紫外线照射亦可发荧光。荧光显微镜就是对这类物质进行定性和定量研究的工具之一	
原子力显微镜	原子力显微镜，一种可用来研究包括绝缘体在内的固体材料表面结构的分析仪器。它通过检测待测样品表面和一个微型力敏感元件之间的极微弱的原子间相互作用力来研究物质的表面结构及性质	
超纯水机	超纯水机，是采用预处理、反渗透技术、超纯化处理以及后级处理等方法，将水中的导电介质几乎完全去除，又将水中不离解的胶体物质、气体及有机物均去除至很低浓度的水处理设备	
电导率测定仪	电导率测定仪是一款多量程仪器，能够满足从去离子水到海水等多种应用检测要求。这款仪器能够提供自动温度补偿，并能设置温度系数，因此能够用于测量温度系数与水不同的液体样品	

1.4 微流控芯片的应用领域

微流控芯片从方法研究、平台构建到应用拓展，已成为多专业交叉的强大科研技术平台。微流控芯片技术可以用于多个分析领域，如生物医学、新药物的合成与筛选、食品安全检验、环境监测、刑事科学、军事科学和航天科学等其他重要应用领域。目前热点的应用主要集中于生物医学领域，例如：微流控芯片可进行DNA单分子扩增及核酸定量，实现全自动PCR分子诊断；微流控芯片与质谱相结合，可用于大规模、高通量的蛋白分析和鉴定，在蛋白质组学研究中具有很大优势。

1.4.1 微流控芯片在生物医学领域的应用

从生物医学诊断的方面来看，全球健康事业是为全世界所有人提供公平的卫生健康条件的工作。环境安全、食物和水的质量、疾病控制等这些因素共同支撑了人类健康的发展，这就需要低成本有效的分析检测与医疗诊断技术的支撑。

微流控芯片集成了样品制备、反应、分离、分析检测等功能于一体，可用于完成不同的生物和化学反应及分析并进行实时检测。由于其小型化、自动化以及多种技术在微小平台上的灵活组合等优点，微流控芯片已被广泛应用于生命科学、医学等领域中，并逐渐成为细胞生物学研究的重要工具。与传统细胞学研究相比，微流控芯片操作所需的细胞量少，为一些稀缺细胞，如各种原代细胞和干细胞等的研究提供了便利。在微流控芯片腔室中设计微柱、支架等结构或通过微阀、微泵等结构设计，能够在一定程度上模拟细胞在体内正常生长速率、形态和代谢活动等生理状况，还可以实现多种细胞的共培养。另外，微流控芯片可以与现有的多种细胞分析检测手段（电化学、光学、质谱检测等）相结合，从而实现细胞的高通量分析研究。微流控芯片在生物工程、医药工程等领域的前沿应用主要包括细胞芯片、器官芯片、微生物芯片、医学诊断芯片、生化反应及合成芯片等。

1.4.2 微流控芯片在船舶海洋环境领域的应用

从环境分析方面来看，环境污染会造成生态问题和疾病，提醒人们关注环境监测对公共卫生保护的重要性。目前，大多数分析方法依靠昂贵的设备，而这些设备需要使用者反复训练出高水平的技能才能可靠地操作。能够快速、现场检测的可靠方法十分缺乏。此外，从采样到实验室检测的过程效率极低，限制了对污染物释放、转移和滞留的时间与空间模式的研究。这就需要低成本的技术，能够快速、即时地检测和监测环境污染物浓度，并在现场提供有关污染程度的即时数据，对环境污染物的来源、转移和持久性的及时了解有助于预防人类疾病和生态系统损害。微流控芯片在低成本、即时快速和便捷分析方面有着突出的优势，有望满足环境与生物分析面临的诸多挑战。

（1）船舶压载水检测

船舶压载水是装载在船舱中用于控制船体的吃水深度，以提高船舶航行稳定性和操控性的海水。船舶压载水中含有大量的细菌、病毒和浮游生物，如果不对压载水中巨量的生物进行处理，而直接排放到目的海域的话，势必会造成外来物种的入侵，引起细菌及有害微生物的肆意传播，给当地的生态平衡带来灾难性的后果。所以船舶压载水在排放前必须经过灭活处理，达到相应的标准才可以排放。微流控芯片在低成本、即时快速和便捷分析方面有着突出的优势，有望成为船舶压载水现场快速检测的新一代检测技术。对船舶压载水进行快速、有效的灭活处理，以及按照公约的要求进行压载水排放标准的检测工作，对防止船舶压载水肆意排放造成的外来物种入侵及保护海洋生态平衡具有重要意义。

（2）船舶油液污染检测

① 船舶油污水检测　随着经济的迅速发展，海上交通日益繁忙，据不完全统计，每年有高达1000万吨的石油通过各种渠道流入海洋。一旦引起溢油污染，首先在海水表面会形成大片油膜，油膜阻碍了氧气向海水中的溶解，同时油污的分解还会消耗海水中的氧气，造成海水缺氧，从而导致海洋生物大量死亡，最终还可能会引发赤潮等自然灾害。因此，相关部门（如海上执法部门、交通运输行政主管部门等）应快速、准确地鉴别并确定溢油的污染源，找到溢油事故的责任方，对溢油海域采取有效的清理措施。微流控芯片技术是解决海上溢油污染检测问题的有力工具，将在本书后续章节进行详细介绍。

② 油液磨粒检测　液压油作为机械设备的重要载体，液压油中颗粒的大小、形状、浓度都能作为机械是否正常运行的指标。液压系统中颗粒污染物通常维持在10～20μm，当机械异常磨损时，颗粒的浓度和尺寸都将迅速增加。75%以上液压系统故障都是由液压油颗粒污染物导致的，例如液压油中的水分会大大加速机械设备的氧化和腐蚀进程，并导致颗粒污染的聚集。油中的气泡会引起空蚀现象，系统温度升高和油液劣化也将缩短液压元件的使用寿命。所以对液压系统中污染物的检测是至关重要的。微流控芯片技术可以方便地对油液污染物进行检测，以获取液压设备内部情况并对系统进行诊断，从而了解液压系统的实时状态以及对可能发生的故障进行预判。

（3）海洋微塑料检测

微塑料（microplastics, MPs），是指直径小于5mm的塑料纤维、颗粒或者薄膜，许多塑料颗粒直径小至微米、纳米级别，已经是人类肉眼不可见的程度，因此，微塑料也被形象地称为海洋中的$PM_{2.5}$。微塑料进入海洋环境后，因其大小、形状和颜色与海洋生物的食物相似，容易引起海洋动物误食，微塑料摄入体内后，可能会对生物体产生机械损伤，堵塞食物通道，或者引起假的饱食感，进而减少对其他营养物质的摄入，导致海洋动物摄食效率降低、能量缺乏、功能受损甚至死亡。

在传统的微塑料检测方法中，大尺寸（＞500μm）的微塑料颗粒可以通过肉眼或光学显微镜检测。小尺寸的微塑料颗粒可以通过扫描电子显微镜来识别，采用目视检查和光谱技术相结合，可以获得更好的检测灵敏度和准确性。荧光显微镜利用化学试剂对微塑料颗粒进行处理和表征，用于检测海洋环境中沉积物中的微塑料颗粒。用荧光染料对微塑料颗粒进行染色，使微塑料颗粒具有荧光，并通过荧光显微镜图像进行分析来检测和识别微塑料颗粒，检测限（检出限）可达几微米或更小。但是传统的检测方法耗时耗力、检测准确度低。微流控技术为海洋微塑料污染检测提供了一个新的思路。

（4）海洋重金属离子检测

随着工农业的发展，越来越多的重金属如汞、镉、铬、铅、铜、锌、镍、钡、钒等被排入水体，不仅会对水生动植物产生毒害作用，还能通过富集作用进入生物链，对整个生态环境构成严重威胁。面对不断扩张的重工业生产规模，对自然界水体进行重金属离子含量的检测显得更加重要。目前应用较多的传统的检测方法有原子吸收光谱法、电感耦合等离子体原子发射光谱法、阳极溶出伏安法、分光光度法、X射线荧光光谱分析法等。目前，各种重金属检测方法的检测门槛很高，不仅需要一系列的昂贵设备，其检测操作也非常烦琐，导致大多数情况下重金属离子的检测只能在实验室里进行。因此，近年来，可用于即时检测的纸基微流控技术在重金属检测应用中的重要性逐渐凸显出来。尽管当前纸基微流控技术应用于重金属检测领域还处于起步阶段，但在灵敏度、选择性、响应时间和成本效益等方面均已取得非常大的进展。

1.4.3 微流控芯片在其他领域的应用

（1）化学及药物合成

药物在用于人体之前，要通过体外试验、动物实验等评价手段来确定其药效及安全性。目前大量的体外试验仍依赖于非常简单的单层细胞培养方式，不仅难以反映体内组织器官的功能特点，更难以反映人体组织器官对外界刺激产生的真实响应。

微流控芯片技术应用于药物筛选与毒性分析在一定程度上克服了这些限制，并提高了药物筛选通量和可靠性。微流控芯片能够有效模拟人体真正的环境，精确地控制多个系统参数，如化学浓度梯度、流体剪切力以及构建细胞分化培养等，大大缩短药物临床前研究周期，该技术有望发展成为一种仿生、高效的生理学研究及药物开发工具。

（2）食品安全分析

随着社会经济的发展，人们更加重视食品安全，然而，近年来食品安全问题事件却屡见不鲜，食品安全事件频繁报道食品中重金属、添加剂含量超标，农兽药残留、微生物污染等食品安全事件频频发生，使食品安全成为全球性话题。按照我国目前现有的检验标准，食品安全检测必须在有资质的实验室采用传统检测技术进行，通常需要昂贵的大型仪器，且前处理复杂，需要专业的操作人员进行分析检测，难以满足对食品进行现场、实时、快速、便携化检测的需要。微流控技术平台作为一种新兴的快速检测平台，正在逐步显现其在食品安全快速检测领域的应用价值，微流控芯片技术不仅为未来食品安全分析行业提供了良好的分析平台，甚至在分析领域取得了革命性的突破。与传统方法相比，微流控芯片以其快速便携、低成本和高通量等优势在食品安全检测中展现出良好的应用前景。

更多关于微流控芯片应用的知识和最新研究进展将在本书后续章节进行详细介绍。

参考文献

[1] 刘琳，冯莎．诺贝尔奖得主的统计分析研究[J]．智富时代，2018(3):214.

[2] 吴旭，王法有．诺贝尔奖获得者的统计分析[J]．科技信息，2010 (15):515-506.

[3] 肖明，杨建邺．1901 ～ 2000年诺贝尔奖百年统计分析[J]．世界科学，2001 (9):37-38.

[4] Jiang X, Jing W, Zheng L, et al. A continuous-flow high-throughput microfluidic device for airborne bacteria PCR detection[J]. Lab on a Chip, 2014, 14(4):671-676.

[5] 张静．基于无纺纤维材料的微流控芯片研究[D]．北京：北京化工大学，2021.

[6] Xie Y, Dai L, Yang Y. Miorofluidic technology and its application in the point-of-cure testing field[J]. Biosensors and Bioelectronics, 2022,10:100109.

[7] 林炳承．微流控芯片实验室及其功能化[J]．中国药科大学学报．2003, 34(1):6.

[8] 徐富强，郭赤，陆庆生．微流控芯片技术在生命科学研究中的应用及发展[J]．中国医学装备．2013, 10(2):45-47.

[9] 李晓宇，侯森，冯喜增．微流控技术在细胞生物学中的应用[J]．生命科学．2008, 20(3):397-401.

[10] Jacobson S C, Koutny L B, Hergenroeder R, et al. Microchip capillary electrophoresis with an integrated postcolumn reactor[J]. Analytical Chemistry, 1994, 66(20):3472-3476.

[11] 方肇伦．微流控分析芯片的制作及应用[M]．北京：化学工业出版社，2005.

[12] Woolley A T, Hadley D, Landre P, et al. Functional integration of PCR amplification and capillary electrophoresis in a microfabricated DNA analysis device[J]. Analytical chemistry, 1996, 68(23):4081-4086.

[13] Xia Y, Whitesides G M. Soft lithography[J]. Angewandte Chemie International Edition, 1998, 37(5):550-575.

[14] Thorsen T, Maerkl S J, Quake S R. Microfluidic large-scale integration[J]. Science, 2002, 298(5593):580-584.

[15] Whitesides G M. The origins and the future of microfluidics[J]. Nature, 2006, 442(7101):368-373.

[16] Daw R, Finkelstein J. Insight: Lab on a chip[J]. Nature, 2006, 442(7101):367-418.

[17] Nagrath S, Sequist L V, Maheswaran S, et al. Isolation of rare circulating tumour cells in cancer patients by microchip technology[J]. Nature, 2007, 450(7173):1235-1239.

[18] Huh D, Matthews B D, Mammoto A, et al. Reconstituting organ-level lung functions on a chip[J]. Science, 2010, 328(5986):1662-1668.

[19] Ihara M, Yoshikawa A, Wu Y, et al. Micro OS-ELISA: Rapid noncompetitive detection of a small biomarker peptide by open-sandwich enzyme-linked immunosorbent assay (OS-ELISA) integrated into microfluidic device[J]. Lab on a Chip, 2010, 10(1):92-100.

[20] Zervantonakis I K, Hughes-Alford S K, Charest J L, et al. Three-dimensional microfluidic model for tumor cell intravasation and endothelial barrier function[J]. Proceedings of the National Academy of Sciences, 2012, 109(34):13515-13520.

[21] Nguyen D H T, Stapleton S C, Yang M T, et al. Biomimetic model to reconstitute angiogenic sprouting morphogenesis in vitro[J]. Proceedings of the National Academy of Sciences, 2013, 110(17):6712-6717.

[22] Bersini S, Jeon J S, Dubini G, et al. A microfluidic 3D in vitro model for specificity of breast cancer metastasis to bone[J]. Biomaterials, 2014, 35(8):2454-2461.

[23] Amstad E, Gopinadhan M, Holtze C, et al. Production of amorphous nanoparticles by supersonic spray-drying with a microfluidic nebulator[J]. Science, 2015, 349(6251):956-960.

[24] Wehner M, Truby R L, Fitzgerald D J, et al. An integrated design and fabrication strategy for entirely

soft, autonomous robots[J]. Nature, 2016, 536(7617):451-455.

[25] Dance A. The making of a medical microchip[J]. Nature, 2017, 545(7655):511-514.

[26] Markin C J, Mokhtari D A, Sunden F, et al. Revealing enzyme functional architecture via high-throughput microfluidic enzyme kinetics[J]. Science, 2021, 373(411):1-13.

[27] Sudarsan A P, Ugaz V M. Multivortex micromix[J]. P Natl Acad Sci USA,2006, 103: 7228-7233.

[28] Andersson H. van den Berg A. Microfluidic devices for cellomics:a review[J]. Sens Actuator B—Chem, 2003, 92:315-325.

[29] de Mello A J. Control and detection of chemical reactions in microffuidic systems[J]. Nature, 2006 442:394-402.

[30] Matosevic S, Szita N,Baganz F. Fundamentals and applications of immobilized microfluidic enzymatic reactors[J]. Journal of Chemical Technology & Biotechnology, 2011, 86(3):325-334.

[31] Kuyper C L, Budzinski K L, Lorenz R M,et al. Real-time sizing of nanoparticles in microfuidic channels using confocal correlation spectroscopy[J]. J Am Chem Soc, 2006, 128:730-731.

[32] Janasek D, Franzke J, Manz A. Scaling and the design of miniaturized chemi-analysis systems[J]. Nature, 2006, 442:374-380.

[33] Faridkhou A, Tourvieille J N, Larachi F. Reactions, hydrodynamics and mass transfer in micro-packed beds—Overview and new mass transfer data[J]. Chemical Engineering and Processing:Process Intensification, 2016(110):80-96.

[34] Zhao B, Ren Y, Gao D. Heat transfer methodology of microreactor based on Bandelet finite element method[J]. International Journal of Heat and Mass Transfer, 2019(132):715-722.

[35] Terray A, Oakey J, Marr D W M. Microfluidic control using colloidal devices[J]. Science 2002, 296:1841-1844.

[36] Nabavi M, Mongeau L. Numerical analysis of high frequency pulsating flows through a diffuser-nozzle element in valueless acoustic micropumps[J]. Microfluidics and Nanofluidics, 2009, 7:669-681.

[37] Chan S C, Chen C R, Liu C H. A bubble-activated micropump with high-frequency flow reversal[J]. Sensors and Actuators A: Physical, 2010,163(2):501-509.

[38] 林丙承.微流控芯片实验室[M].北京:科学出版社,2005.

[39] 孙薇,陆敏,李立,等.微流控芯片技术应用进展[J].中国国境卫生检疫杂志,2019(3):221-224.

[40] 齐骥.微流控纸芯片在环境与生物分析中的应用研究[D].上海:上海大学,2020.

[41] 王文甲,彭钊,吕雪飞,等.微流控芯片细胞灌流培养技术及其应用研究进展[J].载人航天,2021, 27(5):649-654.

[42] Liu J G, Diamond J. China's environment in a globalizing world[J]. Nature, 2005, 435:1179-1186.

[43] Meredith N A, Quinn C, Cate D M, et al. Paper-based analytical devices for environmental analysis[J]. Analyst, 2016, 141:1874-1887.

[44] Li H F, Lin J M. Applications of microfluidic systems in environmental analysis[J]. Analytical and Bioanalytical Chemistry, 2009, 393:555-567.

[45] 王艳娟.基于微流控芯片的藻细胞分选与检测技术研究[D].大连:大连海事大学,2020.

[46] 毕宗杰.海洋油污及金属元素激光光谱检测系统研究[D].哈尔滨:哈尔滨工业大学,2020.

[47] 于卓玉,裴伟,朱永英,等.基于红外光谱与气相色谱耦合的海上溢油鉴别技术[J]. 海洋环境科学,2020, 39(6):926-931.

[48] 孙广涛.基于对置线圈的船机油液污染物检测芯片研究[D].大连:大连海事大学,2020.

[49] Andrady A L. Microplastics in the marine environment[J]. Marine Pollution Bulletin,2011, 62(8):1596-1605.

[50] 武芳竹,曾江宁,徐晓群,等.海洋微塑料污染现状及其对鱼类的生态毒理效应[J].海洋学报,2019,41(2):89-102.

[51] Zhao K, Wei Y M, Dong J H, et al. Separation and characterization of microplastic and nanoplastic particles in marine environment[J]. Environment Pollution, 2022, 297:118773.
[52] 王虎.三维纸质微流控芯片的设计制作及其在重金属检测中的应用[D].大连：大连大学，2014.
[53] 张胜.海水痕量重金属检测技术及系统的研究[D].秦皇岛：燕山大学，2020.
[54] 冯剑锋.基于纸基微流控的水体重金属离子检测[D].北京：北京化工大学，2021.
[55] 朱婧旸，董旭华，张维宜，等.微流控技术在食品安全快速检测中的应用[J].化学试剂，2021(5):632-639.
[56] 王东鹏，叶诚，张霖.微流控芯片在食品安全检测中的应用[J].中国食品工业，2021(19):109-112.

第2章 微流控芯片中的物理场

2.1 概述

微流控芯片能够把生物、化学、医学分析过程的样品制备、反应、分离、检测等基本操作单元集成到一块微米尺度的芯片上，自动完成分析全过程。因此，微流控芯片涉及流场、电场、浓度场、磁场等多物理场的耦合。

本章将重点介绍微流控芯片中常用的一些基础理论知识，如流场、电场、浓度场等，另外重点介绍微流控芯片常见流体和粒子驱动方式之一——电动现象的相关理论知识，并介绍一些微流控芯片中的多物理场耦合案例。

2.2 微流控芯片中的流场模型

流场的分布遵循纳维-斯托克斯（Navier-Stokes, NS）方程［式（2-1）］和连续性方程［式（2-2）］。

$$\rho\left[\frac{\partial \boldsymbol{U}}{\partial t}+\boldsymbol{U}\times\nabla\boldsymbol{U}\right]=-\nabla p+\mu\nabla^2\boldsymbol{U}+\boldsymbol{F} \tag{2-1}$$

$$\nabla\boldsymbol{U}=0 \tag{2-2}$$

式中，ρ是液体的密度，kg/m³；μ是液体的黏度，Pa・s；$\boldsymbol{U}$是速度矢量，m/s；p是压力，Pa；$\boldsymbol{F}$是液体所受的体积力，N。

稳定状态下，NS方程可简化为：

$$\rho\boldsymbol{U}\times\nabla\boldsymbol{U}=-\nabla p+\mu\nabla^2\boldsymbol{U}+\boldsymbol{F} \tag{2-3}$$

一般来说，微通道中液体的流速很低，使得雷诺数很小。因此，式（2-1）中的惯性项（$\rho\boldsymbol{U}\times\nabla\boldsymbol{U}$）远小于黏性项（$\mu\nabla^2\boldsymbol{U}$），从而可以忽略该项。另外，由于双电层中的电荷密度不为零，外加电场会施加电场力作用在双电层中。综上，控制水中流场分布的NS方程可简化为：

$$\nabla p=\mu_w\nabla^2\boldsymbol{U}_w+\rho_e\boldsymbol{E} \tag{2-4}$$

式中，μ_w是水的黏度，Pa・s；$\boldsymbol{U}_w$是水的速度矢量，m/s；ρ_e是局部净电荷密度，C/m^3；$\boldsymbol{E}$是外加电场强度，V/m。

由于不导电的油中不存在直流电场，所以油不受体积力。于是，NS方程在油中可简化为：

$$\nabla p = \mu_o \nabla^2 \boldsymbol{U}_o \tag{2-5}$$

式中，μ_o是油的黏度，Pa·s；$\boldsymbol{U}_o$是油的速度矢量，m/s。

2.3 微流控芯片中的电场驱动模型

2.3.1 电动现象理论基础

双电层（electric double layer, EDL）理论是电动现象（electrokinetic phenomenon）的基础。电动现象的两个主要表现形式是电渗流（electroosmotic flow, EOF）和电泳（electrophoresis）。

（1）双电层理论

对于大多数固体材料来说，当其接触到电解质溶液时，受到材料表面官能团电化学反应的影响，这些材料的表面会自发地获得电荷。带电的固体壁面会吸引水溶液中异号离子，同时排斥同号离子，最终在固体表面附近形成EDL。离子在EDL中的分布如图2-1所示。首先，带电壁面会从水溶液中吸附异号离子，在其表面形成一层异号离子层，称为接触层（Stern layer）。接触层中的异号离子紧密排列，无法移动，厚度通常只有几纳米。而相邻接触层的离子同样受到带电壁面的影响，异号离子靠近壁面，同号离子远离壁面。所不同的是相邻接触层的这些离子排列相对稀疏，是可移动的，这些可移动的离子形成的离子层称为扩散层（diffuse layer）。

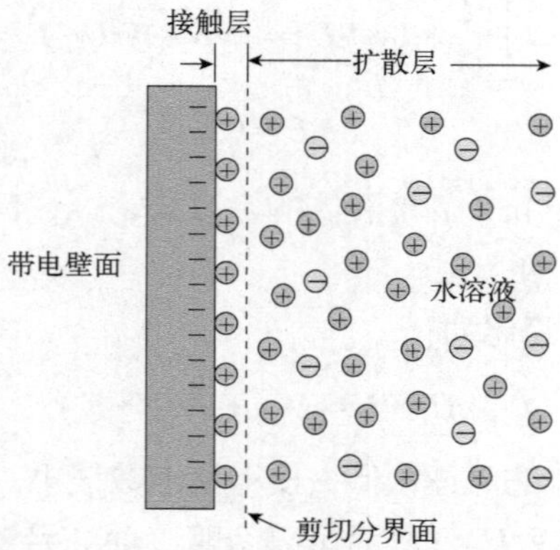

图2-1 双电层中离子分布示意图

从图2-1可清楚地看出，受带电固体壁面的影响，EDL中的异号离子浓度远大于同号离子浓度，导致EDL中的净电荷密度不为零。接触层和扩散层的分界面称为剪切分界面（shear plane），通常在该分界面上测得的电势称为zeta电势（ζ）。zeta电势是一个在化学和界面科学等领域被广泛使用的重要参数。EDL中电势（ψ）的分布由著名的泊松-玻尔兹曼方程［式（2-6）］控制。

$$\nabla^2\psi=-\frac{\rho_e}{\varepsilon_0\varepsilon_w} \tag{2-6}$$

式中，ε_0是真空介电常数，F/m；ε_w是水溶液的相对介电常数；ρ_e是EDL中局部净电荷密度，C/m^3，其表达式如下：

$$\rho_e=-2zen_\infty\sinh\left(\frac{ze\psi}{k_BT}\right) \tag{2-7}$$

式中，z为水溶液离子化合价数，e为基元电荷量，C；n_∞为水溶液离子数浓度（$n_\infty=1000N_A$ mol, $N_A=6.022\times10^{23}mol^{-1}$）；$k_B$为玻尔兹曼常数，J/K；$T$为热力学温度，K。

通过考虑带电壁面的表面电荷和EDL中电荷之间的平衡，可以计算带电壁面的表面电荷密度。对于zeta电势为ζ_s的带电壁面，其表面电荷密度（σ_s）表达式为：

$$\sigma_s=\frac{4zen_\infty}{\kappa}\sinh\left(\frac{ze\zeta_s}{2k_BT}\right) \tag{2-8}$$

式中，κ是Debye-Hückel参数，m^{-1}；κ^{-1}代表EDL的特征厚度，m。假如水溶液中的电解质是对称的（例如，KCl），那么κ的表达式为：

$$\kappa=\sqrt{\frac{2n_\infty z^2e^2}{\varepsilon_0\varepsilon_wk_BT}} \tag{2-9}$$

由式（2-9）可知，水溶液中离子浓度越高，EDL的厚度越小。这是因为水溶液中离子浓度越高，越多的水溶液异号离子会被吸引到带电壁面附近，从而压缩EDL的厚度。

（2）电渗流

电渗流是因带电表面形成的EDL与外加电场相互作用而在带电表面附近产生的一种流体流动现象。如上所述，当一个带电表面接触水溶液后，其附近会形成EDL。由于表面电荷的作用，EDL中的异号离子浓度远大于同号离子浓度，使得EDL中的净电荷密度不为零。假设壁面带负电荷，那么EDL中的阳离子数量就远大于阴离子数量。当一个外加直流电场沿着壁面施加在水溶液中后，外加电场会推动EDL中过量阳离子向直流电场负极移动。移动的离子通过黏性效应带动液体随着运动，这种现象就是电渗流，如图2-2所示。

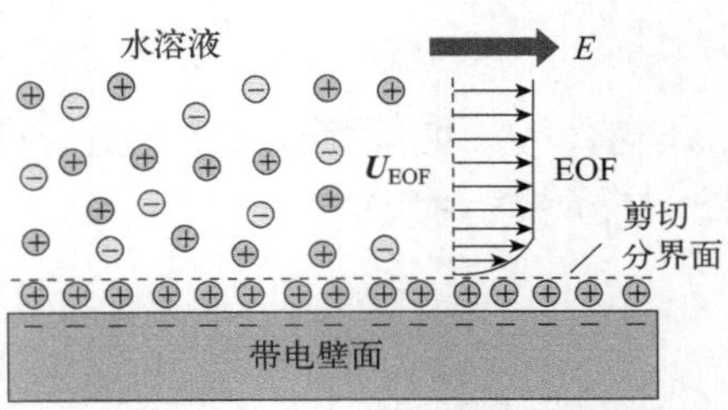

图2-2　带电壁面附近产生的电渗流示意图

由图2-2可看出，受到壁面高剪切速率（shear rate）的影响，电渗流速率从剪切分界面开始由零逐渐增大，在EDL外缘处，电渗流速率达到最大值，并保持恒定不变。电渗流（EOF）速率（$\boldsymbol{U}_{\mathrm{EOF}}$）可由Helmholtz-Smoluchowski方程［式（2-10）］来评估计算。

$$\boldsymbol{U}_{\mathrm{EOF}}=-\frac{\varepsilon_{\mathrm{w}}\varepsilon_0\zeta_{\mathrm{s}}}{\mu_{\mathrm{w}}}\boldsymbol{E} \tag{2-10}$$

式中，μ_{w}为水溶液动力黏度，Pa·s；$\boldsymbol{E}$是外加电场强度，V/m。

（3）电泳

悬浮于静止水溶液中的带电颗粒响应外加电场而产生的运动称为电泳，如图2-3所示。理论上，当外加直流电场施加在水溶液中后，悬浮在溶液中的带电颗粒受到电场施加的静电力，从而使得颗粒在溶液中运动。与图2-2中的水平带电固体壁面相同，处于水溶液中的带电球形颗粒表面也会形成EDL，在电场作用下，颗粒表面同样会产生EOF。所不同的是图2-2中的带电壁面是固定不动的，其表面产生的电渗流使得溶液沿着壁面运动，而图2-3中的带电颗粒是自由悬浮在溶液中的，在电场作用下带电颗粒会运动，而其周围的水溶液是静止的。这也是电渗流和电泳的最大区别。

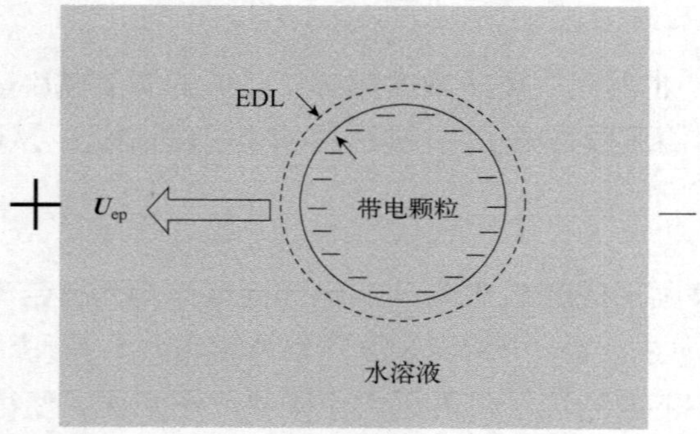

图2-3　静止水溶液中带电颗粒电泳示意图

关于带电球形颗粒的电泳速率，前人已经做了非常完善的研究。当颗粒表面EDL的厚度（κ^{-1}）远大于颗粒半径（r）时，即当$\kappa r \ll 1$时，颗粒的电泳速率（$\boldsymbol{U}_{\mathrm{ep}}$）表达式为：

$$\boldsymbol{U}_{\mathrm{ep}}=\frac{2}{3}\times\frac{\varepsilon_{\mathrm{w}}\varepsilon_0\zeta_{\mathrm{p}}}{\mu_{\mathrm{w}}}\boldsymbol{E} \tag{2-11}$$

式中，ζ_{p}是颗粒表面zeta电势，V。如果颗粒表面EDL的厚度远小于颗粒半径，即当$\kappa r \gg 1$时，颗粒的电泳速率（$\boldsymbol{U}_{\mathrm{ep}}$）表达式如下：

$$\boldsymbol{U}_{\mathrm{ep}}=\frac{\varepsilon_{\mathrm{w}}\varepsilon_0\zeta_{\mathrm{p}}}{\mu_{\mathrm{w}}}\boldsymbol{E} \tag{2-12}$$

式（2-11）被称为Hückel方程，式（2-12）被称为Smoluchowski方程。对比式（2-11）

和式（2-12）两种情况下的颗粒电泳速率可知，两者相差一个系数2/3，这主要是由颗粒周围EDL的电泳阻滞效应（electrophoretic retardation effect）引起的。该效应会阻碍颗粒的运动，使得颗粒的电泳速率降低。当$\kappa r \ll 1$时，该效应有较强的影响；而当$\kappa r \gg 1$时，该效应的影响较弱。

假如带电颗粒处于微通道中，或者距离某个带电表面相对较近时，带电表面产生的EOF也会影响颗粒的运动。在该情况下，带电颗粒的运动称为电动运动（electrokinetic motion），如图2-4所示。受到颗粒本身电泳和来自微通道壁面产生的EOF的影响，带电颗粒在微通道中的电动运动速率表达式为：

$$\boldsymbol{U}_{\mathrm{EK}}=\boldsymbol{U}_{\mathrm{ep}}+\boldsymbol{U}_{\mathrm{EOF}} \tag{2-13}$$

需要特别说明的是，式（2-13）仅仅适用于带电颗粒尺寸相比于微通道尺寸足够小，并且颗粒距离微通道所有壁面都较远的情况。

下面将通过微流控芯片中实际情形介绍几个相关多物理场耦合案例。

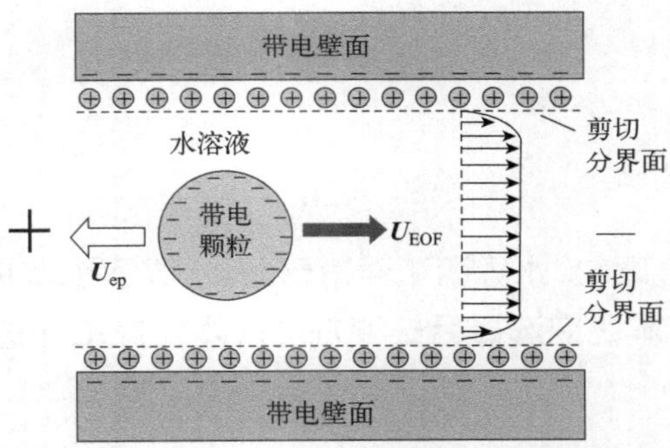

图2-4　微通道中带电颗粒电动运动示意图

2.3.2　水平油-水界面中的电动模型

外加直流电场作用于水中情况下，微尺度球形固体颗粒在水平油-水界面中电动运动的物理模型如下：

（1）电场

直流电场施加在水中后，电势（V）分布由拉普拉斯方程［式（2-14）］控制：

$$\nabla^2 V=0 \tag{2-14}$$

电场强度与电势关系为：

$$\boldsymbol{E}=-\nabla V \tag{2-15}$$

外加电场的边界条件如下：

在水域的所有边界：

$$\boldsymbol{n}\cdot\boldsymbol{E}=0 \tag{2-16}$$

式中，$\boldsymbol{n}$为边界单位法向量。

在通道入口边界：

$$V=V_0 \tag{2-17}$$

在通道出口边界：

$$V=0 \tag{2-18}$$

另外，由于表面电荷的存在，在EDL内会形成一个额外电场，其电势（ζ）分布由泊松-玻尔兹曼方程［式（2-19）］控制：

$$\nabla^2\zeta=\frac{2zen_\infty}{\varepsilon_0\varepsilon_w}\sinh\left(\frac{ze\zeta}{k_B T}\right) \tag{2-19}$$

油-水界面的EDL电势等于该界面的zeta电势，在水域其他边界电势为零，即

在油-水界面：

$$\zeta=\zeta_i \tag{2-20}$$

在水域其他边界：

$$\zeta=0 \tag{2-21}$$

需要特别说明的是，颗粒-水界面和通道壁面-水界面也有EDL和zeta电势，但是不同于油-水界面的情况，本研究选择另一种方法来体现EDL在这些边界中的影响，详见“（2）流场”。

（2）流场

流场的分布遵循纳维尔-斯托克斯（Navier-Stokes, NS）方程［式（2-1）］和连续性方程［式（2-2）］。

在本研究中，通道没有压力驱动流，压力梯度（∇p）为零。因此，在通道进出口没有压力和黏性应力，即

$$p=0 \tag{2-22}$$

$$\boldsymbol{n}\nabla\boldsymbol{U}=0 \tag{2-23}$$

对于电渗流来说，流速和雷诺数都很小。因此，式（2-1）中的惯性项（$\rho\boldsymbol{U}\times\nabla\boldsymbol{U}$）很小，可以忽略。外加电场会施加体积力作用在水中的EDL。于是，在水中NS方程可简化为：

$$\rho_w=\frac{\partial\boldsymbol{U}_w}{\partial t}=\mu_w\nabla^2\boldsymbol{U}_w+\rho_e\boldsymbol{E} \tag{2-24}$$

式中，ρ_w是水的密度，kg/m³；μ_w是水的黏度，Pa·s；$\boldsymbol{U}_w$是水的速度矢量，m/s；$\boldsymbol{E}$是外加电场强度，V/m；ρ_e为局部净电荷密度，C/m³，其表达式如下：

$$\rho_e = -2zen_{\infty}\sinh\left(\frac{ze\zeta}{k_B T}\right) \tag{2-25}$$

油中没有电场，无体积力。因此，NS方程在油中可简化为：

$$\rho_o = \frac{\partial \boldsymbol{U}_o}{\partial t} = \mu_o \nabla^2 \boldsymbol{U}_o \tag{2-26}$$

式中，ρ_o是油的密度，kg/m³；μ_o是油的黏度，Pa·s；$\boldsymbol{U}_o$是油的速度矢量，m/s。

不同于固体壁面，油-水界面是可移动的。当外加电场施加在水中后，在通道壁面和油-水界面产生的电渗流会施加剪切应力作用于油-水界面；同时，界面电荷会受到外加电场施加的电场力。这两方面因素引起油-水界面的移动。由于黏性效应，移动的界面会带动油随着界面运动。在油-水界面，需要满足速率连续条件［式（2-27）］和应力平衡条件［式（2-28）］。

$$\boldsymbol{U}_w = \boldsymbol{U}_o \tag{2-27}$$

$$\frac{\partial \boldsymbol{U}_w}{\partial \boldsymbol{n}} - \beta \frac{\partial \boldsymbol{U}_o}{\partial \boldsymbol{n}} = \frac{\sigma_i \boldsymbol{E}_x}{\mu_w} \tag{2-28}$$

式中，$\beta = \mu_o/\mu_w$为油-水动力黏度比；$\sigma_i \boldsymbol{E}_x$是外加电场作用在界面电荷产生的应力，Pa；$\boldsymbol{E}_x$是外加电场在$x$轴方向上的电场强度，V/m；$\sigma_i$为油-水界面的电荷密度，C/m^2，表达式如下：

$$\sigma_i = \frac{4zen_{\infty}}{\kappa}\sinh\left(\frac{ze\zeta_i}{2k_B T}\right) \tag{2-29}$$

相比于通道尺寸，EDL的厚度很小。因此，在颗粒-水界面和通道壁面-水界面形成的EDL中的流场可以被忽略，相应地，用Helmholtz-Smoluchowski方程［式（2-30）］作为这些边界的滑移边界条件来体现EDL的影响。

$$\boldsymbol{U} = -\frac{\varepsilon_w \varepsilon_0 \zeta_s}{\mu_w}\boldsymbol{E} \tag{2-30}$$

式中，ζ_s是带电表面的zeta电势，V。

于是，水中的边界条件如下：

在颗粒-水界面：

$$\boldsymbol{U}_w = \boldsymbol{U}_p - \frac{\varepsilon_w \varepsilon_0 \zeta_p}{\mu_w}\boldsymbol{E} \tag{2-31}$$

式中，$\boldsymbol{U}_p$是颗粒的平移速率，m/s。

在通道壁面-水界面：

$$\boldsymbol{U}_w = -\frac{\varepsilon_w \varepsilon_0 \zeta_w}{\mu_w}\boldsymbol{E} \tag{2-32}$$

然而，油-水界面水一侧形成的EDL中的流场分布情况不能忽略。如果Helmholtz-Smoluchowski方程也作为该界面上的边界条件，那么在该处EDL中的速率梯度$\left(\frac{\partial \boldsymbol{U}_w}{\partial \boldsymbol{n}}\right)$

就会变为零，进而应力在界面无法达到平衡。因此，油-水界面处EDL中的流场分布需要求解泊松-玻尔兹曼方程［式（2-6）］和纳维尔-斯托克斯方程［式（2-1）］获得。

因为油中没有离子和EDL存在，所以在油中颗粒表面边界条件为：

$$\boldsymbol{U}_{\rm o}=\boldsymbol{U}_{\rm p} \tag{2-33}$$

通道壁面-油界面是无滑移边界条件，即

$$\boldsymbol{U}_{\rm o}=0 \tag{2-34}$$

（3）颗粒运动速率

颗粒的平移速率由牛顿第二定律控制：

$$m_{\rm p}\frac{{\rm d}\boldsymbol{U}_{\rm p}}{{\rm d}t}=\boldsymbol{F}_{\rm w}+\boldsymbol{F}_{\rm o} \tag{2-35}$$

式中，$m_{\rm p}$是颗粒质量，kg；$\boldsymbol{F}_{\rm w}$是流动的水作用在颗粒表面的水动力，N；$\boldsymbol{F}_{\rm o}$是流动的油作用在颗粒表面的水动力，N。表达式为：

$$\boldsymbol{F}_{\rm w}=\int\boldsymbol{\sigma}_{\rm w}\boldsymbol{n}{\rm d}S_{\rm w} \tag{2-36}$$

$$\boldsymbol{F}_{\rm o}=\int\boldsymbol{\sigma}_{\rm o}\boldsymbol{n}{\rm d}S_{\rm o} \tag{2-37}$$

式中，$S_{\rm w}$和$S_{\rm o}$分别代表颗粒在水和油中的区域；$\boldsymbol{\sigma}_{\rm w}$和$\boldsymbol{\sigma}_{\rm o}$分别是来自水和油的应力张量，由以下方程表示：

$$\boldsymbol{\sigma}_{\rm w}=-P\boldsymbol{I}+\mu_{\rm w}[\nabla\boldsymbol{U}_{\rm w}+(\nabla\boldsymbol{U}_{\rm w})^{\rm T}] \tag{2-38}$$

$$\boldsymbol{\sigma}_{\rm o}=-P\boldsymbol{I}+\mu_{\rm o}[\nabla\boldsymbol{U}_{\rm o}+(\nabla\boldsymbol{U}_{\rm o})^{\rm T}] \tag{2-39}$$

流场和颗粒的初始速率都为零，即在$t=0$时：

$$\boldsymbol{U}_{\rm p}=0,\ \boldsymbol{U}_{\rm w}=0,\ \boldsymbol{U}_{\rm o}=0 \tag{2-40}$$

当颗粒速率达到稳定后，作用在颗粒表面的合力应该为零，即

$$\boldsymbol{F}_{\rm net}=\boldsymbol{F}_{\rm w}+\boldsymbol{F}_{\rm o}=0 \tag{2-41}$$

2.3.3 空气-水界面附近的电动模型

外加直流电场作用于水中情况下，微尺度油滴在水平空气-水界面附近电动运动的物理模型如下：

（1）电场

水中外加直流电场的电势（V）分布由拉普拉斯方程控制，详见式（2-14）～式（2-18）。

此外，油-水界面及空气-水界面存在的电荷在其周围形成的双电层内造成一个额外电场，该电场的电势（ψ）分布由泊松-玻尔兹曼方程［式（2-6）］控制。

油-水界面和空气-水界面上的电势等于该界面的zeta电势，即

在油-水界面：

$$\psi = \zeta_{o/w} \tag{2-42}$$

在空气-水界面：

$$\psi = \zeta_{a/w} \tag{2-43}$$

（2）流场

稳定状态下，不可压缩液体的流场分布由纳维尔-斯托克斯（Navier-Stokes, NS）方程［式（2-1）］和连续性方程［式（2-2）］控制。

一般来说，电渗流的速率很低，使得雷诺数很小。因此，式（2-1）中的惯性项（$\rho \boldsymbol{U} \times \nabla \boldsymbol{U}$）远小于黏性项（$\mu \nabla^2 \boldsymbol{U}$），从而可以忽略该项。另外，由于双电层中的电荷密度不为零，外加电场会施加电场力作用在双电层中。综上，控制水中流场分布的NS方程可简化为：

$$\nabla p = \mu_w \nabla^2 \boldsymbol{U}_w + \rho_e \boldsymbol{E} \tag{2-44}$$

式中，$\boldsymbol{U}_w$是水的速度矢量，m/s。

由于不导电的油中不存在直流电场，所以油不受体积力。于是，NS方程在油中可简化为：

$$\nabla p = \mu_o \nabla^2 \boldsymbol{U}_o \tag{2-45}$$

式中，μ_o是油的动力黏度，Pa·s；$\boldsymbol{U}_o$是油的速度矢量，m/s。

在本研究中，外界不施加压力作用在边界上。因此，计算区域左右两边界的压力和黏性应力都设置为零。

当直流电场施加在水中后，可移动的空气-水界面和油-水界面水一侧产生的电渗流会施加剪切应力作用在界面上；同时，界面上的电荷会受到来自直流电场的电场力，引起空气-水界面和油-水界面的移动。在油-水界面上，需要满足速率连续条件［式（2-27）］和应力平衡条件［式（2-46）］。

$$\frac{\partial \boldsymbol{U}_w}{\partial \boldsymbol{n}} - \beta \frac{\partial \boldsymbol{U}_o}{\partial \boldsymbol{n}} = \frac{\sigma_{o/w} \boldsymbol{E}_\perp}{\mu_w} \tag{2-46}$$

式中，$\beta = \mu_o/\mu_w$为油-水动力黏度比；$\boldsymbol{E}_\perp$是油滴表面切向电场强度，V/m；$\sigma_{o/w}$为油-水界面的电荷密度，C/m^2，其表达式如下：

$$\sigma_{o/w} = \frac{4zen_\infty}{\kappa} \sinh\left(\frac{ze\zeta_{o/w}}{2k_B T}\right) \tag{2-47}$$

由于空气的黏度远小于水的，室温下大约只有水的1/50，并且本研究认为水面上的空气是静止的。因此，空气对空气-水界面的影响可忽略不计。于是，空气-水界面需要满足如下边界条件：

$$\mu_{\mathrm{w}}\frac{\partial \boldsymbol{U}_{\mathrm{w}}}{\partial \boldsymbol{n}}=\sigma_{\mathrm{a/w}}\boldsymbol{E}_x \tag{2-48}$$

式中，$\boldsymbol{E}_x$是外加电场沿x轴方向上的电场强度，V/m；$\sigma_{\mathrm{a/w}}$为空气-水界面的电荷密度，C/m^2，其表达式如下：

$$\sigma_{\mathrm{a/w}}=\frac{4zen_{\infty}}{\kappa}\sinh\left(\frac{ze\zeta_{\mathrm{a/w}}}{2k_{\mathrm{B}}T}\right) \tag{2-49}$$

在本研究中，水的区域是无限大的，所以设定的水域尺寸远大于油滴的。因此，计算区域下边界设置为无滑移边界条件，即

$$\boldsymbol{U}_{\mathrm{w}}=0 \tag{2-50}$$

另外，考虑到在离油滴足够远的地方，电渗流只沿x轴方向运动，那么计算区域的两侧边界沿切向方向的黏性应力为零，并且流体不能穿过这些边界［式（2-51）］。

$$\boldsymbol{U}_{\mathrm{w}}\boldsymbol{n}=0 \tag{2-51}$$

（3）油滴运动速率

当外加直流电场施加在水中后，首先带电油滴会受到电场力（$\boldsymbol{F}_{\mathrm{e}}$）的作用。另外，空气-水界面下产生的电渗流会施加水动力（$\boldsymbol{F}_{\mathrm{h}}$）作用于油滴表面。因此，带电油滴所受的合力为

$$\boldsymbol{F}_{\mathrm{net}}=\boldsymbol{F}_{\mathrm{e}}+\boldsymbol{F}_{\mathrm{h}} \tag{2-52}$$

上式中水动力（$\boldsymbol{F}_{\mathrm{h}}$）由两部分组成：

$$\boldsymbol{F}_{\mathrm{h}}=\boldsymbol{F}_{\mathrm{hin}}+\boldsymbol{F}_{\mathrm{ho}} \tag{2-53}$$

式中，$\boldsymbol{F}_{\mathrm{hin}}$是双电层内部流体作用在油滴表面的水动力，N；$\boldsymbol{F}_{\mathrm{ho}}$是油滴双电层外部流体作用在双电层区域外缘上的水动力，N。双电层内部的异号离子会中和油滴所带的电荷，也就是说，在稳定状态下，$\boldsymbol{F}_{\mathrm{hin}}$和$\boldsymbol{F}_{\mathrm{e}}$相互抵消，直流电场不会施加电场力作用在油滴双电层外缘。因此，带电油滴所受的合力为：

$$\boldsymbol{F}_{\mathrm{net}}=\boldsymbol{F}_{\mathrm{ho}}=\int\boldsymbol{\sigma}_{\mathrm{w}}\boldsymbol{n}\mathrm{d}S_0 \tag{2-54}$$

式中，S_0指的是环绕油滴周围的双电层的外缘，m^2；$\boldsymbol{\sigma}_{\mathrm{w}}$为水力应力矢量，N/m^2，表达式见式（2-38）

当油滴表面所受的合力变为零后，油滴运动速率（$\boldsymbol{U}_{\mathrm{d}}$）也达到稳定。

2.4 微流控芯片中的浓度场模型

混合效率是微混合器的关键参数。目前已经提出了一些方法来评估混合效率。常用的方法是基于偏析的强度。像素强度或点浓度的标准偏差通常作为混合指数（MI）来评估混合效率，可以表示为：

$$\mathrm{MI}=\sqrt{\frac{1}{N}\sum_{i=1}(c_i-\bar{c})^2} \tag{2-55}$$

式中，c_i是点浓度/像素强度；$\bar{c}$是平均点浓度/像素强度；N是采样点的数量。还报告了经过改进的基于标准偏差与平均点浓度/像素强度比较的混合指数，可以表示为：

$$\mathrm{MI}=1-\frac{\sqrt{\frac{1}{N}\sum_{i=1}^{N}(c_i-\bar{c})^2}}{\bar{c}} \tag{2-56}$$

此外，提出了基于混合段与非混合段点浓度或像素强度标准差比较的混合指数，可以表示为：

$$\mathrm{MI}=1-\frac{\sqrt{\frac{1}{N}\sum_{i=1}^{N}(c_i-\bar{c})^2}}{\sqrt{\frac{1}{N}\sum_{i=1}^{N}(c_i-\bar{c}_0)^2}} \tag{2-57}$$

式中，$\bar{c}_0$是非混合部分的平均点浓度/像素强度，即c_0的平均值，mol/m^3。还报告了另一个基于混合和非混合部分点浓度或像素强度积分比较的混合指数，可以表示为：

$$\mathrm{MI}=1-\frac{\int_0^H|c_i-c_\infty|\mathrm{d}y}{\int_0^H|c_0-c_\infty|\mathrm{d}y} \tag{2-58}$$

式中，H是截面宽度，m；c_∞是完全混合浓度，mol/m^3。

下面以基于电渗流的微混合器为例，介绍其具体模型，如下：

（1）电场

水中外加直流电场的电势（V）分布由拉普拉斯方程控制，详见式（2-14）～式（2-18）。

（2）流场

稳定状态下，不可压缩的液体的流场分布由纳维尔-斯托克斯（Navier-Stokes, NS）方程［式（2-1）］和连续性方程［式（2-2）］控制。一般来说，电渗流的速率很低，使得雷诺数很小。因此，式（2-1）中的惯性项（$\rho\boldsymbol{U}\times\nabla\boldsymbol{U}$）远小于黏性项（$\mu\nabla^2\boldsymbol{U}$），从而可以忽略该项。

溶液本体呈电中性，只有在EDL中静电荷密度ρ_e不为零，相比于微通道的尺寸，EDL的厚度很小，可以忽略，因此可以将NS方程中的$\rho_e\boldsymbol{E}$项去掉，并将Helmholtz-Smoluchowski滑移速率作为壁面边界条件来体现电场对流场的影响：

非金属壁面：
$$\boldsymbol{u}=-\frac{\varepsilon_0\varepsilon_w\zeta_w}{\mu}\boldsymbol{E} \tag{2-59}$$

金属圆柱表面：
$$\boldsymbol{u}=-\frac{\varepsilon_0\varepsilon_w\zeta_i}{\mu}\boldsymbol{E} \tag{2-60}$$

式中，ζ_w为非金属壁面固有zeta电势，V；ζ_i为金属壁面诱导zeta电势，V。

在本研究中，外界不施加压力作用在边界上。因此，计算区域左右两边界的压力和黏性应力都设置为零。

（3）浓度场

假设通道内浓度不受任何反应的影响，且没有离子迁移。此时描述稳态下水中溶质浓度的对流扩散方程如下：

$$\nabla\times(-D\nabla c)+u\times\nabla c=0 \tag{2-61}$$

式中，c为溶质浓度，mol/m^3；D为溶质扩散系数。

由于微通道壁面对溶质绝缘，因此不再对微通道壁面施加以下通量条件：

$$-\boldsymbol{n}\times(-D\nabla c+uc)=0 \tag{2-62}$$

设置入口1处溶质浓度为1mol/m^3；入口2处溶质浓度为0mol/m^3。由于溶质是通过通道内的流动从出口流出，可以确定溶质的传递由对流主导，溶质的扩散传递可以忽略。因此出口处边界条件为：

$$\boldsymbol{n}\times D\nabla c=0 \tag{2-63}$$

2.5 微流控芯片中的磁场模型

在微流控芯片中，还会用到一些铁磁性材料来开展相关研究。常用的磁性材料有永磁体（如钕铁硼磁体等）、软磁体（如镍铁合金等）以及超顺磁磁珠（如四氧化三铁等）。所有的物质都具有磁性，物质的磁性可分为五类：抗磁性、顺磁性、反铁磁性、铁磁性和亚铁磁性。通常所说的磁性材料是铁磁性和亚铁磁性物质的总称。各种物质在磁场中的磁化特性（包括磁化系数）如表2-1所示。

表2-1　物质磁性分类

项目	弱磁性			强磁性	
	抗磁性	顺磁性	反铁磁性	铁磁性	亚铁磁性
磁化系数	$\chi<0$	$\chi>0$	$\chi>0$	$\chi>>0$	$\chi>>0$
示例	铜（-1.0×10^{-5}） 水（-0.9×10^{-5}）	铝（2.2×10^{-5}） 空气（3.6×10^{-7}）	氧化镍（0.67）	铁（约10^6） 钴（约10^3）	四氧化三铁（约10^2）

当铁磁性或亚铁磁性物质（如铁或铁氧体颗粒等）的尺寸减小到纳米级时，颗粒只具有单磁畴结构。由于尺寸太小，其热扰动能大于磁各向异性能，磁矩取向表现为磁的布朗运动，这种特性与普通顺磁性物质十分相似，但具有更强的磁性，即为超顺磁性。磁性物质由铁磁性转变为超顺磁性的临界尺寸与温度有关，温度越高，此临界尺寸越大。构成磁珠的磁性纳米颗粒粒径一般在10nm左右，由于粒径太小，常温下便具有超顺磁性，其宏观物理特性为：在磁场作用下，磁珠显示出较强的磁性，而一旦撤去外加磁场，磁珠的磁性就几乎消失，无剩磁现象。磁珠的超顺磁性是其在微流控芯片内的运动能够被灵活操控的物理基础，而磁珠表面生物修饰的多样性又是其在生化分析领域获得广泛应用的保证。

磁性材料内部的原子内电子的未补偿的轨道运动或自旋运动是磁场能够对磁性材料产生作用的根本原因。磁场中可测得的量是磁感应强度$\boldsymbol{B}$（单位：Wb/m^2），磁场的强度大小通常由磁感应强度$\boldsymbol{B}$表示：

$$\boldsymbol{B}=\mu_0(\boldsymbol{H}+\boldsymbol{M}) \tag{2-64}$$

式中，μ_0是真空磁导率，H/m；$\boldsymbol{H}$是磁场强度，A/m；$\boldsymbol{M}$是磁化强度，A/m。

磁化强度取决于材料的磁性特性。针对铁磁质，其磁性特性通常由$\boldsymbol{B}$-$\boldsymbol{H}$曲线或$\boldsymbol{M}$-$\boldsymbol{H}$曲线表示，如图2-5所示。$\boldsymbol{H}$和$\boldsymbol{B}$之间的关系是高度非线性的，并且由于存在迟滞和滞后环而具有多值性。

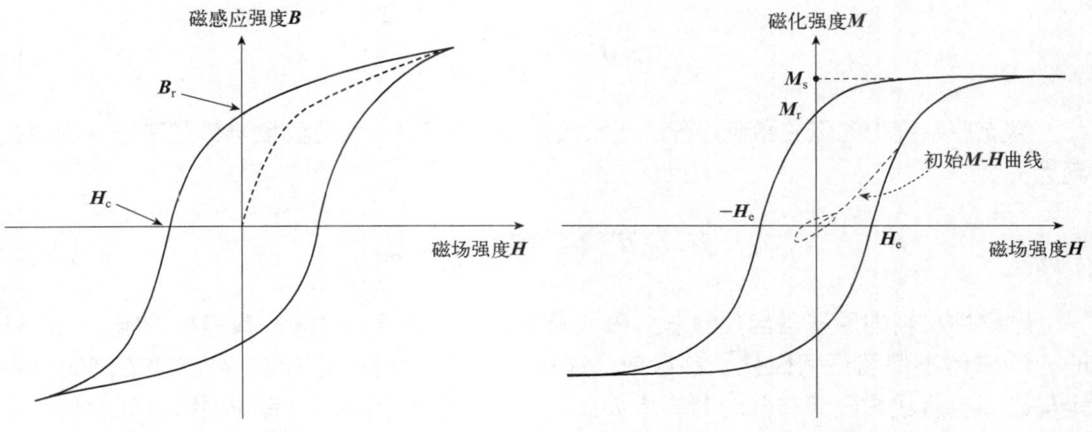

(a) B-H曲线　(b) M-H曲线

图2-5　铁磁质的B-H曲线和M-H曲线

铁磁材料通常分为软磁材料和硬磁材料，在微流控系统中，使用的永磁体是由硬磁材料制成的，而内嵌的微型磁体一般为软磁体。磁化强度与磁场强度的关系是由磁化系数χ来定义的：

$$\boldsymbol{M}=\chi\boldsymbol{H}_{in} \tag{2-65}$$

式中，χ是材料的固有磁化系数，$\chi=\mu/\mu_0-1$。χ的符号决定了材料是顺磁性或者反磁性，当$\mu>\mu_0$时，材料为顺磁性，当$\mu<\mu_0$时，材料为反磁性。上式中的$\boldsymbol{H}_{in}$是指磁性材料内部的磁场强度，而通过磁化曲线测得的磁化系数χ_m不同于上式中的χ，是材料磁化强度$\boldsymbol{M}$与外加磁场强度$\boldsymbol{H}_{ap}$之间的比值：

$$\boldsymbol{M}=\chi_m\boldsymbol{H}_{ap} \tag{2-66}$$

一般意义上，测量磁化系数χ_m不是一个常量，而是一个非单值矢量函数：

$$\boldsymbol{M}(\boldsymbol{H})=\chi_m(\boldsymbol{H}_{ap})\boldsymbol{H}_{ap} \tag{2-67}$$

对于超顺磁性纳米粒子和部分软磁材料，可以认为无磁滞，则在低磁场下其磁化模型可以认为是简单的线性磁化关系，$\chi_m(\boldsymbol{H}_{ap})$简化为单值标量即常数。但随着磁场增强，磁化强度与磁场强度的关系不再是线性关系。在微流控系统中，假设不考虑温度因素的影响，非单值矢量函数$\chi_m(\boldsymbol{H}_{ap})$可简化为标量函数，基于以下假设进行简化：

$$\frac{\partial \chi_m(\boldsymbol{H}_{ap})}{\partial \boldsymbol{H}_{ap}}\Big|_{\boldsymbol{H}_{ap}}=\chi_0,\ \chi_m(\boldsymbol{H}_{ap})\boldsymbol{H}_{ap}\Big|_{\boldsymbol{H}_{ap}\to\infty}=\boldsymbol{M}_s \tag{2-68}$$

有三种不同的简化函数来定义$\chi_m(\boldsymbol{H}_{ap})$：

$$\chi_m(\boldsymbol{H}_{ap})=\chi_0 \tag{2-69}$$

$$\chi_m(\boldsymbol{H}_{ap})=\frac{\boldsymbol{M}_s}{\boldsymbol{H}}\tanh\left(\frac{\chi_0\boldsymbol{H}}{\boldsymbol{M}_s}\right) \tag{2-70}$$

$$\chi_m(\boldsymbol{H}_{ap})=\frac{\chi_0\boldsymbol{M}_s}{\boldsymbol{M}_s+\chi_0\boldsymbol{H}} \tag{2-71}$$

微流控系统中的磁性微粒处在磁化系数为χ_f的环境中，磁化强度与外加磁场强度的关系为：

$$\vec{\boldsymbol{M}}=\chi_p\vec{\boldsymbol{H}}_{in}=\frac{3\chi_p(\chi_f+1)}{(\chi_p-\chi_f)+3(\chi_f+1)}\vec{\boldsymbol{H}}_{ap} \tag{2-72}$$

顺磁性材料的原子各自具有永久磁偶极矩，且假设原子之间没有相互作用。无磁场时，顺磁体不保留任何磁化，并且单个磁矩的方向指向随机方向。当施加磁场时，磁矩与磁通密度线方向只有部分对齐排列。这是由于足够大的热能导致磁矩排列的随机破坏。故磁化强度与磁场强度的非线性关系模型与温度有关。考虑温度因素，磁化率由Langevin函数给出：

$$\vec{\boldsymbol{M}}\vec{\boldsymbol{H}}=\boldsymbol{M}_s n_a\left[\coth\left(\frac{\mu_0 m\boldsymbol{H}}{k_B T}\right)-\frac{k_B T}{\mu_0 m\boldsymbol{H}}\right]\frac{\vec{\boldsymbol{H}}}{\boldsymbol{H}} \tag{2-73}$$

式中，$\boldsymbol{M}_s$是单个磁性粒子的饱和磁化强度；n_a是单位体积内的磁性粒子数；k_B是玻尔兹曼常数，$1.3806505(24)\times10^{-23}$ J/K；m是单个磁性粒子的磁矩，且$m=\boldsymbol{M}_sV_p$，V_p是单个磁性粒子的体积。

参考文献

[1] 王成法. 水溶液中油滴和固体颗粒电动运动界面效应研究[D]. 大连：大连海事大学, 2018.

[2] Zhao C, Yang C. Advances in electrokinetics and their applications in micro/nano fluidics[J]. Microfluidics and Nanofluidics, 2012, 13(2): 179-203.

[3] Nakamura M, Sato N, Hoshi N et al. Outer helmholtz plane of the electrical double layer formed at the solid electrode-liquid interface[J]. ChemPhysChem, 2011, 12(8): 1430-1434.

[4] Grahame D C. The electrical double layer and the theory of electrocapillarity[J]. Chemical Reviews, 1947, 41(3): 441-501.

[5] Li D. Electrokinetics in microfluidics[M]. London: Academic Press, 2004.
[6] Li D. Encyclopedia of microfluidics and nanofluidics[M]. New York: Springer Science & Business Media, 2008.
[7] Hunter R J. Zeta potential in colloid science: principles and applications[M]. London: Academic press, 1981.
[8] Probstein R F. Physicochemical hydrodynamics: an introduction[M]. New York: John Wiley & Sons, 2005.
[9] Shaw D J. Electrophoresis[M]. New York: Academic Press, 1969.
[10] Ohshima H. Electrical phenomena at interfaces and biointerfaces: fundamentals and applications in nano-, bio-, and environmental sciences[M]. Hoboken: John Wiley & Sons, 2012.
[11] Peng R. Electrokinetic transport phenomena in nanochannels and applications of nanochannel-based devices in nanoparticle detection and molecule sensing[D].Waterloo: University of Waterloo, 2018.
[12] Li M, Li D. Electrokinetic motion of an electrically induced Janus droplet in microchannels[J]. Microfluidics and Nanofluidics, 2017, 21(2): 1-12.
[13] Wang C, Li M, Song Y et al. Electrokinetic motion of a spherical micro particle at an oil-water interface in microchannel[J]. Electrophoresis, 2018, 39(5-6): 807-815.
[14] Lee J S H, Barbulovic-Nad I, Wu Z et al. Electrokinetic flow in a free surface-guided microchannel[J]. Journal of Applied Physics, 2006, 99(5): 054905.
[15] Gao Y, Wong T N, Yang C et al. Transient two-liquid electroosmotic flow with electric charges at the interface[J]. Colloids and Surfaces A: Physicochemical and Engineering Aspects, 2005, 266(1): 117-128.
[16] Movahed S, Khani S, Wen J Z et al. Electroosmotic flow in a water column surrounded by an immiscible liquid[J]. Journal of Colloid and Interface Science, 2012, 372(1): 207-211.
[17] Wang C, Song Y, Pan X et al. Electrokinetic motion of a submerged oil droplet near an air-water interface[J]. Chemical Engineering Science, 2018, 192: 264-272.
[18] Wang C, Song Y, Pan X et al. Electrokinetic motion of an oil droplet attached to a water-air interface from below[J]. Journal of Physical Chemistry B, 2018, 122(5): 1738-1746.
[19] Wu Z, Li D. Induced-charge electrophoretic motion of ideally polarizable particles[J]. Electrochimica Acta, 2009, 54(15): 3960-3967.
[20] Daghighi Y, Gao Y, Li D. 3D numerical study of induced-charge electrokinetic motion of heterogeneous particle in a microchannel[J]. Electrochimica Acta, 2011, 56(11): 4254-4262.
[21] Wu Z, Gao Y, Li D. Electrophoretic motion of ideally polarizable particles in a microchannel[J]. Electrophoresis, 2009, 30(5): 773-781.
[22] Ye C, Li D. Electrophoretic motion of two spherical particles in a rectangular microchannel[J]. Microfluidics and Nanofluidics, 2004, 1(1): 52-61.
[23] Ye C, Li D. 3-D transient electrophoretic motion of a spherical particle in a T-shaped rectangular microchannel[J]. Journal of Colloid and Interface Science, 2004, 272(2): 480-488.
[24] Ye C, Sinton D, Erickson D et al. Electrophoretic motion of a circular cylindrical particle in a circular cylindrical microchannel[J]. Langmuir, 2002, 18(23): 9095-9101.
[25] O'Brien R W, White L R. Electrophoretic mobility of a spherical colloidal particle[J]. Journal of the Chemical Society, Faraday Transactions 2: Molecular and Chemical Physics, 1978, 74: 1607-1626.
[26] Wang C. Liquid mixing based on electrokinetic vortices generated in a T-type microchannel[J]. Micromachines, 2021, 12(2): 130.
[27] 严密，彭晓领．磁学基础与磁性材料[M]．杭州：浙江大学出版社，2006.

[28] 吴信宇. 磁动力微流控芯片内磁珠动力学行为及其强化混合与分离机理研究[D]. 上海: 上海交通大学, 2012.

[29] 王桢. 微通道磁泳系统中磁性微粒的动态特性和分离行为研究[D]. 武汉: 华中科技大学, 2020.

[30] Shevkoplyas S S, Siegel A C, Westervelt R M, et al. The force acting on a superparamagnetic bead due to an applied magnetic field[J]. Lab on a Chip, 2007, 7(10): 1294-1302.

[31] Furlani E P, Ng K C. Analytical model of magnetic nanoparticle transport and capture in the microvasculature[J]. Physical Review E Statistical Nonlinear & Soft Matter Physics, 2006, 73: 061919.

[32] Smistrup K. Magnetic separation in microfluidic systems[D]. Denmark: Technical University of Denmark, 2007.

[33] Coffey W T, Cregg P J, Kalmykov Y P. On the theory of Debye and Néel relaxation of single domain ferromagnetic particles[J]. Advances in Chemical Physics, 2007, 83: 263-464.

第3章 微流控芯片材料与加工工艺

3.1 概述

微全分析系统（micro total analysis system, μ-TAS）最早在20世纪90年代被提出，也被称为芯片实验室（lab on a chip, LOC）。微全分析系统的核心技术和研究热点是以微流控技术为基础的微流控芯片。基于微通道网络结构的特征与微机电加工技术的特点，最大限度将分析实验室的制样、分离、检测等功能集中在一块数平方厘米级的芯片上，该芯片具有微型化、集成化、自动化的特点。与宏观尺度的实验装置相比，微流控芯片中的流体在微米级反应通道中表现出一些特殊的效应，正是这些特殊效应使得微流控芯片具备很多独特且优越的分析性能。

微流控芯片的基本特征是多种技术单元在整体可控的微小平台上灵活组合、规模集成。微流控芯片提供集成功能，从样品处理到反应、分离和检测的整个实验室功能都可以集成到单个微流控芯片上，而且不需要大型和昂贵的外部辅助设备，因此微流控芯片与微流控技术正在彻底改变化学和生物分析，经过多年的研究与发展，已经具备了广阔的应用前景与应用领域，例如微尺度遗传和蛋白质组分析试剂盒、细胞培养和操作平台、生物传感器、病原体检测系统、即时诊断设备、高通量组合药物筛选平台、靶向药物传递和先进治疗方案、新型组织工程生物材料合成等。

微流控芯片的制作过程包括芯片材料的选择，芯片加工、封装、表面处理以及与其他装置的集成等多个环节。其中在芯片选材方面，常用的材料有硅片、玻璃、热塑性塑料和聚二甲基硅氧烷（polydimethylsiloxane, PDMS）；在芯片加工方面，主流技术是软光刻技术，相对于传统光刻技术，软光刻所需设备简单，可使用PDMS、陶瓷和玻璃等多种材料，且成本较低，因此被广泛用于微芯片的加工过程中。

3.2 材料

微流控器件的制造方法多种多样，材料种类繁多。事实上，设备材料可以影响微流控组件的流动性、吸收率、生物相容性和功能。在微流控芯片的研制过程中，芯片材料的选择是首先要考虑的问题。芯片材料选择原则如下：①芯片实验室的芯片材料和工作介质应有良好的化学和生物相容性，不发生反应；②芯片材料应有很好的电绝缘和散热性；③芯片材料应具有良好的光学性能，对检测信号干扰小或无干扰；④芯片材料表面要有良好的可修饰性，可产生电渗流或固载生物大分子；⑤芯片制作工艺简单，材料和生产成本低廉。

通常用于制造微流控芯片的材料包括单晶硅、玻璃、有机聚合物［聚甲基丙烯酸甲酯（polymethyl methacrylate, PMMA）、聚碳酸酯（polycarbonate, PC）、聚二甲基硅氧烷（polydimethylsiloxane, PDMS）、聚苯乙烯（polystyrene, PS）］、水凝胶等。如图3-1所示为使用不同材料制成的微流控芯片（书后另见彩图）。

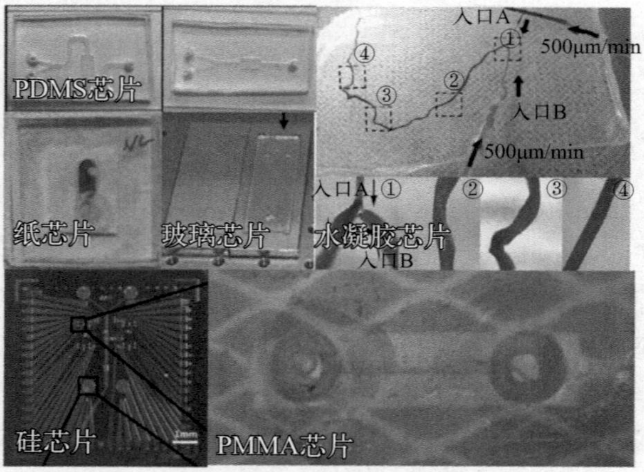

图3-1　使用不同材料制成的微流控芯片

3.2.1　硅基微流控芯片

在微流控芯片中，硅材料的应用十分广泛，曾作为早期微流控芯片的主要材料。芯片实验室设备中使用的第一种材料就是硅，最早在20世纪70年代设计的微型气相色谱分析系统就是将整个结构集成在硅材料芯片上，形成了一套比较完整的微全分析系统。硅制造过程依赖半导体制造业的成熟技术，硅具有良好的化学惰性和热稳定性，利用光刻和蚀刻方法可以高精度地再现二维图形或复杂的三维结构。但硅材料具有易碎、热导率小、透光性差、介电性及抗腐蚀性能难以满足化学分析需要、表面化学行为复杂等缺点，限制了其在微流控芯片中的应用。尽管如此，硅作为微加工中的一种微模具材料，仍广泛应用于大多数器件的加工。硅的基本特性参数如表3-1所示。

表3-1　硅的基本特性参数

密度/（g/cm³）	2.328
熔点/°C	1415
比热容/［J/（g·K）］	0.7
热膨胀系数/K^{-1}	2.6×10^{6}
热导率（300K）/［W/（cm·K）］	1.5
介电常数	11.9
耐电压/（V/cm）	约3×10^{5}

3.2.2 玻璃基微流控芯片

石英玻璃和普通玻璃由于弥补了单晶硅在电学和光学方面的不足，价廉、易得，尤其是玻璃，作为化学分析的反应和测量容器的传统材料，很快成为微流控系统主流基材之一。很多单晶硅微加工的条件比较容易过渡到玻璃。使用光刻和蚀刻技术可以将微通道网络刻在玻璃材料上。微流控装置中使用的玻璃有很多种，如钠钙、石英、派热克斯玻璃和光敏玻璃。尽管玻璃的组成略有不同，但一般说来，这组材料表现出以下特性，使它们能够应用于生物学。玻璃具有生物相容性、透明性，玻璃还是低自发荧光水平的化学惰性绝缘体。玻璃的透明性为微系统的故障诊断和光学检测提供了便利条件，它可以应用于采用光学检测方法的单芯片实验室。此外，玻璃是亲水性的，因此细胞能够附着在表面，不需要额外的表面修饰。

光敏玻璃对紫外光敏感，可以直接用光刻法加工。例如，Schott Glass公司的Foturan™光敏玻璃使用标准镀铬石英掩模暴露在紫外线下，然后对玻璃进行热处理，以改变暴露区域的结晶。当暴露的玻璃在HF中被腐蚀时，晶体区域被去除，而未暴露的区域被保留下来。这种玻璃在加工前，玻璃表面不需要任何涂层，使用方便，易于加工高深宽比结构，但价格昂贵。在热处理过程中，紫外线暴露区域的体积缩小，未暴露区域在压力下向外突出，因此它被用来制作透镜。石英特别适合用紫外分光光度法制作微流控芯片。然而，玻璃材料也有一些缺点，就是玻璃的微细加工技术既耗时又昂贵。常见玻璃和石英的材料特性如表3-2所示。

表3-2 常见玻璃和石英的材料特性

参数		绿玻璃	白面玻璃	硼硅玻璃	石英玻璃
热学特性	热膨胀系数/（$\times 10^{-7}K^{-1}$）	94	93	37	5
	退火点/℃	542	533	686	1120
光学特性	折射率	1.52	1.52	1.53	1.46
	透射率	90	90	90	90
化学稳定性	质量损耗/（mg/cm^2）	0.13	0.14	0.31	0.17
理学特性	密度/（g/cm^3）	2.50	2.56	2.58	2.20
	努氏硬度/（kgf/mm^2）	540	530	657	615
	杨氏模量/（kgf/mm^2）	7000	7314	7540	7413
	切变模量/（kgf/mm^2）	2870	2980	3260	3170
	泊松比	0.22	0.23	0.16	0.18
电学特性	体积电阻率/（$\Omega \cdot cm$）	1×10^{12}	1×10^{15}	1×10^{15}	1×10^{18}

注：1kgf=9.81N。

基于玻璃的微流控芯片可以在高压下进行实验。Heiland等将压力和温度可控的玻璃微流控芯片平台与超临界流体色谱相结合，以高效、快速地分离手性和非手性化合物，这是迈向便携式色谱的一步。该系统可用于药物或食品分析。Gerhardt等制作了一种与梯度洗脱反相色谱相结合的耐压液滴玻璃微流控芯片，如图3-2所示（书后另见彩图），作为一种防止峰分散的方法。然而，将分析物放入离散的液滴中会使整体分离时间大大缩短。

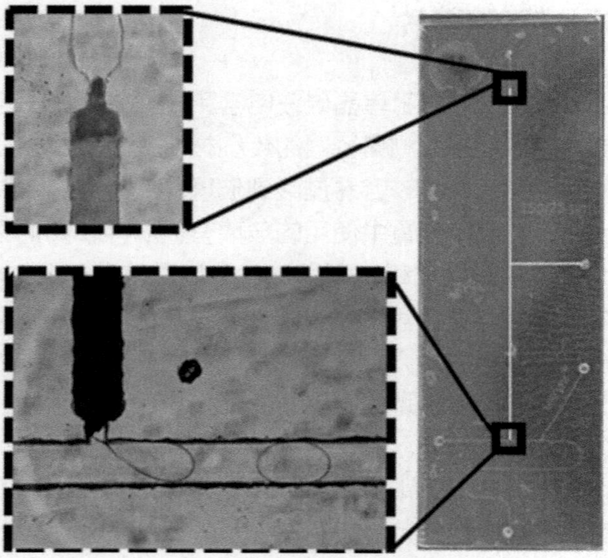

图3-2　耐压液滴玻璃微流控芯片

3.2.3　基于聚合物的微流控芯片

聚合物是除了玻璃以外另一种常用的微流控芯片材料。PMMA、PS、PC和PDMS等聚合物被广泛应用于微流控芯片的制作。PDMS是其中最受欢迎的一种。与玻璃相比，应用于芯片实验室微器件的聚合物材料具有以下特性：种类多、生产成本低、加工成型方便、制造方法快速、易于与不同材料集成、非常适合大批量制作。各种各样的低成本聚合物材料具有耐热性和耐化学性、成型温度低和表面衍生性能。聚合物表面可以通过多种方式进行化学改性，这一特性在具有高表面积/体积比的微观结构中非常重要，可用于改变生物分子功能。由于聚合物薄膜可以很容易地通过旋涂法制备，因此它们可以集成到功能系统中。这种能力对于开发廉价、一次性的基因组学和蛋白质组学化学检测器可能很重要。普遍认为，聚合物芯片在一次性芯片的开发中可能会占主导地位。以下将聚合物分为高分子聚合物、弹性聚合物、光敏聚合物进行介绍。

高分子聚合物种类繁多，加工相对容易，具有良好的透明性和介电性能。因此，它们已成为除玻璃材料外的另一种主要材料。硬质高分子聚合物材料指在室温下为固体的材料，常见的有聚甲基丙烯酸甲酯（PMMA）、聚碳酸酯（PC）、聚对苯二甲酸乙二醇酯（PET）等。

PMMA在可见光和紫外光区是透明的，它还具有生物相容性，易于灭菌。PMMA是一种低成本、透明的微流控材料。这种聚合物还表现出机械阻力、低吸湿性。它还具有疏水性，经表面改性后可用于细胞培养。Kelly等使用热键合方法操作PMMA基片以形成微流控系统，如图3-3所示。首先使用硅模板在PMMA衬底上施加压力和升高温度以形成微通道结构。通道外壳的热键合是通过将压印基片和空白基片夹在一起，并将组件置于沸水中1h来完成的。通过对荧光标记的氨基酸进行高分辨率电泳分离，证明了这些水键合微流控芯片的功能。对四个微器件的黏结强度测试表明，平均失效压力为130kPa，与密封在空气中的器件的黏结强度相当；且在键合过程中，通道的尺寸得到了很好的保留。

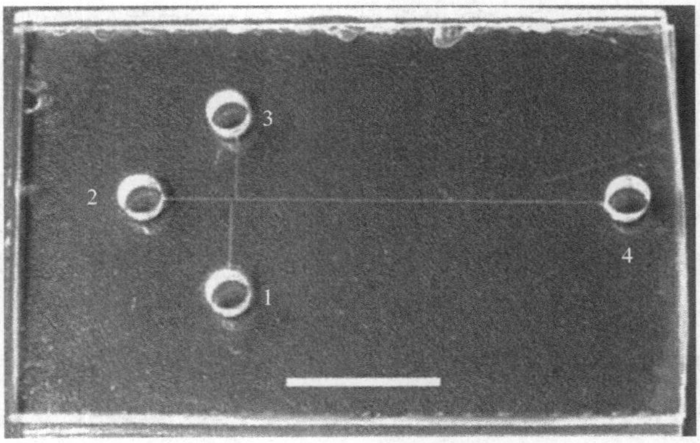

图3-3　热键合PMMA芯片

聚碳酸酯微细加工技术操作简单，适用于特定有机溶剂。Liu等采用PC塑料材料，通过模压成型制备了微芯片毛细管电泳（CE）器件。利用热黏合将模制器件封装到另一个PC晶圆上。在热黏合之前，通过对疏水性PC塑料表面进行紫外线辐照处理，增强了塑料CE器件内部的水溶液传输。与玻璃微通道相比，天然PC通道中的电渗流（EOF）较低，并且在pH值为7和9时与缓冲液pH值无关。PC表面的紫外线照射增强了表面亲水性并增强了EOF。CE DNA分离在这些PC-CE设备中得到了证明，具有良好的分辨率和运行的重复性。由于相对较强的固有荧光背景，PC-CE器件与玻璃器件的灵敏度不匹配；然而，使用共焦显微镜检测装置有助于减少离焦PC荧光背景。通过紫外线照射进行表面处理可增强PC表面的亲水性。表面处理后进行了热黏合，处理后的PC微通道内的水溶液传输被认为得到了改善。即使暴露在高温下，改性表面仍保持良好的亲水性。使用手动紫外线灯最佳紫外线照射时间为3h。未来将尝试使用更高输出功率的紫外线灯或等离子体，以缩短表面处理所需的时间。

聚对苯二甲酸乙二醇酯（PET）是一种有机高分子材料，也是微流控芯片制造领域应用的材料之一。通常采用激光制造PET基板加工微流控芯片。Mirzadeh等研究了激光功率和激光运动速率等激光参数对PET微通道的影响。采用CO_2激光加工微通道，并在热压机上成功制备了微流控芯片。

弹性聚合物如聚二甲基硅氧烷（PDMS），俗称硅橡胶，也是微流控器件最常用的材料之一。由于具有独特的弹性及良好的透光性、介电性、惰性，无毒，容易加工，价廉，因而迅速普及。PDMS容易由单体和交联剂的预聚物热交联而得，反应温和，100℃以下即可实现。PDMS与固化剂混合后，经过一段时间的固化变硬即可得到芯片。PDMS是众多聚合物中使用较多的一种。选择它是因为它的低成本、透明性、透气性、高重复性、灵活性、对细胞无毒、快速和廉价的制造技术；耐用、有一定的化学惰性；能可逆反复变形而无永久损伤；可以通过模压实现高保真复制微流控芯片；芯片的微通道表面可以通过各种方式进行改性修饰；它不仅能与自身可逆结合，还能与玻璃、硅、二氧化硅和氧化聚合物可逆结合。此外，PDMS对允许气体交换的气体具有渗透性。可以设计不同几何形状的微腔和微通道来调节流量。

PDMS具有许多理想的性能，微流控制造技术，尤其是软光刻技术的出现，已经将其提升到了一个特殊的高度。最早的微流控器件是用玻璃和硅晶片作为建筑材料制造的，这不仅耗时，而且涉及昂贵的设备和耗材，即使是单芯片，更不用说批量生产了。这就是PDMS在开发成本效益高的微流体平台方面具有优势的地方。在过去十多年中，随着微流体技术支持的芯片实验室设备的出现，PDMS的使用出现了激增，PDMS被证明是在正确的时间使用正确的材料。在许多研究中。从制造的角度来看，快速、易于与玻璃系统集成，以及在纳米级复制结构的能力，是从业人员对PDMS印象最深刻的理想特性。与微流体相关的另一个关键特性是透明度，微通道可直接在显微镜下观察，实时监测过程。此外，PDMS还具有良好的生物相容性、渗透性和低自发荧光，在生物技术和生物医学工程领域开辟了广阔的应用空间。所有这些因素都增强了其在学术界和工业界的成本效益。除了上述所有优点，PDMS也存在一定的不足。芯片实验室应用中的一个关键问题是分子在PDMS表面的吸附，在pH值适宜的情况下，这种吸附会加剧。在许多常见溶剂中，尤其是碳氢化合物基溶剂中，它也会膨胀。另一个问题是PDMS固有的疏水性，可以通过等离子体暴露来解决，但不会持续很长时间，在生物分析中会增强蛋白质的吸收。然而，通过谨慎的缓解策略，理想的性能明显超过了缺点，在该领域产生了重大贡献。

许多体内手术会涉及透明带的操作，Zeringue等利用PDMS制作微流控通道网络，用于精确控制化学物质的输送来达到清除这些透明带的目的。通道尺寸与胚胎直径相同，可以精确控制局部流体环境。该系统使用压力驱动流体来控制胚胎的移动。胚胎上携带的清洗溶剂可以实现透明带的去除。

光敏聚合物材料中最有代表性的是SU-8。SU-8是一种环氧聚合物材料，最早由IBM开发并获得专利。由于单体分子平均含有8个环氧基团，故名中含有8。SU-8本身既可作为光刻胶，又可作为微结构材料。SU-8在微加工材料中是独一无二的，因为它具有独特的光学透明性、硬度和光敏性。主要特点如下：机械强度高；高化学惰性；可加工高纵横比、厚膜、多层结构。由于该光刻胶在近紫外区具有较高的透光率，因此在较厚的光刻胶上仍具有良好的曝光均匀性。即使膜厚达到1mm，得到的图案边缘仍然几乎是垂直的，深宽比可以达到50：1。SU-8在远紫外线中的透光率较差。Jackman等用SU-8制造的在线紫外检测微流控系统如图3-4所示。该微流控器件在SU-8中被制造。使用SU-8作为键合层的简单技术可以形成密封的微通道，这项技术与传统微加工方法的兼容性使微流控器件能够结合许多其他的材料。将这些技术与微加工的标准技术相结合，可以减少制造微化学系统的周期和成本，它允许在SU-8中产生密封的微流控通道。使用这种技术，完全用SU-8制造的用于执行液相反应的微混合器被证明适用于可见光谱。这种制造方法还允许加入通常难以集成的材料。通过制作包含石英的混合器件，这些器件与有机溶剂兼容，并且可以在微流控系统中进行原位紫外检测。

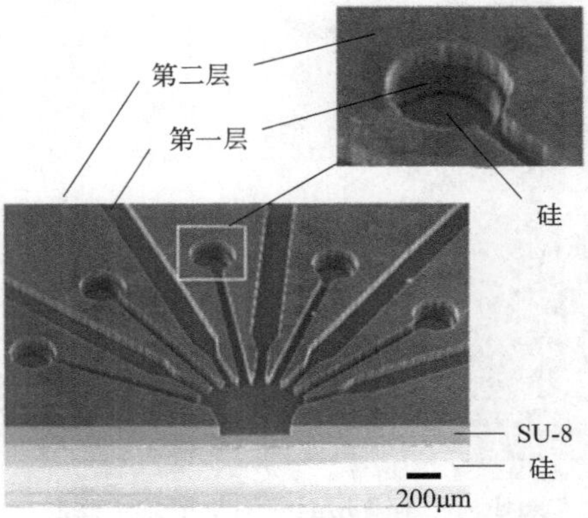

图3-4 多层微通道结构示意图

3.2.4 基于其他材料的微流控芯片

水凝胶是一种具有三维交联网状结构的亲水不溶聚合物，表现出与天然细胞外基质相似的性质。具有亲水性、生物相容性的水凝胶适合于细胞培养，因为它们可以从水溶液中原位形成凝胶。此外，它们在微流体设备中的应用可以防止介质灌注产生的剪应力。由于水凝胶的多孔性，它能够吸收大量的水。但是，它们具有较差的力学性能，此时可以通过改变水凝胶的组成来调整它们。微系统中使用天然水凝胶（如胶原、基质胶、透明质酸、纤维蛋白、纤维连接蛋白）、天然材料的衍生物（如海藻酸钠和壳聚糖）和合成水凝胶（如聚乙二醇），合成材料通常具有更好的力学性能，而天然材料更能模拟生理条件。因此，天然材料和合成聚合物的组合也被用于细胞组学的材料与技术之中，以提高它们的生物（如亲水性等）、生物物理（如孔隙率等）和力学（如硬度等）特性。

将合成水凝胶和天然水凝胶引入微流控系统，可以为细胞提供更精确的体内生物物理和生化环境，从而更好地重现体内生理行为，甚至达到类有机物的规模。水凝胶在微流控系统中，可以充当支架并构建三维（3D）环境。水凝胶不仅可以促进3D细胞培养，还可以提供各种生物化学和生物物理环境，这归因于它们的组成和力学性能，因此被认为是重现细胞微环境的良好候选者。仿生水凝胶和微流控系统的结合，可以更好地重现干细胞微环境。这些水凝胶辅助的微流控系统通过为每个干细胞甚至类器官提供首选环境或生理相关条件，模拟干细胞所在的微环境，并在体内正常发挥作用，从而使它们能够有效地分化为所需的谱系。

Tabata等设计了一个水凝胶室，如图3-5所示（书后另见彩图），其两侧是开放的储层，用于产生扩散驱动的生物分子梯度。在微流控装置中通过生成固定化生物分子的梯度，对水凝胶室进行仿生功能化。小鼠胚胎干细胞在水凝胶室中暴露于白血病抑制因子梯度下进行3D培养，以操纵其早期随机选择和自组织特性。在这个系统中，小鼠胚胎干细胞集落在较高浓度的白血病抑制因子下保持多能性，而小鼠胚胎干细胞在较低浓度下发展成顶端极化的上皮囊肿。通过调节信号分子的局部浓度，可以在亚毫米级环境中诱导干细胞的空间异质性反应。

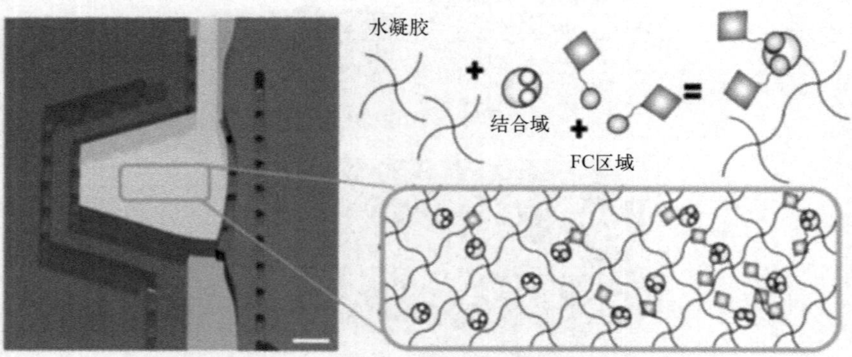

图3-5　水凝胶室中的生物分子梯度

FC—标记分子

尽管天然水凝胶得到了广泛的应用，但它们也有一些局限性，例如物理性质范围狭窄，控制基质硬度的能力有限，以及不同批次材料之间缺乏重现性。因此，合成水凝胶在微流控器件中的应用越来越广泛，例如聚乙二醇水凝胶等。天然/合成混合水凝胶在细胞组学的微流控设备中也有应用。Koh等描述了含有固定化水凝胶包裹的哺乳动物细胞的微流控系统，含有细胞的水凝胶微结构与基于PDMS的微流控设备集成，可以用作基于细胞的生物传感器。含有水凝胶微结构的细胞的光学显微照片如图3-6所示，被氢包裹的巨噬细胞固定在200μm宽的微通道内。哺乳动物细胞被包裹在三维聚乙二醇水凝胶微结构中，该微结构在微流控装置中通过光刻形成，并在静态培养条件下生长。封装后的细胞存活了一周，能够在微流控装置内进行酶促反应。细胞毒性试验证明，小分子量毒素如叠氮化钠很容易扩散到水凝胶的微观结构中，杀死包裹的细胞，从而导致活性降低。这将能够从细胞中获得更准确的信息，并在未来以微米级精确地操纵细胞间的相互作用。

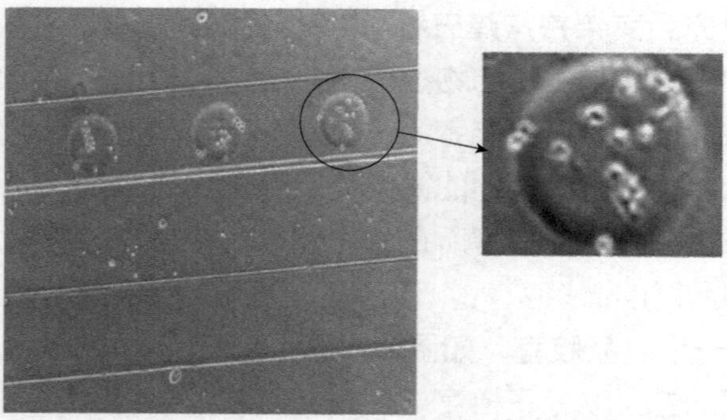

图3-6　含有水凝胶微结构的细胞的光学显微照片

随着印刷技术，如普通印刷、喷蜡印刷、纳米印刷等技术的快速发展，纸基微流控器件发展迅速，被广泛认为是微型快速检测器件发展的主流方向。与传统玻璃、硅等材料相比，纸基材料成本低、亲水性好、绿色环保，无需外力驱动即可完成样品的储存、混合和流动。所构建的纸基微流控芯片不仅成本低，而且解决了使用复杂的外部仪器实现处理和定量分析的局限性。纸基微流控芯片是一种集成化、便携化、低成本化的检测技术。纸基芯片可追溯到17世纪，英国化学家波义耳偶然发现紫罗兰溅到盐酸会变红，由此发明了石蕊试纸。2007年马丁内斯等报告了第一台用于化学分析的微流控纸基分析设备。这项开创性工作的独特之处是，使用疏水性图案化试剂来模拟亲水性的流动通道，用于将样品从入口引导至预定的位置，以进行后续分析。这一简单而具有创造性的开发使许多人认识到纸是一种优秀的材料，适用于低成本和对便携性要求很高的应用。

Kim等开发了嵌入PMMA平台的聚醚砜纸，用于同步DNA扩增和比色检测。使用PMMA作为屏障，是为了避免样品在高温下蒸发。在等温条件下使用环介导等温扩增技术，利用常见的镁依赖性比色指示剂铬黑T扩增金黄色葡萄球菌的DNA，以检测DNA，并用肉眼进行观察。如图3-7所示（书后另见彩图）的环介导等温扩增反应中，作为副产物释放的焦磷酸盐与镁离子结合并沉淀，从而降低溶液中的镁浓度。铬黑T被用作镁离子相关的比色指示剂，在反应过程中，它将溶液的颜色从紫色变为天蓝色。该用于DNA扩增和检测的PMMA芯片为护理点等温放大分析提供了一个很有前途的工具，因为它们由经济的材料制成，不需要其他外部设备，该平台在核酸实时分析和作为病原体现场诊断分析应用方面具有巨大潜力。

图3-7 芯片中试液反应——环介导等温扩增反应

3D打印作为一种附加制造技术和快速成型技术被广泛应用，用于制造不同的微流控芯片。然而，当单独应用该技术时，光学透明度和通道变形是固有的问题。这可以通过加入玻璃或透明热塑性材料［如聚甲基丙烯酸甲酯（PMMA）或聚苯乙烯（PS）］以及层间的特定黏合过程来解决。加入玻璃可以带来化学稳定性和光学透明度，而聚合物提供良好的力学特性。这意味着两种或两种以上技术和材料的组合可以提供更好的微流控设备性能。此外，使用PMMA或热塑性材料，管道连接器可以很容易地嵌入微流控芯片中。

Kojić等介绍了一种新的、经济高效的、混合材料的微流控芯片，将3D打印工艺和虚拟图形技术相结合，制作出的多层微流控芯片如图3-8所示。标准Y形混合器使用热塑性聚合物进行3D打印，而通道的外壳则使用聚氯乙烯（polyvinyl chloride, PVC）层压箔实现。在芯片实现过程中，分析和测试了工艺参数、材料和键合层对沟道尺寸、性能和耐久性的影响。优化了三维加工工艺的各种参数。

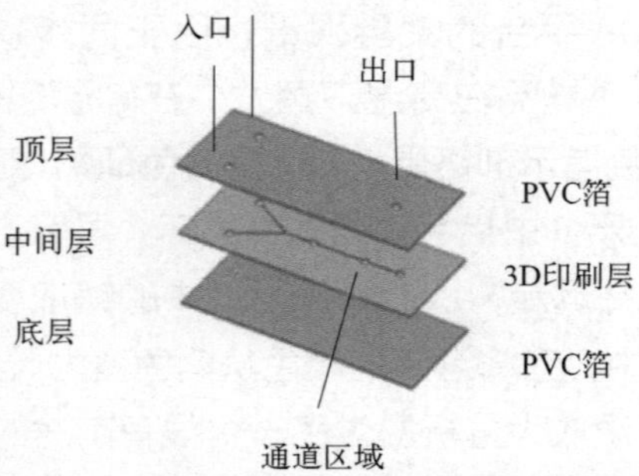

图3-8　3D打印和虚拟图形技术结合的多层微流控芯片

由于不可生物降解的塑料会污染我们的土地和海洋，因此各国开始禁止使用一次性塑料。Andar等提出了一种新的策略，他们将木材用作各种微流控设备的组成材料，如图3-9所示。这些设备由易于获取的可再生材料制成，具备塑料设备的所有优点，同时没有不可生物降解的废物和成本问题。激光在胶合板上雕刻图案，然后用特氟隆、醋酸纤维素或PMMA涂层。然后将通道用胶水密封在镀银的玻璃载玻片上，以便检测。对特氟隆、醋酸纤维素和PMMA涂层木材设备进行了比较，两者之间没有显著差异，因此表明木材有潜力提供一种低成本、环保的塑料替代品。了解这些设备如何处理极端的压力、温度、pH值等非常重要。但是此类绿色微流体领域仍处于早期发展阶段。

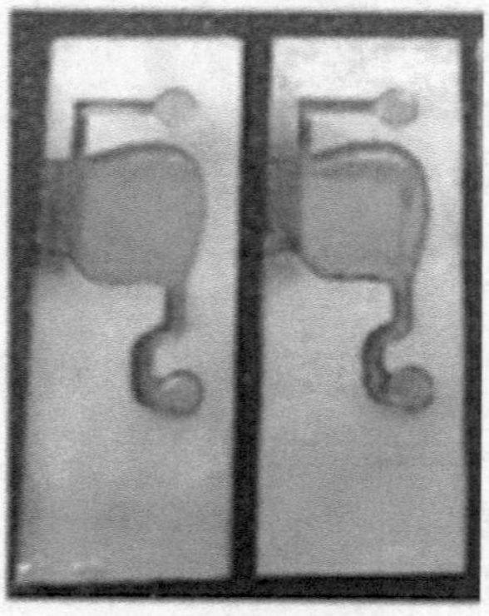

图3-9　木基微流控芯片

作为微加工模具材料，除了硅、玻璃，还可用金属材料。适合制造微流控设备的材料在数量和质量上都在不断提升。从历史上看，材料的选择是通过考虑可用资源和正在解决的问题来驱动的。例如，如果只需要一个特定的微通道形状，PDMS可能是一个较好的选择。类似地，如果设备由于平面设计固有的限制而性能不佳，则可以选择3D打印来提供更有利的架构。此外，如果设备需要高压或高温，无机材料可能最适合。最后，如果商业化是最终目标，那么热塑性或无机材料无疑是最好的选择。在过去，每种材料都有明确的弱点和优点。但最近的一个趋势是，这些具体材料的利弊界限变得模糊。例如，玻璃设备已经实现3D打印，PDMS生产正在扩大，木材已经被用作微流控设备的基板。我们相信，许多应用将受益于更通用的材料和制造技术，这些技术结合了合适的力学性能、建筑灵活性、高再现性、生物相容性和易于制造的特点。3D打印技术正在迅速向提供许多这些基本功能的方向发展，尽管一些应用，如需要高压的应用，可能会继续需要更传统的材料。正在进行的创造和改进微流控设备材料的努力将在未来几年推动该领域的发展。

3.3 微加工技术

3.3.1 光刻微加工技术

微加工技术中最强大的是光刻技术，基本上所有集成电路都使用光刻技术进行制造。光刻是平面型晶体管和集成电路生产的一种重要工艺，主要流程包括衬底预处理、旋涂光刻胶、前烘、曝光、后烘、显影、坚膜以及表面化学处理等。

衬底预处理包括清洗烘干与涂底，目的为去除表面污染物与水蒸气，使基底表面由亲水性变为疏水性，增强基底表面黏附性。

光刻胶的选择至关重要，决定整个工艺的质量。根据光刻胶发生的光化学反应性质的异同和显影过程中洗去的光刻胶部分的差别将其分为正性光刻胶和负性光刻胶两种。负性光刻胶的使用情况为暴露在紫外线下的部分硬化，而未暴露的区域仍然是可溶的，在显影过程中可以被冲洗掉，反之则为正性光刻胶。SU-8系列光刻胶由于其出色的平版印刷性能、加工性能以及机械和化学稳定性，已成为高纵横比和三维光刻图案制作的首选光刻胶。目前SU-8系列光刻胶是制作微流控芯片常用的负性光刻胶，可加工厚度超过1mm、纵横比约为40：1的微结构。

曝光通常是通过在辐射源和材料之间插入掩模或通过在材料表面扫描源的聚焦点来形成图案的。曝光过程主要是光刻胶在特定波长的紫外光照射下吸收足够的能量发生光化学反应的过程。SU-82000光刻胶最常使用传统的UV（350～400nm）辐射进行曝光，虽然i-Line（365nm）是推荐的波长，但是也可以使用电子束或X射线辐射。

通过调节光刻机的紫外光强和曝光时间来控制提供给光刻胶的能量。提供的能量过多，会使得在掩模透光部分的边缘光刻胶由于长时间衍射的紫外光照射作用而发生曝光，造成最终微结构的线宽增加。曝光过程提供的能量不足则会造成光刻胶涂层的底部吸收的能量不足，导致该部分交联反应不充分，显影时容易被显影液溶解掉，影响微结构边缘的垂直度，同时形成的这种倒梯形结构也容易造成剥离PDMS铸模时引起脱胶现象。

显影是利用显影液溶解掉未曝光部分的光刻胶，在硅片衬底上留下对应于掩模图样的光刻胶微结构的过程。显影之前等待硅片温度恢复到室温较为妥当，避免硅片温度突降使得光刻胶内应力过大造成光刻胶脱落。在显影的过程中存在显影不充分和过显的问题。显影时间过短，结构上会沾有光刻胶，表面不干净，显影时间过长，基底材料上的结构可能会被破坏，所以需要严格控制显影时间。

3.3.2 表面微加工技术

表面微加工包括多层薄膜的沉积、光刻和选择性蚀刻以构建微机械结构，最初用于集成电路。与其他微加工工艺不同的是，基板的选择区域被蚀刻以形成所需的结构，表面微加工中的基板仅为器件提供机械支撑。

一种简单的单层表面微加工工艺如图3-10所示。直到牺牲蚀刻前的所有加工步骤都是标准沉积和蚀刻步骤。首先沉积牺牲层材料，光刻定义牺牲层图形，沉积结构层材料，光刻定义结构层图形。最后一步是牺牲蚀刻，释放去除牺牲层，保留结构层，完成微结构的制造。牺牲层用于构建复杂的组件，可以通过沉积和构造牺牲层来构建悬臂，然后光束必须附着到基板的位置（即固定点）上选择性地去除牺牲层。将结构层沉积在聚合物的顶部，并进行结构化以定义梁。最后，使用不损坏结构层的选择性蚀刻工艺，去除牺牲层以释放光束。

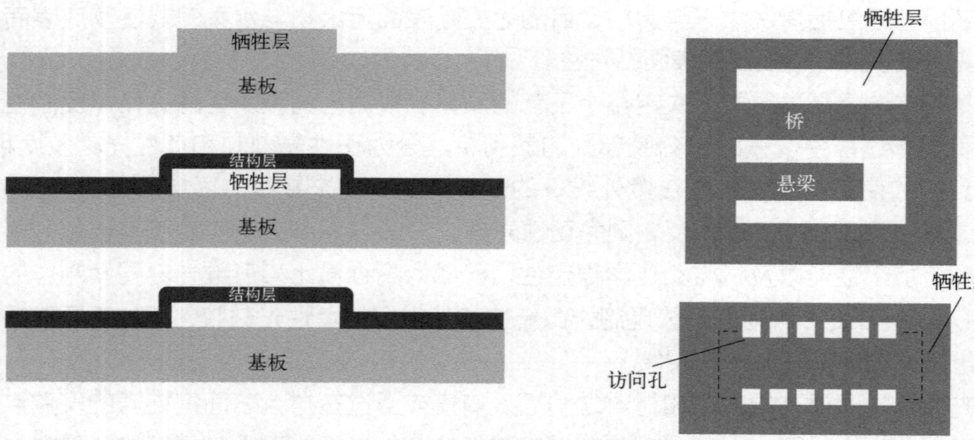

图3-10 表面微加工工艺流程图与牺牲蚀刻前表面微加工结构平面图

表面微加工工艺作为最通用的微加工技术有如下几个关键原因。首先，表面微加工是一种添加工艺，通过薄膜沉积技术来完成，可以制造复杂的多层结构。其次，结构层和牺牲层的图案通常是通过湿法和/或干法蚀刻完成的，这对薄膜的微观结构相对不敏感，从而为平面、自由形式的设计提供了很大的灵活性。最后，在特定工艺中使用的结构和牺牲层没有内在的限制。以下详细介绍三种表面微加工工艺，分别为化学气相沉积技术、物理气相沉积技术与电镀工艺。

（1）化学气相沉积技术

化学气相沉积是一种化工技术，该技术主要是利用含有薄膜元素的一种或几种气相化合物或单质，在衬底表面上进行化学反应生成薄膜的方法。原理为将各种气体引入反应室内，反应室内的衬底表面就会发生化学反应，生成的固体产物会沉积在表面生成薄膜。气体包括可以构成薄膜元素的气态反应剂或者液态反应剂的蒸气和发生反应的其他气体。在实际反应过程中，如果想要得到具有特定性质的薄膜，就要选择合适的反应方式，并科学确定温度、气体组成、浓度、压力等参数，因此必须要科学合理地控制参数，强化热力学研究，以此保证制备得到的材料质量合理、性能优良。

化学气相沉积工艺大致包含三步：①形成挥发性物质；②把上述物质转移至沉积区域；③在固体上发生化学反应并产生固态物质。技术原理图如图3-11所示。

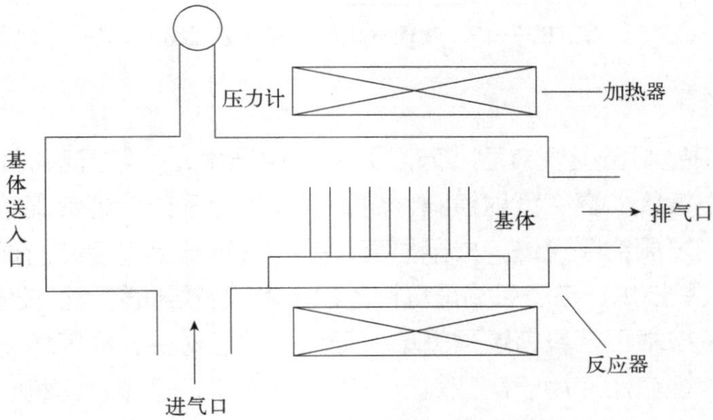

图3-11　化学气相沉积技术原理图

化学气相沉积技术拥有着非常广阔的应用前景，因为使用此项技术不仅可以延长材料寿命、优化材料性能、节省材料用量，还能合成全新的结构和材料。在先进核燃料、难熔金属材料制备、异型结构件制备、锂电子电池电极材料等领域得到广泛应用。利用该技术的化学反应对材料进行掺杂包覆处理，借助其本身易于重现和覆盖均匀等特点，可以实现精确控制，形成复合材料，有效提高复合材料性能。

（2）物理气相沉积技术

物理气相沉积技术是一种对材料表面进行改性处理的高新技术，最初在半导体工业、航空航天等特殊领域得到发展，并且取得一定成果。物理气相沉积具体工艺为，在真空条件下采用物理方法将材料源（固体或液体）表面气化成气态原子或分子，或部分电离成离子，并通过低压气体（或等离子体）过程，在基体表面沉积具有某种特殊功能的薄膜的技术，是主要的表面处理技术之一。

物理气相沉积技术基本原理可分三个工艺步骤。①镀料的气化：使镀料蒸发、升华或被溅射；②镀料原子、分子或离子的迁移：由气化源供出原子、分子或离子，经过碰撞后，产生多种反应；③镀料原子、分子或离子在基体上沉积。物理气相沉积技术原理图如图3-12所示。

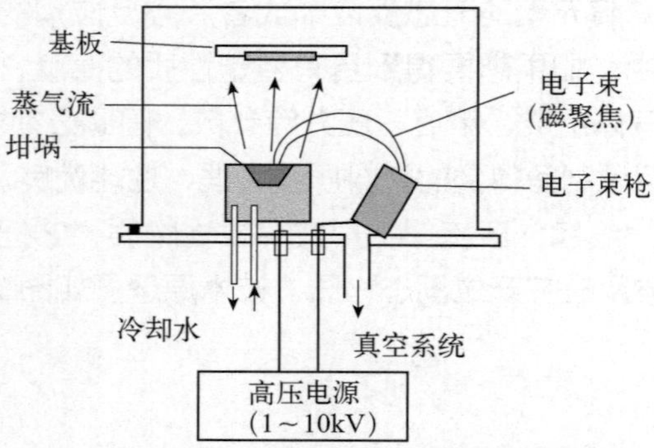

图3-12　物理气相沉积技术原理图

物理气相沉积是制备硬质镀层（薄膜）的常用技术，按照沉积时物理机制的差别，一般分为真空蒸发镀膜、真空溅射镀膜、离子镀膜和分子束外延镀膜等。近年来，薄膜技术和薄膜材料的发展突飞猛进，成果显著，在原有基础上，相继出现了离子束增强沉积技术、电火花沉积技术、电子束物理气相沉积技术和多层喷射沉积技术等。

物理气相沉积技术工艺具有过程简单、无污染、耗材少、成膜均匀致密、与基体的结合力强等优点。被广泛应用于航空航天、电子、光学、机械、建筑、轻工、冶金、材料等领域，可制备具有高化学稳定性、耐磨、耐腐蚀、装饰、导电、绝缘、光导、压电、磁性、润滑、超导等特性的膜层。

电镀是利用电解原理在某些金属表面上镀上一薄层其他金属或合金的过程，是利用电解作用使金属或其他材料制件的表面附着一层金属膜的工艺从而起到防止金属氧化（如锈蚀），提高耐磨性、导电性、反光性、抗腐蚀性及增进美观等作用。

电镀分为挂镀、滚镀、连续镀和刷镀等方式，主要与待镀件的尺寸和批量有关。挂镀适用于一般尺寸的制品，如汽车的保险杠、自行车的车把等。滚镀适用于小件，如紧固件、垫圈、销子等。连续镀适用于成批生产的线材和带材。刷镀适用于局部镀或修复。电镀液有酸性的、碱性的和加有铬合剂的酸性及中性溶液，无论采用何种镀覆方式，与待镀制品和镀液接触的镀槽、吊挂具等应具有一定程度的通用性。

3.3.3　体微加工技术

体微加工是一种制造极其微小机械或电气部件的方法，通常指在晶圆背面蚀刻晶圆以形成所需结构。这种工艺通常使用硅片，但偶尔也会使用塑料或陶瓷材料，是微传感器、微执行器制造中最重要的加工技术。与表面微加工不同的是，体微加工从固体零件开始，将材料去除直到其最终形状，它一层一层地构建一个工件。

体微加工技术可分为两大类：湿体微加工和干体微加工。二者均可用于各向同性或各向异性蚀刻。由于干式蚀刻中涉及等离子体，通常称为等离子体蚀刻。基于离子和激光的蚀刻也属于干式蚀刻的范畴。干式蚀刻过程通常是定向蚀刻，蚀刻速率几乎与晶体取向无关。另一方面，湿法蚀刻是在液相蚀刻剂中进行的，可进一步细分为各向同性蚀刻和各向异性蚀刻。在各向同性蚀刻中，蚀刻速率不依赖于衬底的取向，即蚀刻在各个方向上的速率相等。

随着微机电系统的发展，对微结构的要求也更加精细，常见的体微加工技术有以下三种，分别为LIGA技术、深等离子体蚀刻技术和石英晶体深槽湿法蚀刻技术。下面详细介绍前两种技术。

（1）LIGA技术

LIGA是lithographie、galvanoformung、abformung首字母缩写，即光刻、电铸及注塑，是一种用于生产由金属、陶瓷或塑料制成的微机电系统的技术，LIGA技术工艺过程如图3-13所示。LIGA工艺利用X射线同步辐射作为光刻光源。同步加速器产生的高度准直的高能X射线冲击到一个图案掩模上，靠近对X射线敏感的光刻胶，经X射线照射的光刻胶区域发生键断裂，这些区域在化学显影剂中选择性溶解。LIGA技术在微加工领域具有很多优势，如可制造较大高宽比的结构；取材广泛，可以是金属、陶瓷、聚合物、玻璃等；可制作任意截面形状图形结构，加工精度高；可重复复制，符合工业上大批量生产要求，制造成本相对较低等。LIGA技术被视为微纳米制造技术中最有生命力、最有前途的加工技术。

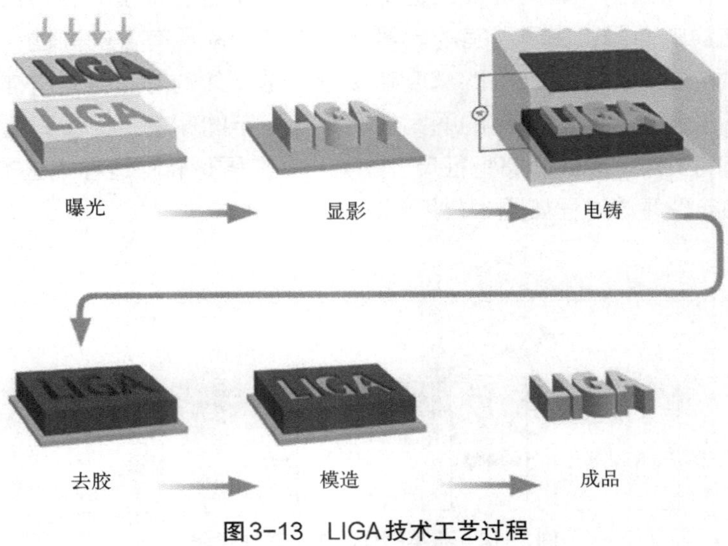

图3-13　LIGA技术工艺过程

（2）深等离子体蚀刻技术

深等离子体蚀刻一般是选用硅作为蚀刻微结构的加工对象，它有别于超大规模集成电路中的硅蚀刻，因此又称为先进硅蚀刻（advanced silicon etching, ASE）工艺。与传统蚀刻技术相比，具有更大的各向异性蚀刻速率比和更高的蚀刻速率，且系统结构简单。由于硅材料本身较脆，需要将已加工过的硅微结构作为模具，对塑料进行模压加工，再利用塑料微结构进行微电铸后，才能用得到的金属模具进行微结构器件的批量生产。或者直接从硅片上进行微电铸，获得金属微复制模具。这一技术的突破使在硅基底上进行体微加工的技术向前迈进了一大步。

常用的石英晶体蚀刻工艺有干法蚀刻和湿法蚀刻两种。干法蚀刻又称等离子体蚀刻，主要利用等离子体取代化学腐蚀液，基本原理是：

① 等离子体产生激活态的粒子以及离子。激活态粒子（自由基）在干法蚀刻中主要用于提高化学反应速率，而离子用于各向异性蚀刻。

② 在固定能量输入的气体中，电离和复合处于平衡状态，在正负离子复合或电子从高能态向低能态跃迁的过程中发射光子。这些光子可用于终点控制的检测。

③ 半导体工艺等离子体一般都是部分电离，常规有0.01% ～ 10%的原子/分子电离。

在工业中常采用高频辉光放电反应来产生等离子体。因而等离子体蚀刻是采用高频辉光放电反应，使反应气体激活成活性粒子，如原子或游离基，这些活性粒子扩散到需蚀刻的部位，在那里与被蚀刻材料进行反应，形成挥发性生成物而被去除。它的优势为拥有快速的蚀刻速度的同时能够获得良好的物理形貌。该工艺用于微机械加工所得到的外形不受基片的晶向控制。等离子体不会给微结构带来大的应力，但设备较复杂，很多工艺参数必须精确控制，且加工成本高，速度慢，蚀刻深度有限。

湿法蚀刻是将蚀刻材料浸泡在腐蚀液内进行腐蚀的技术。涉及使用液体化学药品或蚀刻剂去除基板材料的蚀刻工艺称为湿法蚀刻。主要在较为平整的膜面上刻出绒面，从而增加光程，减少光的反射。简单来说，就是化学溶液腐蚀的概念，蚀刻可用稀释的盐酸等，是一种纯化学蚀刻，具有优良的选择性，蚀刻完当前薄膜就会停止，而不会损坏下面一层其他材料的薄膜。由于所有的半导体湿法蚀刻都具有各向同性，所以无论是氧化层还是金属层的蚀刻，横向蚀刻的宽度都接近于垂直蚀刻的深度。这样一来，上层光刻胶的图案与下层材料上被蚀刻出的图案就会存在一定的偏差，也就无法高质量地完成图形转移和复制的工作，因此随着特征尺寸的减小，在图形转移过程中基本不再使用。

石英晶片的典型腐蚀过程如图3-14所示。

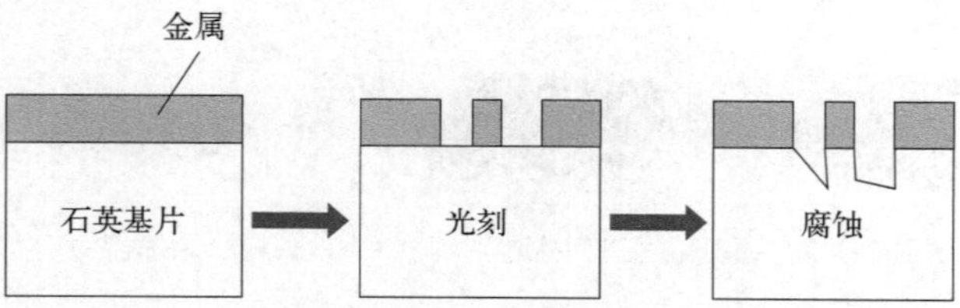

图3-14　石英晶片的典型腐蚀过程

3.3.4　基于三维打印的微加工技术

三维（3D）打印技术是快速成型技术的一种，又称增材制造，它是一种以数字模型文件为基础，运用粉末状金属或塑料等可黏合材料，通过逐层打印的方式来构造物体的技术，其核心原理是“分层制造，逐层叠加”，通常是采用数字技术材料打印机来实现的。

区别于传统的“减材制造”，3D打印技术将机械、材料、计算机、通信、控制技术和生物医学等技术融合，具有缩短产品开发周期、降低研发成本和一体制造复杂形状工件等优势，未来可能对制造业生产模式与人类生活方式产生重要的影响。

3D打印的设计过程是：先通过计算机辅助设计或计算机动画建模软件建模，再将建成的三维模型“分区”成逐层的截面，从而指导打印机逐层打印。设计软件和打印机之间协作的标准文件格式是STL文件格式。一个STL文件使用三角面来近似模拟物体的表面。三角面越小其生成的表面分辨率越高。PLY是一种通过扫描产生三维文件的扫描器，其生成的VRML或WRL文件经常被用作全彩打印的输入文件。利用3D打印技术制作的产品图如图3-15所示（书后另见彩图）。

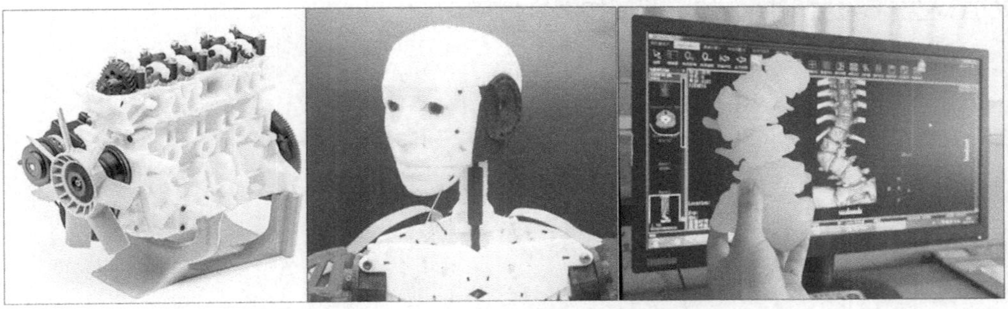

图3-15　利用3D打印技术制作的产品图

目前3D打印技术存在以下亟待解决的问题：3D打印技术急需在金属领域有突破性进展来打破材料单一、消耗量大的局面；3D打印技术需要借助数字模拟技术进行生产制造，因此，操作技术对操作者的要求较高，需要用户自身具备一定程度的专业知识或专业技术才能正常投入生产；由于目前3D打印技术尚处于发展阶段，所制造的快速成型零件的质量和精度不能达到直接使用的标准，产品型号缺少统一标准。

3.3.5　基于激光直写的微加工技术

激光直写是利用强度可变的激光束对基片表面的抗蚀材料实施变剂量曝光，显影后在抗蚀层表面形成所要求的浮雕轮廓。激光直写的基本工作流程是：用计算机产生设计的微光学元件或待制作VLSI掩模结构的数据，将数据转换成直写系统控制数据，由计算机控制高精度激光束在光刻胶上直接扫描曝光，经显影和蚀刻将设计图形传递到基片上。激光直写技术将高分辨率的激光束与数控技术有机结合，是一种新的微细加工技术。激光直写加工多为直接成型法，即利用激光直写直接在工件材料表面加工出微流道结构再键合成微流控芯片。该方法可以在聚合物基片材料上烧蚀出垂直的矩形流道和规则的圆孔，流道的深宽比、表面粗糙度等性质比较理想，还可在动态移动范围内进行全三维空间加工。激光直写法可实现打孔、线槽烧蚀、结构生成去除式、成型添加式、连接等多种微操作，对微结构设计、微图案设计都有较大的柔性。激光直写加工目前主要有CO_2激光直写、准分子激光直写和飞秒激光直写等。

（1）CO_2激光直写

CO_2激光直写是用CO_2激光器进行加工的工艺，它以数控技术为基础，再辅以激光，由于光束能量较高，输入热量远大于工件传导和散发的热量，导致激光作用区的材料会被烧蚀、气化，留下孔洞。CO_2激光直写PMMA微流控芯片的方法是利用红外激光的高能束在PMMA基片上直接加工微通道。在聚焦CO_2激光直写微加工的基础上，加上图形CAD/CAM软件、扫描运动、深度进给、控制软件等必要的辅助环节，可以建立CO_2激光直写微加工系统。CO_2激光的波长为10.6μm。被加工聚合物PMMA俗称有机玻璃，是一种无色透明的高分子材料，它具有良好的力学强度和抗腐蚀性。PMMA热稳定性较差，在200℃左右即发生解聚。加工原理如图3-16所示。

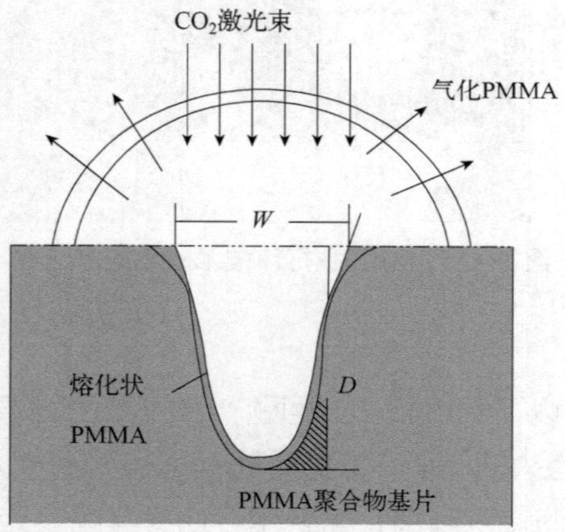

图3-16　CO_2激光直写PMMA微流控芯片微通道加工原理

（2）准分子激光直写

准分子激光属于紫外光，其直写是基于光化学效应去除材料，通过高光子能量直接打破材料化学键，因而对材料的热损伤较小，在聚合物材料芯片的加工中具有独特的优势。常见的准分子激光器波长为193nm和248nm，一般有两种加工方式，一是激光通过掩模直接聚焦到工件表面以成型图案，二是利用激光将掩模成像，通过掩模的像加工出所需的结构。准分子激光可在PMMA表面加工出微流道，并用低通量的激光照射基板30次以提高表面质量，最后热压键合成可用于聚合酶链反应的微流控芯片系统，准分子激光抛光后的表面粗糙度达1.42μm。准分子激光直写系统示意图如图3-17所示。

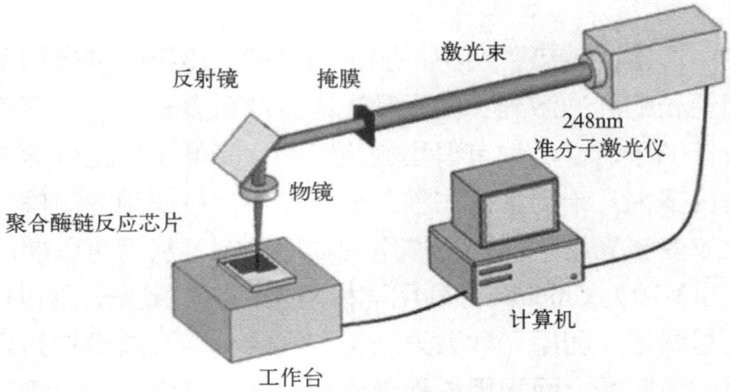

图3-17　准分子激光直写系统示意图

准分子激光直写具备加工阶梯结构的能力，利用准分子激光在可降解的聚合物上可实现不同宽度微流道的加工，流道的深度为20 ～ 1200μm。先用准分子激光加工出所需的微流控芯片结构后，再通过电铸技术复制出反向模具，最后注塑成型微流控芯片的复合加工方法可降低准分子激光加工后的底面质量。通过对比复合加工法和准分子激光直写加工的微流道底面的表面质量，得出相比于直接加工法中表面粗糙度为887nm，复合法能够达到18nm的表面粗糙度，如图3-18所示。

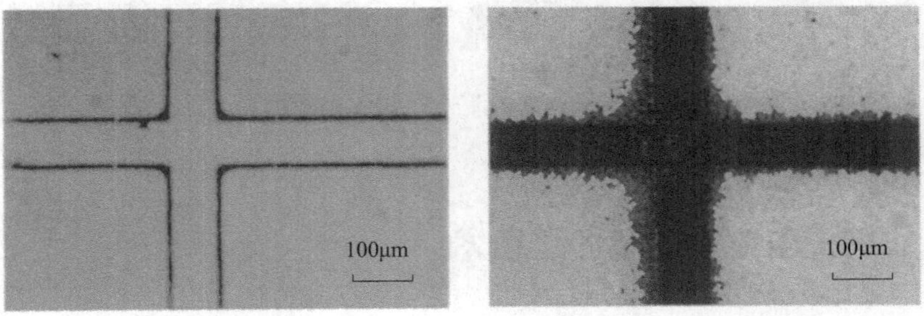

(a) 复合加工法　　(b) 激光直写法

图3-18　复合加工法和激光直写法加工出的微通道底面图

（3）飞秒激光直写

飞秒激光脉冲具有极短的脉冲宽度和极高的峰值功率，与物质相互作用时呈现强烈的非线性效应，它主要依靠多光子吸收机制来加工一些长脉冲激光无法作用的透明材料。

飞秒脉冲作用时间极短，热效应小，因而可以大大提高加工精度。近红外区的飞秒激光又能避免紫外激光对大多数材料不透过的缺点，它可以深入透明材料内部在介观尺度上实现真正意义上的三维立体微加工。飞秒激光微加工的实验技术手段主要包括直写、干涉和投影制备等方法。直写加工比较灵活且具有较高的自由度，常用于各种点、线扫描；干涉方法常用于加工多维空间周期结构；投影成型技术可以在材料表面制备任意形状的二维图案。

飞秒超短脉冲对加工区域热影响小，加工精度高。传统的激光加工技术，光源多使用纳秒激光或脉宽更长的脉冲激光。由于激光的脉冲宽度较长，即使将光斑聚焦成微米级别，在对材料进行加工时，仍然有很强的热影响，降低了加工精度。而常用的飞秒激光光源，其脉冲宽度多为几十到几百飞秒。在与材料相互作用的时候，由于极短的作用时间，会从根本上改变激光与材料相互作用的物理机制，从而可以使能量快速且准确地沉积到材料内部。图3-19为Chichko等利用飞秒激光和纳秒激光分别进行钻孔实验的电镜图。从图中可以明显看出，利用飞秒激光制备的孔结构，孔边缘较为光滑，孔壁较为陡峭，没有形成明显的热区域。而利用纳秒激光制备的孔结构，孔边缘形成了柱状毛刺结构，孔壁很粗糙，结构周围的热影响区域明显。因此，通过实验对比可以证明飞秒激光“冷加工”的特性。

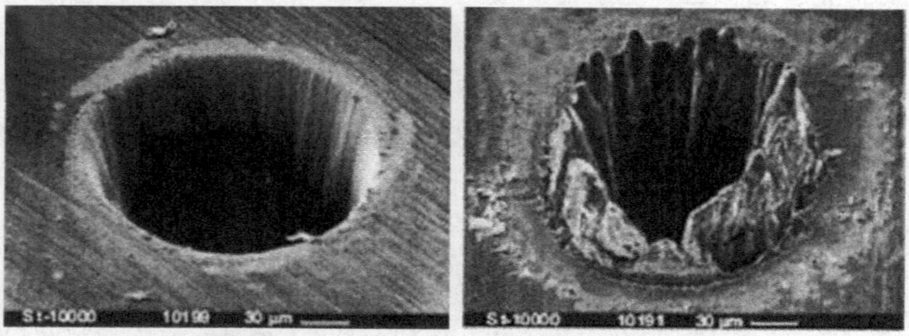

(a) 飞秒激光　　(b) 纳秒激光

图3-19　飞秒激光与纳秒激光在100μm厚钢片上钻孔图

3.3.6　基于电化学的微加工技术

电化学加工是一种重要的特种加工方法，是通过金属离子的还原或金属的氧化对材料进行加工，材料的增加或去除都是以离子的形态进行的，已被广泛应用于难加工金属材料、复杂形状零件的批量加工中。从原理上讲，电化学加工可以实现加工精度和微细程度在微米级甚至更小尺度的微加工。只要采取措施精确地控制电流密度和电化学反应发生的区域，就能实现电化学微加工达到对金属表面进行微量“去除”或“生长”加工的目的。

3D电化学微加工技术由德国科学家Schuster等提出，先给浸没在电解液中的工具电极与加工工件施加一个超短脉冲电位，然后逐渐缩短加工间隙，当间隙特别小时，加工工件与工具电极两者之间的电阻比其余部位要小得多，使得加工工件表面各部位的双电层时间常数存在差异，导致在超短脉冲下充电常数更小的工件表面的电极电位比其他部位的电极电位大得多，这样蚀刻反应就被限制在工具电极表面极小的范围内。在铜片上采用纳秒级脉宽的超短脉冲电压用于电化学微加工，加工出微米级的三维微结构。当使用的脉冲电压脉宽小到纳秒乃至皮秒级时，就可使加工片上双电层的有效充电仅发生在两电极距离只有微/纳尺寸的范围内，从而实现复杂微细三维图形的加工。

掩模电化学微加工技术借鉴微电子工艺中的掩模光刻加工原理，可有效提高电化学微加工的尺寸分辨率和加工精度。它通过在工件表面（单面或双面）涂覆一层光刻胶经光刻显影后，工件上形成具有一定图案的裸露表面，然后通过束流电化学加工或浸液电化学加工，有选择性地溶解没有被光刻胶保护的裸露部分，加工出所需的工件形状。

电化学微加工所能实现加工尺寸的微细化程度取决于两个方面：一是电化学微加工所能达到的加工精度和区域化程度；二是所使用工具阴极的尺寸。目前，微电极的制作有很多方法，如线电极放电磨削（wire electrical discharge grinding, WEDG）、精密切削、微磨削等。电化学微加工本身也是一种应用广泛的微电极制作方法。与其他加工方法相比，电化学加工的方法可以实现微细电极的批量制作且结合电化学抛光以得到微观表面质量良好的微细电极。采用电化学腐蚀的方法加工微细钨丝电极时，通过调整加工中的电流密度，可以有效控制电极的形状，根据要求制备出微针尖或直径均匀的微细轴。

微细电极的表面质量也会影响到电化学微加工的效果。采用WEDG或电化学腐蚀等方法制作的微细电极，其微观表面粗糙，采用类似WEDG的加工方法，在旋转的阳极（微细电极）和运动的金属丝阴极之间喷电解液，进行线电化学抛光（wire electrical chemical grinding, WECG）可以有效去除加工表面缺陷，得到光滑的工件表面。

3.3.7 其他微加工技术

（1）热压印加工技术

热压印加工微通道的基本原理是利用热量将聚合物材料加热至玻璃化转变温度以上，再通过对压模施加压力将压模上的图案转移到玻璃化的聚合物上，冷却固化后得到具有一定机械强度的图案，最后通过脱模得到所需的微通道结构。热压印技术是热塑性材料微流控芯片极具前景的加工工艺，尤其适用于高深宽比结构的加工。热压印的工艺过程如图3-20所示，在均匀涂布热塑性高分子光刻胶（如PMMA）的硅基板上，利用电子束直写技术制作具有纳米图案的Si或SiO_2模板。硅基板上的光刻胶被加热到玻璃化转变温度以上，将模具以一定的压力盖在硅基板上，模具的空腔中就会填入光刻胶，再经冷却、蚀刻后处理便可得到所需的纳米图形。热压印技术所使用的抗蚀剂为PMMA，与现行电子行业相同，在后续光刻工艺中不需要重新调配工艺参数，与现有的微电子工业生产线吻合性良好，这是该工艺的技术优势。但是热压印技术需要加热，且压印力很大，会使整个压印系统产生很大的变形；同时，该工艺采用的是硬质模具，无法消除模具与衬底之间的平行度误差及两平面之间的平面度误差；此外，模板在高温条件下，表面结构或其他热塑性材料会有热膨胀的趋势，这将导致转移图形尺寸的误差且增加了脱模的难度，要提高热压印的图形质量，必须改变图形转移时的均匀性，降低光刻胶的热变形效应。

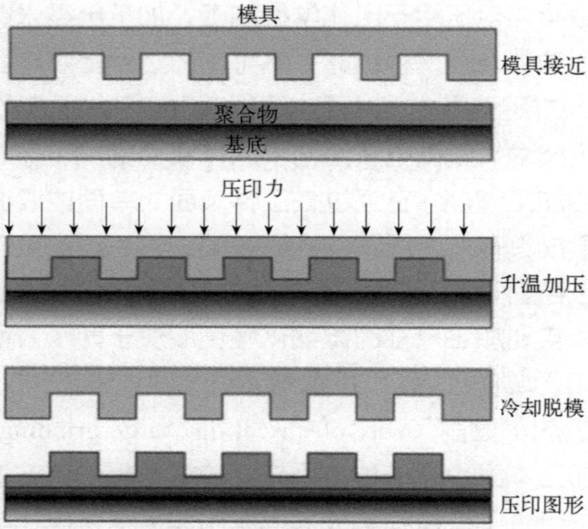

图3-20 热压印工艺过程

（2）微细铣削加工

微细铣削加工是一种机械加工方式，通过数控编程控制微细铣刀的运动轨迹，使其按照设定的刀轨去除材料以实现各种二维或三维结构的成型，具有可加工材料范围广、精度高、柔性好和成本低等优点，且可以加工出各种复杂三维结构的零件。对微流控常用的高聚物材料PC和PMMA进行铣削试验，结果表明加工出的结构具有良好的表面质量且深宽比高达3。利用四轴数控微细铣床可在6061铝合金表面加工出深度为50μm的微流道，将带有微通道的铝板通过边缘处的螺钉与中空环氧树脂盖板封合。

Young等研制了一台五轴微小型立式铣床，使用直径200μm和100μm的硬质合金平头立铣刀，在黄铜工件上加工出了厚25μm、高650μm的微型墙结构，以及微型方柱（30μm × 30μm × 320μm）、微型圆柱及微型叶轮（直径600μm）。Schmidt等为了证明微细铣削加工微小模具的能力，加工了微车轮、微齿轮的模具（工件硬度52HRC），获得了较好的精度（0.01mm）及合适的表面粗糙度，如图3-21所示。

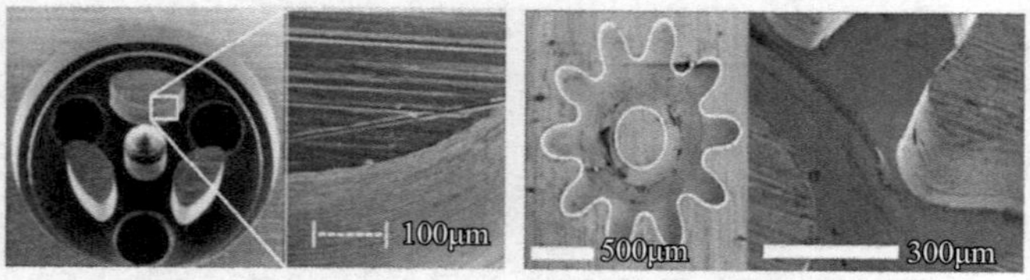

(a) 微车轮　　(b) 微齿轮

图3-21 微车轮与微齿轮模具

3.4 制作工艺

由于微流控芯片是在所选用的材料基板上构建微通道，因此需要采用特定的微加工技术来让其内壁足够光滑。目前常用的制作材料有硅、玻璃和石英等无机材料以及高分子聚合物。微流控芯片的加工方法与选用的微流控芯片材料有着密切的关系，制备芯片的材料不同，其制作芯片的方法也不同。

3.4.1 基于无机材料的微流控芯片制作

对于硅和玻璃材料，常见加工方法为光刻，该方法借鉴了半导体制造中的工艺方法，它包括光刻、蚀刻和去胶三个基本工序步骤，图3-22展示了以玻璃为基片制作微流控芯片的步骤。

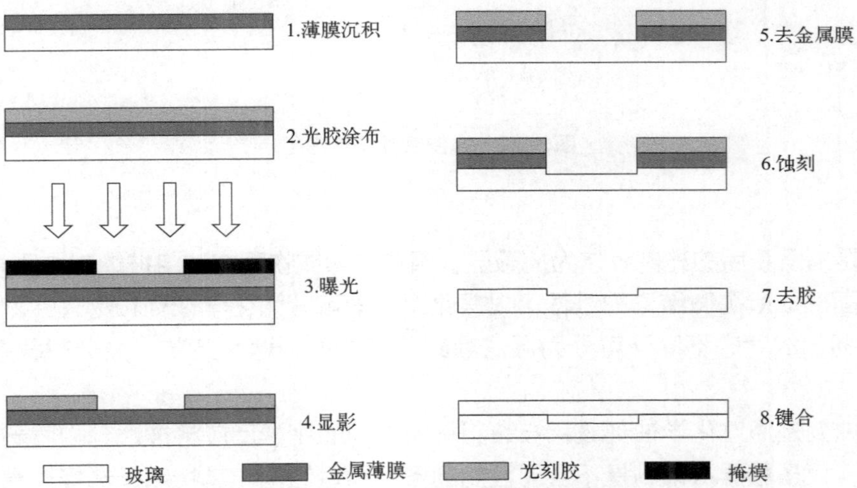

图3-22 玻璃微流控芯片加工流程

在制作微流控芯片的同时，需要在基片上沉淀各种材料的薄膜，经图形加工后可起到不同的作用。例如，作为限制区域扩张的掩蔽膜，作为多层布线间的绝缘介质膜，用作电极引线和器件互连的导电金属膜等。氧化法是将硅片在氧化环境中加热到900～1100℃的高温，在硅的表面上会生长出一层二氧化硅。根据氧化剂的不同，氧化又可以分为水汽氧化（氧化剂为水蒸气）、干氧氧化（氧化剂为氧气）以及湿氧氧化（氧化剂介于水汽氧化和干氧氧化之间，是它们两者的混合物）。其中水汽氧化和干氧氧化的化学方程分别如式（3-1）和式（3-2）所示：

$$Si(s)+2H_2O(g) \longrightarrow SiO_2(s)+2H_2(g) \tag{3-1}$$

$$Si(s)+O_2(g) \longrightarrow SiO_2(s) \tag{3-2}$$

蒸镀法主要用于在玻璃表面形成金属层。该方法在真空条件下加热蒸发靶金属材料，当蒸气接触温度较低的基体表面时，凝结成固体形成薄膜。真空蒸镀法的原理如图3-23所示，通常在10^{-2}～10^{-4}Pa的压力下成膜。对于难熔金属，可以借助电子束聚焦轰击金属的方法进行蒸镀。

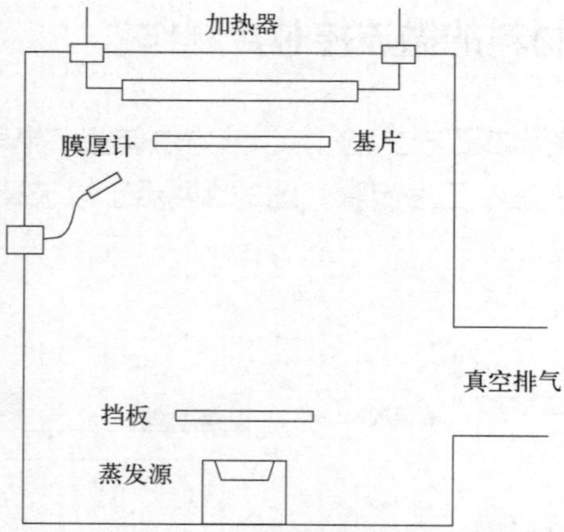

图3-23　真空蒸镀法原理图

蚀刻是指坚膜后的光刻胶作为掩蔽层，通过化学或物理方法将被蚀刻物质剥离下来，在基材表面形成所需微结构的过程。根据原理不同可分为化学蚀刻和物理蚀刻。化学蚀刻由于蚀刻剂的状态不同又可分为湿法蚀刻和干法蚀刻两种工艺。蚀刻对象主要以硅、玻璃为主。

湿法蚀刻是通过化学蚀刻液和被蚀刻物质之间的化学反应将被蚀刻物质剥离下来的蚀刻方法。大多数湿法蚀刻是不容易控制的各向同性蚀刻。其特点是选择性高、均匀性好、对硅片损伤少，几乎适用于所有的金属、玻璃、塑料等材料。缺点是图形保真度不强，蚀刻图形的最小线宽受到限制。

（1）牺牲层

又称过渡层。在蚀刻时，工艺上可以添加一层过渡层用于加固和保持微图形结构，避免因光刻胶耐蚀能力的不足造成蚀刻的微图形结构不理想，蚀刻后去掉该过渡层。硅基材蚀刻需要在高温湿氧条件下进行，通常选用二氧化硅作为牺牲层。玻璃基材蚀刻通常选用金属作为牺牲层。ITO（铟锡氧化物）导电玻璃基材蚀刻通常直接利用ITO导电层作为牺牲层。

（2）蚀刻剂

蚀刻剂可以腐蚀基材表面，但不会腐蚀光刻胶和牺牲层，从而保证暴露在蚀刻剂中的基材能够形成预期的微图形结构，包括预期的形状和深度。依据不同基材性质，选择对应的蚀刻剂种类。最常用的硅基材蚀刻剂为HNA，即氢氟酸、硝酸和乙酸混合物。硅在硝酸的作用下氧化，然后与氢氟酸中的氟离子作用形成可溶性的硅化合物。乙酸则有助于避免硝酸的分解，有利于可溶性硅化合物的生成。在各向异性腐蚀中，蚀刻剂在不同方向上的腐蚀速率显著不同。

（3）湿法蚀刻的方向性

① 各向同性　单晶硅的各向同性蚀刻常采用HNO_3和HF的混合物，其特点是：a. 蚀刻速率高，每分钟能达到几微米；b. 反应放热；c. 难以控制反应形状，对温度和搅拌条件要求较高；d. 由于基底材料的不同，蚀刻的方向并非完全各向同性，还与材料组成有关。

② 各向异性　硅通常在20%～40%的KOH溶液、70℃下进行各向异性蚀刻。温度控制精度决定了蚀刻的均匀性。材料晶体结构和蚀刻剂决定了蚀刻的方向性。图3-24是蚀刻方向性示意图。

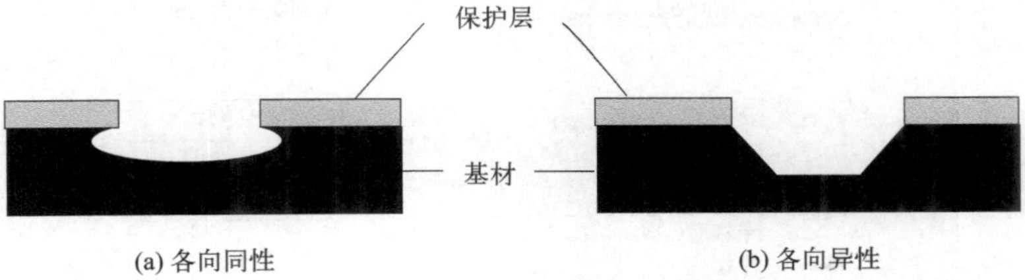

图3-24　蚀刻方向性示意图

干法蚀刻。整个干法蚀刻过程主要在气相中完成，不涉及任何溶液反应，通过高能束与表面薄膜反应，形成挥发性物质，或直接轰击需要被蚀刻的薄膜表面来形成预期的微图形结构。干法蚀刻的最大特点是能实现各向异性蚀刻，即纵向的蚀刻速率远大于横向的蚀刻速率，从而保证细小图形转移后的保真性。由于设备价格昂贵，目前干法蚀刻较少用于微流控芯片的制造。

软光刻。软光刻技术是指一系列基于印刷、模塑和压花技术来制作微结构和纳米结构的技术。软光刻技术是光刻技术的一种扩展延伸。最初，标准的光刻技术主要被用来处理半导体材料。光刻法步骤较多，技术、设施以及环境条件要求较高，而且主要在平面上进行微加工。

蚀刻结束后，光刻胶的作用就完成了，因此需要将这层无用的保护层去掉，这一工序称为去胶。去胶主要有下列几种方法：①溶剂去胶；②氧化去胶；③等离子去胶。除此之外，还有紫外光分解去胶法，即在强紫外光照射下，使光刻胶分解为CO_2、H_2O（g）等挥发性气体而被除去。经过上述各步加工制作过程，就可以得到刻有预期微结构图案的微流控芯片基片。

3.4.2 基于聚合物的微流控芯片制作

高分子聚合物材料的软化点远低于无机材料，因此聚合物芯片的加工方法与无机材料芯片的加工方法差别很大。目前，高分子聚合物材料以其较玻璃廉价、制作方法简单、生产成本低、可制作一次性使用芯片等优点，已占领了芯片材料大部分的市场，将来对于高聚物材料特性的研究将更加深入，其应用范围也会更加广阔。

模塑法是目前制作高分子聚合物的主要方法，主要是通过光刻的方法得到模具并在模具上固化液态高分子聚合物得到微结构芯片。其流程如图3-25所示，首先用光刻方法制出阳模，然后在阳模上浇注液态的高分子材料，最后将固化后的高分子材料与阳模剥离，得到具有微通道结构的芯片。

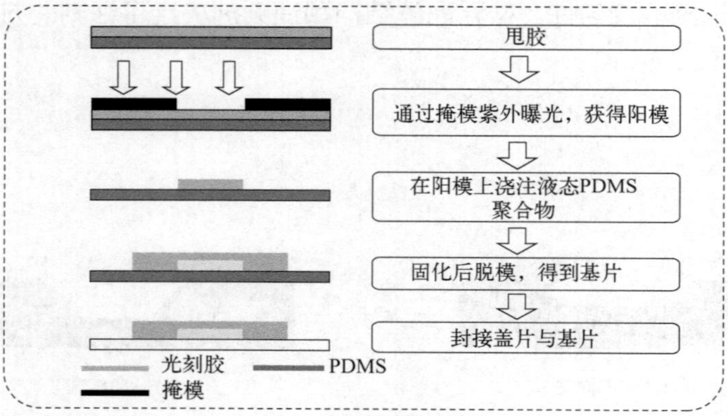

图3-25 模塑法流程

热压法是一种在模具、压力、热量的共同作用下使热塑性塑料或高聚物实现精确成型的方法，该方法应用比较广泛，可以大批量复制具有微通道结构的芯片。其流程如图3-26所示，首先在热压机中加热PMMA至135℃，保温条件下放上模具加压，即可在PMMA板上压制出微通道，将带通道的基片和盖片加热封装可得微流控芯片。此方法可大批量复制，设备简单，操作简便。

注塑法是一种将原料置于注塑机中，加热使之变为流体压入模型，冷却后脱模即得芯片的方法。其流程如图3-27所示，首先通过光刻和蚀刻技术在硅片上蚀刻出微流控芯片阴模，用此阴模进行电铸，得到镍合金模，然后将镍合金模加厚，精心加工制成金属注塑模具，将此模具安装在注塑机上批量生产聚合物微流控芯片基片。Wiedemeier等在注塑过程中引入了超疏水表面层，实现了全血液滴在微流控芯片中的精确形成和流动。Szydzik等将复杂流体处理技术整合到注塑微流控芯片中，改进了注塑微流控芯片的功能，使其更好地应用在即时诊断中。

LIGA包括X射线光刻、微电铸和微复制等三个环节，是通过X射线光刻及微电铸制造精密模具，再大量复制微结构的特殊工艺流程。其流程为：先将对X射线敏感的厚度为几毫米的光刻胶材料（通常为PMMA）涂布在一层导电性能较好的金属膜上，利用平

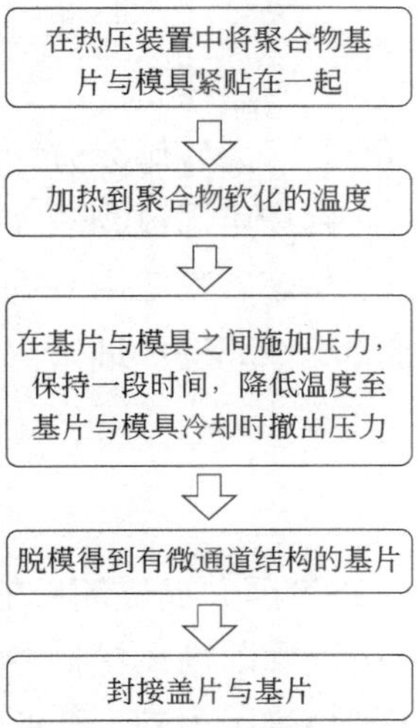

图3-26　热压法流程

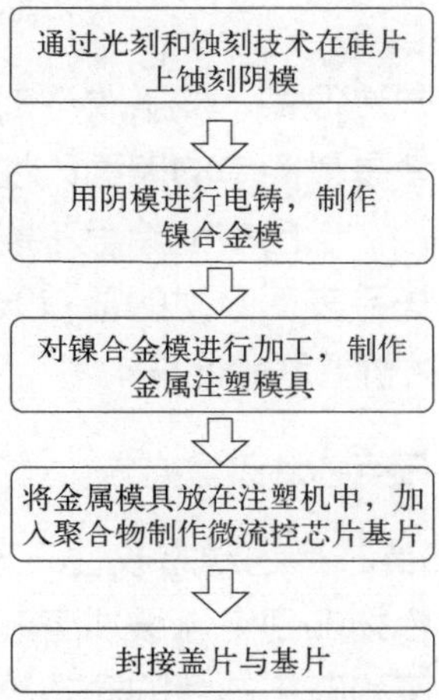

图3-27　注塑法流程

行和高辐射同步辐射X射线，将掩模上的图形转移到光刻胶层上。受掩模保护的光刻胶不会被X射线照射分解，而非图形区下的光刻胶受X射线强烈照射而分解，可溶于显影液中而被溶解除掉，这样就得到了一个与掩模结构相同的光刻胶图案。然后在光刻胶图案上沉积金属，这样去掉光刻胶后就能得到所需微通道的阳模。最后用注塑的方法来制作微通道。

软光刻是基于光刻的微图形和微制造新方法，以自组装单分子层材料，以及弹性印章和聚合物模塑技术为基础发展的一种低成本的加工新技术。软光刻过程可以分为两个主要步骤：制作带有微通道结构的弹性模印章，以及使用这个印章来转移由元素浮雕结构定义的几何结构中的分子。其中，制作带有微通道结构的弹性模印章是核心步骤，通常用光刻和注塑法来加工。实验室常用软光刻方法加工PDMS微流控芯片的步骤为：先在硬质材料上涂布光刻胶，然后前烘使光刻胶固化，再使用带有微通道结构的掩模进行紫外曝光，曝光之后在显影液中进行显影，之后用异丙醇溶液溶掉硅片表面残留的显影液，得到软光刻的模板。然后利用该模板，能得到带有微通道结构的PDMS芯片（图3-28）。

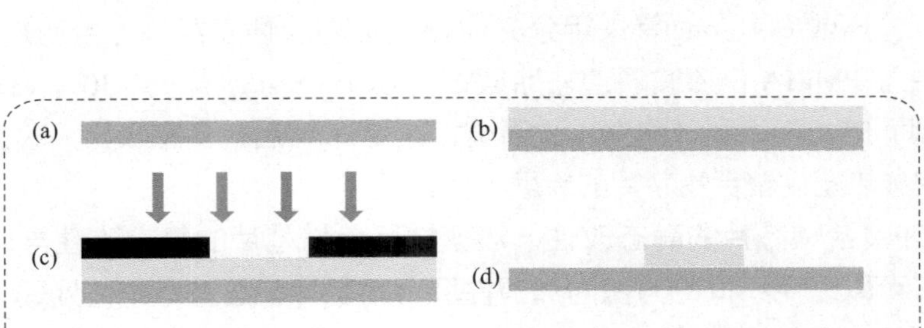

图3-28　软光刻方法加工PDMS微流控芯片步骤

3.4.3 微流控芯片表面改性技术

表面改性的方法很多，按照改性剂作用状态的不同，大致可以分为动态改性和静态改性两大类。前者是最简单的表面改性方法，改性化合物可通过物理吸附结合在微通道表面实现动态改性。但因表面涂层不能长期保持稳定状态，其应用受到限制。后者是控制电渗流和减少样品表面吸附的最有效的方法。静态改性主要包括硅烷化、聚合诱导接枝、本体掺杂、共价偶联等方法。

（1）玻璃和石英芯片改性方法

① 玻璃与石英芯片的动态改性　动态改性（动态涂层）是最简单的表面改性方法，可通过把改性化合物加到电泳缓冲溶液中，或在分析前用改性化合物冲洗微通道进行动态涂层处理。玻璃和石英芯片的动态改性涂层通常利用静电引力，在通道表面吸附某种物质，以改变表面的性质。在电泳分离时减少表面吸附，以此提高分离效率。但因改性化合物是以物理吸附方式附着在微通道表面，其吸附-脱附过程是可逆的，且涂层会随使用时间延长变得厚度不均匀，经常在使用一段时间后进行清洗以更新表面状态，不能长期保持稳定状态，使其应用受到限制。

② 玻璃与石英芯片的静态改性——硅烷化反应　静态改性方法与动态改性方法相比虽然操作较复杂，但涂层性质稳定、均一，更适用于进行高效、高复现的介电泳分离。玻璃和石英芯片的静态改性绝大多数与硅烷化反应有关，硅烷化试剂具有双功能团，其分子的一端与通道表面的—SiOH基团进行共价键合生成Si—O—Si，另一端与其他线性聚合物连接，能有效屏蔽微通道内表面的—SiOH基团，使其不能在电泳缓冲液中解离，从而减小或消除EOF。但在偏碱性条件下Si—O—Si可能水解，涂层难以保持稳定性，导致其抑制EOF能力下降，影响芯片的分离质量。

（2）热塑性聚合物芯片改性方法

① 热塑性聚合物芯片的动态改性　聚合物芯片的动态改性涂层多利用氢键作用和疏水相互作用，在表面吸附某种物质来改变表面的性质，减少分析物质在芯片表面的吸附，从而提高电泳分离效率。Song等采用分离DNA的筛分介质多羟基化合物$E_{99}P_{69}E_{99}$为动态涂层试剂改性了PMMA芯片微通道。涂层试剂含5% $E_{99}P_{69}E_{99}$，用30%（体积分数）丙酮水溶液配制而成。将涂层试剂充入微通道，放置5min后，真空吸出，芯片置于烘箱中75℃过夜，完成热塑性聚合物芯片的涂层改性过程。

② 热塑性聚合物芯片的静态改性　热塑性聚合物芯片的静态改性与玻璃和石英芯片不同，除了可以采用不同的方法对热塑性聚合物芯片表面进行改性处理，聚合物芯片也可以根据各自材料的不同采用各种化学和物理手段对材料本身进行改性。本体掺杂就是一种常用的热塑性聚合物芯片静态改性方法，通过在聚合物芯片本体中加入改性物质，改变聚合物成分来控制和调节芯片的表面性质。热塑性聚合物芯片在注塑制作过程中向聚合物本体中添加5%左右的ABS（丙烯腈-丁二烯-苯乙烯共聚物）塑料，能够使芯片透光率明显提高，表面水接触角减小，芯片电泳核酸分离效果得到改善。实

现热塑性聚合物芯片通道表面静态改性。表面分子的脱氢介导聚合利用芯片表面有机分子在自由基引发剂或强烈的物理辐射（例如紫外光）下脱氢后形成的自由基诱导聚合，在表面形成高分子涂层，该方法不需要对芯片表面进行严格的处理，尤其适合在热塑性聚合物芯片上使用，可以在表面方便而且高效地引入高分子化合物，从而改善表面性质。

（3）固化型聚合物芯片改性方法

PDMS表面改性的方法很多，有本体掺杂法、等离子体处理法、紫外光照法、聚合诱导接枝法、动态涂层表面改性技术等。

本体掺杂法通过在PDMS的预聚体中引入一些特殊性质的分子，在芯片固化后，这些分子会在芯片表面微孔的吸附作用下向芯片的表面迁移，从而改变芯片表面的性质。加入PDMS的预聚体中的表面活性剂有阴离子型、阳离子型、非离子型和特种型，其中十二烷基硫酸钠（SDS）是最常用于PDMS的表面修饰剂。Kim等将1%的Silwet L-77加入PDMS的预聚体中。改性后的PDMS的接触角在10min内由86.5° 降低到48.7° ，而未改性的仅由106.2° 降低到100.9° 。非离子表面活性剂有Triton X-100、Brij 35和Tween 20等。

等离子体是由部分电子被剥夺后的原子及原子团电离后产生的具有高能量的电子和离子的混合物，其正负电荷数量相等。等离子体的作用可以使PDMS表面疏水的硅甲基转变为活性基团如硅羟基、醇羟基，使其非常亲水。目前广泛应用的PDMS微流控芯片一般通过高真空（压力低于10Pa）氧等离子体活化进行表面改性和键合。Frimat等使用经过空气等离子体处理过的PDMS芯片培养细胞，由于PDMS本身疏水性极高，细胞无法黏附生长，而经过等离子体处理的PDMS表面变为亲水状态，细胞可以黏附生长，从而能够精确地控制细胞培养区域，生产细胞阵列。此项技术为细胞模板的生产提供了一种快速、精确、低成本的方法。氧等离子体处理法快速，可以在表面产生大量的活性基团，但是，处理后的PDMS表面亲水性数小时后会逐渐恢复到原来的状态，并且会对PDMS表面产生一定的破坏，使之产生裂纹。针对以上问题，Wu等用等离子体活化PDMS表面，将环氧修饰的亲水性聚合物快速吸附在活化的PDMS表面，最后在110℃下加热，通过这种方式将环氧修饰的亲水性聚合物直接共价偶联到芯片表面。

紫外光照法就是用紫外光照射PDMS，经过紫外光照后的PDMS表面会产生亲水性的基团。除了只用紫外光照射，Olah等采用紫外臭氧处理PDMS表面，通过原子力显微镜（AMF）检测发现，PDMS表面在紫外光作用下与臭氧反应形成硅氧烷，提高其亲水性。通过接触角的测定发现随着时间的推移接触角逐渐增大，PDMS表面逐渐恢复其原有的疏水性。这是PDMS本体中的小分子化合物转移到表面以及表面的亲水基团转移到PDMS本体中的缘故。与等离子体处理方法相比，紫外光处理条件温和，对PDMS表面的破坏小，但是需要较长的反应时间。经紫外光照射后PDMS表面由于产生了化学反应，折射率等发生了变化，影响了整个PDMS的光学性能，而且与等离子体处理方法一样，PDMS表面亲水性随着时间的推移会逐渐恢复到原来的状态。

通过用紫外光直接照射单体溶液使PDMS表面接枝一些亲水性的化合物，如丙烯酸（AA）、丙烯酰胺（AM）、二甲基丙烯酰胺，这种方法能长时间改变PDMS表面的性质。Hu等先将基片和盖片浸于0.5mmol/L $NaIO_4$、0.5%（0.5g/100mL）苯甲醇和指定浓度单体的水溶液中，然后在紫外光照射下完成聚合反应。$NaIO_4$能去除单体溶液中的氧，抑制溶解氧对聚合反应的淬灭作用，苯甲醇能够降低溶液的黏度，来提高单体向芯片表面扩散的效率。紫外辐射为PDMS表面产生自由基提供能量，完成单体的自由基接枝聚合反应。反应完成后，将基片和样片在80℃蒸馏水中清洗，并连续搅拌24h，以除去吸附的单体和聚合物。

在芯片的微通道中引入含有聚合电解质的溶液，溶液中的阴、阳聚合电解质交替作用在表面产生聚合电解质多层（PEMs），通过这种方式改变PDMS表面的性质。Liu等采用动态涂层技术，在以PDMS为盖片，玻璃为基片的微流控芯片中，先涂上阳离子PB（polybrene）层后，再附着一层右旋糖酐（DS）层，形成聚合双层。涂层后的芯片用于电化学检测分离多巴胺和对苯二酚，分离效果较好，并且涂层稳定，电极对涂层的吸附并不显著，可以用该芯片进行多次实验。除了用含有聚合电解质的溶液在PDMS表面涂层，Wu等在PDMS芯片表面进行聚乙烯醇（PVA）涂层来改变PDMS表面的性质。具体方法为：在氧等离子体处理后的PDMS芯片表面，多次循环吸附PVA，加热交联多层PVA涂层。

3.4.4 微流控芯片封装

通过上述微加工得到的玻璃或者聚合物上面的微通道不是封闭的，需要可靠的键合方法将组成微流控芯片的基片和盖片以某种方式结合在一起，从而形成封闭的微通道，使液体在封闭的微通道内借助毛细力等实现流动。微流控键合技术可分为间接键合和直接键合。直接键合的主要原理是通过某种手段如热压、超声波加热使热塑性材料表面软化或降解形成熔融微层进行键合；间接键合是通过在基片和盖片间添加胶黏剂或者溶剂进行键合。

热键合主要依靠键合温度、键合压力和键合时间的配合使得微流控芯片基片和盖片实现分子水平键合的键合方法，是一种不需要使用任何辅助黏结剂的键合方式。高温和高压是让两表面原子形成化学键最简单有效的方法，高压使得两表面的原子距离更近，在高温的作用下让原子的运动更加剧烈，加快化学键的形成，提高键合的质量和速率。在此过程中，键合层被加热到玻璃化转变温度附近或以上，并在外部压力作用下通过浸润和黏合作用实现界面处分子链的纠缠（chainentanglement），从而获得紧密的界面接触。基本热键合工艺过程如图3-29所示。

热键合的一个显著优点是在键合过程中不会产生污染物，另一个显著优点是热键合之后，芯片的力学性能和热性能非常接近母材的等效固体块，对后续的热膨胀或收缩也不会产生不利影响。热键合需要键合表面紧密接触，且不能有其他杂质存在，否则不易实现基片和盖片的紧密键合，对于基片和盖片表面质量要求较高。此外，芯片内部含有温度敏感材料（如电极及波导管等）或使用具有不同热膨胀系数的材料制作

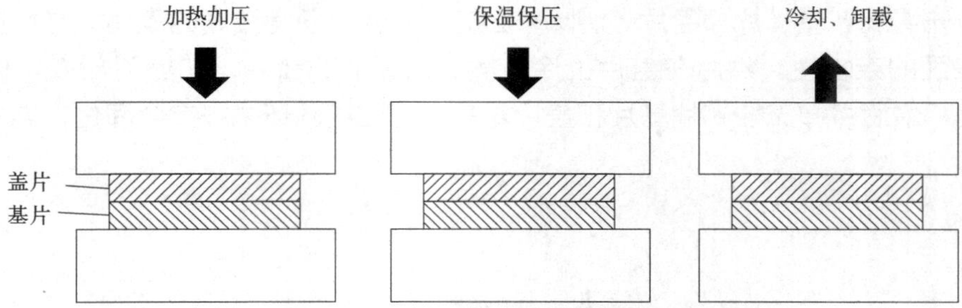

图3-29 基本的热键合工艺过程

的芯片不能采用热键合进行封装。错误的温度和压力容易引起通道变形是热键合的主要技术瓶颈。使用可编程热压机或高通量辊式层压机有助于精细控制温度、压力和键合时间，避免芯片通道发生形变。

即使在使用性能良好的商用热压机时，也必须确定合适的工艺参数以避免热键合期间的通道形变，必须针对每个制作步骤进行优化。不同的材料可能需要对键合参数进行重大调整。最佳工艺值甚至可能在不同的聚合物批次之间变化，这需要不断监测和调整实验条件。键合前，基底应尽可能保持平整、整洁和干燥。尽可能在洁净室环境中完成键合步骤，以防止尘土微粒被困在密封的微通道内。当初始热塑性板无法达到高平整度时，可将导热硅酮（聚氧硅烷）垫放置在黏合基板的一侧，以帮助在键合期间，整个基板区域上均匀受力。

胶黏结键合是通过基片与盖片之间的中间介质实现键合的方法。该方法在常温下即可进行，施加一定的压力即能达到很好的效果。胶黏结键合一般可分为两种，一种是通过在芯片的基片或盖片上涂上一层黏结剂，形成胶黏层，然后进行键合；另一种是使用双面压敏胶，双面胶则为胶层，实现芯片基片和盖片的键合。目前胶黏结键合中常用的黏结剂主要有加热固化黏结剂与UV固化黏结剂。UV固化黏结剂通常由含有光引发剂的合成树脂制成，以在暴露于特定波长的光时增强树脂的交联。Carroll等先将黏结剂旋涂在硅片上作为转移板，对玻璃基片进行适当的清洗之后，用掩模对准器使带有黏结剂的硅片与顶部的玻璃基片接触数分钟，将黏结剂选择性地转移到顶部的玻璃基片上，然后将顶部的玻璃基片与底部玻璃基片对准并黏结，最后用紫外线照射3min使黏结剂固化，过程如图3-30所示。这种方法对芯片的表面质量和表面粗糙度要求较低，操作方便，成功率接近100%，且键合后的微晶片性能稳定，此外整个键合过程不超过30min，通过溶解固化的胶黏层可实现芯片的可逆键合。Dang等报告了一种接触式印刷工艺，其中，黏结剂层可由不锈钢板孔精确控制，并使用牺牲通道去除气泡和过量黏结剂，确保黏结剂不会进入通道，这种方法的另一个好处是，除了胶黏层的暴露厚度外，所产生的微通道具有均匀的表面特性。通过在黏结之前使用丝网印刷将黏结剂涂敷在盖板上，也取得了类似的结果，如图3-31所示，首先将黏结剂倒在带有空心的钢板上，并使用刀片将其摊铺在钢板上。然后在硅橡胶垫上涂抹黏结剂。最后将硅橡胶垫上的黏结剂沉积在PMMA芯片上，PMMA芯片上的黏结剂厚度接近中空深度的四分之一，多余的黏结剂通过牺牲通道去除。Sayah等提出了一种在室温下使用环氧胶键合玻璃芯片的方法。首先清洗玻璃基片和盖片，清除表面的污染物，获得洁净的表面，并且提高基片和盖片表面的亲水性。然后在盖片上涂一层1μm厚的环氧胶，加热到80℃，使环氧胶开始硬化，最后将微流控芯片基片和盖片对齐，施压直到环氧胶完全固化，完成芯片的键合。

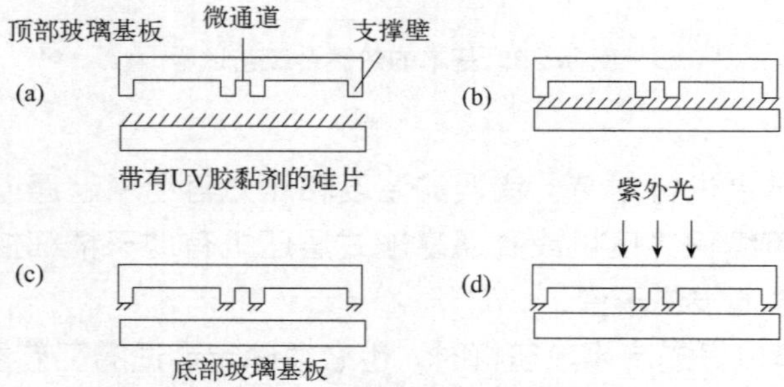

图3-30 胶黏结键合过程示意图

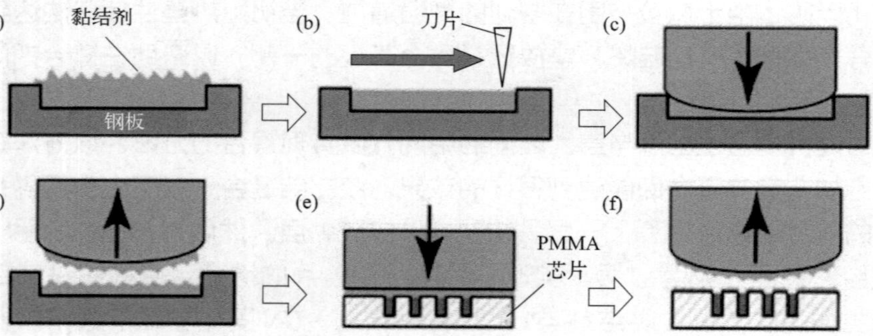

图3-31 接触印刷式胶黏结键合

与热键合方法相比，胶黏结键合有如下的优点：键合在室温条件下即可进行，无需加热装置，键合工艺简单，能极大地降低键合成本；使用范围广，胶黏结键合几乎适用于所有材质的微流控芯片的键合。但是胶黏结键合也存在一些缺点，如作为中间层材料的黏结剂具有多孔性，键合密封不够完全；黏结剂容易引起微通道的堵塞，而且黏结剂的使用使得微通道的表面性质不一致，黏结剂材料会对化学分析实验的结果产生干扰；黏结剂多数具有挥发性，受温度变化的影响较大，长期稳定性较差。

表面处理辅助键合是一种通过改变键合材料表面性质来实现芯片键合的方法。键合材料表面经过处理会发生多种物理、化学变化，使得材料的表面特性得到改善，可以大大降低键合难度并提高键合强度。表面处理一般包括等离子体表面处理与辐射降解表面处理。Chen等提出了一种在低温或室温下键合玻璃微流控芯片的方法。首先将玻璃盖片和基片浸入浓硫酸溶液中，然后用去离子水快速冲洗基片和盖片，用HF蒸气处理芯片表面。在用去离子水清洗或者用HF蒸气处理芯片表面时，可以将基片和盖片接触在一起，然后在低温或者室温下24h实现玻璃微流控芯片的键合。这种方法不需要洁净室环境以及极高键合温度，但是使用的HF毒性很大，而且操作流程复杂，操作不便。

等离子体表面改性指的是等离子体在轰击材料表面的同时还会给材料表面的分子和原子传递能量，进而改变材料的表面性能的一个过程。PMMA、PC、COC（环烯烃共聚物）、PDMS等经过等离子体表面处理后，表面会变得更加亲水，可以大大降低键合难度与提高键合强度。Pelzer等在13.33～53.32Pa（100～400mTorr）气压条件下，通过氧等离子体改善了聚合物表面的亲水性，使基片与盖片接触表面间的亲和力大大提高，在低于基片聚合物材料玻璃化转变温度的条件下实现了键合。辐射降解表面改性原理是通过电离辐射的作用使聚合物分子的主链发生断链，分子量下降，材料的热稳定性（如玻璃化转变温度）下降，现在最常用到的辐射源是X射线与紫外光。Truckenmiller等分别采用X射线和紫外光作为辐射源，对PMMA材料进行了实验，辐射后较低的键合温度避免了微结构在键合过程中被损坏。通过辐射处理、等离子体表面处理，键合温度得到降低，改善了微通道和芯片整体的变形，提高了连接强度，这类方法的缺点是适用的材料有限，键合时间没有缩短，因而效率并没有得到提高。

聚合物键合中表面改性热处理、溶剂键合、等离子键合都是属于表面处理键合，只是表面处理的表现形式不一样。玻璃的表面处理主要包括化学表面活化与等离子表面活化。两种方式的表面处理都是为了增强玻璃表面的亲水性，提高表面能。一般化学表面活化是将玻璃浸泡在浓硫酸中，让玻璃表面形成亲水层，玻璃表面形成大量的Si—OH基团，不同玻璃在接触后，表面的Si—OH基团发生脱水反应，在两片玻璃之间形成稳定的Si—O—Si键。等离子体活化也是使玻璃表面形成大量的Si—OH基团，只是形成的方式是通过氧等离子体轰击玻璃表面。氧等离子体表面活化处理简单方便，不需要使用危险溶液，处理时间也较化学活化短，但是等离子体活化对设备要求较高。化学活化交联键合可以非常有效地实现聚合物芯片的键合。例如，聚甘油丙烯酸甲酯可以通过化学气相沉积法修饰到含有微通道的基质上，用等离子体处理的聚丙烯酰胺修饰另一盖片，70℃条件下贴合两芯片，在共价作用力下可以完成两芯片的键合，该方法可以实现200nm宽的通道的键合，密封后至少可以承受0.34MPa的压力，并且广泛适用于玻璃、石英、硅、PDMS、PS、PET和PC等各种材质。

等离子体改性是一种降低加工温度和提高由一系列热塑性塑料制成的微流控芯片黏结强度的方法。等离子体中的高能离子、电子和紫外光子具有足够的能量来破坏目标表面上的化学键，产生高活性自由基，有助于形成所需的带电表面基团，并增加表面的总能量密度。Bhattacharyya等发现暴露于10W空气等离子体源的COC和PS进行热黏合时表面的黏结强度提高了2～3倍。溶剂键合是通过特殊配制的溶剂将需要连接的聚合物芯片表面轻微溶解，然后贴合芯片并施加压力，使得溶解后的游离分子再重新相互作用来实现芯片的永久封合。溶剂键合在室温下就能实现芯片键合，操作简单，且键合之后微通道变形小。Shah等采用丙酮作为键合PMMA微流控芯片的溶剂，将带有微通道的基片与盖片对齐后，将丙酮注入微通道的一端，在另一端真空抽吸，如图3-32所示。Koesdjojo等先在微通道加入水，然后使水在−20℃的温度环境下形成固体（冰）牺牲层，后续采用二氯乙烷对芯片表面表层微溶之后进行键合，键合后使冰融化并用水进行冲洗后达到使用要求。

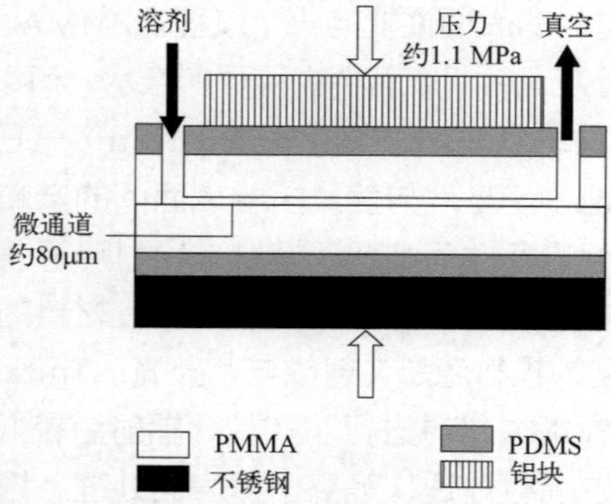

图3-32 溶剂键合示意图

3.5 微流控芯片制作环境

芯片的制作主要在超净间内完成，超净间也称为无尘室、洁净室，是指将一定空间范围内空气中的纤维粒子、有害气体、细菌、病毒等污染物排除，并将室内温度、洁净度、室内压力、气流速率、气流分布、噪声振动及照明、静电控制在某一需求范围内，即不论外在空气条件如何变化，室内均能具有维持原先设定要求的洁净度、温湿度及压力等性能特性，而给予特别设计的实验室空间。超净间最主要的作用在于控制芯片所接触的环境和污染物的含量，使芯片能在一个良好的环境空间中生产、制造，是许多研究领域必备的工作场所，如制药、生物科学、电子、地球化学等。本节主要介绍有关超净间的工作环境、洁净度分级、组成及设备、应用、管理制度及安全细则等内容。

3.5.1 超净间

微流控芯片加工时所选择的环境对实验的成功具有重要影响，其加工环境一般选择超净间，所以对超净间环境需要严格把控的指标通常有：室内温湿度、光照强度、噪声、室内压差等。下面对这些环境指标进行介绍。

（1）室内温湿度

在需要严格把控的多个指标中，对超净间内温湿度的控制是重点，其控制的效果直接影响研究的成功与否。目前超净间一般温度范围为20 ～ 27℃、相对湿度在30% ～ 60%之间。目前超净间实验室内对温湿度的控制大多采用新风空调箱（makeup air unit, MAU）、风机过滤单元（fan filter unit, FFU）以及干冷盘管（dry cooling coil, DCC）的设计。

（2）光照强度

由于超净间是密闭房间，许多超净间是没有窗户的，所以对光照度一直有较高的要求。根据《洁净厂房设计规范》的要求，超净间内一般相对光照强度不应小于0.7，无采光窗超净间混合照明的平均照度应按各视觉等级相应混合照度值的10%～15%确定，并高于200lx，且在芯片实验室中光照度为300lx时工作效率较高。

（3）噪声

超净间内噪声的高低不仅影响着实验人员的健康，同时对实验能否成功也有着重要的影响。当前超净间内噪声级（空态）根据室内气流流向不同，其标准也不相同：非单向流超净间的噪声不应高于60dB；单向流及混合流超净间噪声不应高于65dB。

（4）室内压差

在洁净区内每两个相邻房间、相邻区域的压力差，称为“相对压差”，简称“压差”。因为空气总是从压力高的地方流向压力低的地方，所以在超净间内需要保证洁净度越高的房间压力越高，洁净程度较低且容易产生污染的房间其压力较低。

（5）空气中颗粒浓度

对空气洁净度的控制主要在两方面：一是可能造成损害的空气中最小微粒直径，当前0.5μm是空气洁净技术主要控制的微粒直径；二是可能造成损害的空气中的微粒数量，即超净间内主要区域或工作台上的微尘颗粒物浓度。

（6）静电防护

由于超净间在建造时是无尘无菌的，因此室内的静电大多是实验人员进入时自身携带的。这些静电会随着实验人员的移动从而扩散在超净间中，其产生的电场能击穿电子和微电子设备，导致设备工作状态紊乱。同时空气中的灰尘会依附在静电较多的带电体上，十分影响环境洁净度。

（7）超纯水

超纯水是超净间内最常使用的水资源，超纯水（ultrapure water）是指电阻率达到18.2MΩ·cm（25℃）的水。超纯水中除了水分子外，几乎没有什么杂质，更没有细菌、病毒、二噁英等有机物。水的纯化过程分如图3-33所示，分为四步：预处理（初级净化）、反渗透（生产出纯水）、离子交换（可生产出18.2MΩ·cm的超纯水）和终端处理。

3.5.2 洁净度分级

3.5.2.1 超净间主要污染源

在过去的几十年里，半导体和薄膜技术的快速发展、微电子技术的巨大发展、电子元件物理几何形状的缩小以及单个芯片上元件密度的增加，使得一旦环境发生污染，对

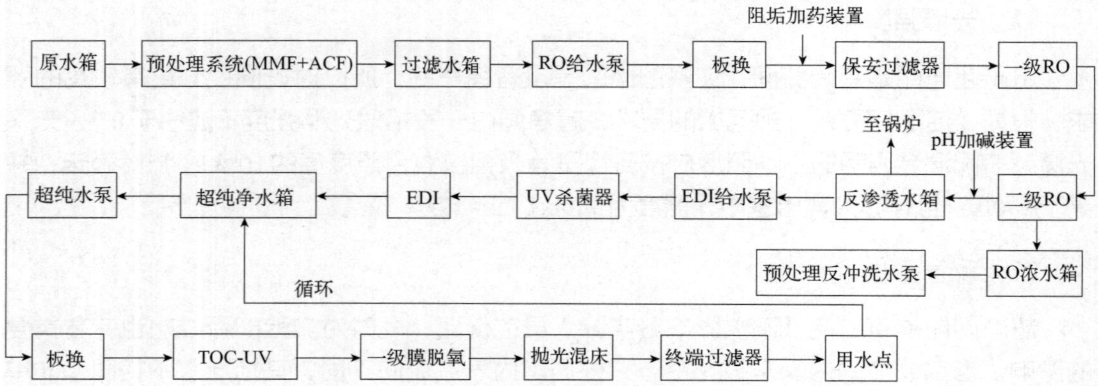

图3-33　水纯化过程

MMF—人造纤维；ACF—异向导电膜；EDI—连续除盐；RO—反渗透；TOC—总有机碳；UV—紫外线

产品质量影响很大，因此超净间的洁净环境已成为降低废品率和提高产品质量的必要条件。对超净间的洁净环境进行分析，主要就是分析超净间的污染源。超净间内的污染源包括微尘和细菌两大类，以下详细介绍超净间室内的主要污染源：

（1）室内工作人员

工作人员发尘是超净间内空气污染的最主要来源，占90%左右。人动作时的发尘量相当复杂，可以认为一个人在室内活动时的平均发尘量为其静止时的5倍，为5×10^5粒/（min·人）。根据工艺性质、人的动作的多少和强弱的不同，这个倍数是不同的，可以分为较低和较高两类，分别为3倍和7倍于静止发尘量的数值。人体发尘量还与服装材质、洗晾、吹淋等有很大关系。根据实验测定，尼龙绸洁净服发尘量最少，且洁净工作服不宜揉洗，洗后应在洁净环境中晾干。

（2）设备及工艺产生的灰尘

设备的产尘以转动设备尤为突出，电动机、齿轮转动部件、伺服机械部件、液压和气动启动器开关或人工操作的设备，都会由于移动（转动）着的表面之间的摩擦而产生微粒。

（3）与超净间相邻区域

与超净间周边相邻或相通的、较低洁净度的区域或非洁净区域，由于人员、材料的进出携带的污染空气，或沉降在人员、物料上的污染物被带入，是影响室内洁净度的另一个重要污染来源。合理的正压差是减少侵入污染空气的重要措施。设在门口的气闸室、缓冲室以及风淋室也有重要作用。

（4）未经过滤送风

在正常情况下，新建、改建的超净间或是末级过滤器更换后，要进行严格的验收检测，高效过滤器本身、高效过滤器与支撑框架的接触面如有泄漏，都应被查出并予以处理。

（5）原材料、包装等

黏附在原材料、容器、包装，特别是一些黏附在产品的细小组件上的污染物会被带入超净间。因此对进入超净间的设备、材料、容器、包装等的预清洁、拆包地点和方法，以及进入超净间的程序等，都应该按照超净间运行管理规范执行。

以上为超净间内部污染的主要来源，在日常超净间的维护和使用过程中，需要进行多方面考虑。通过技术手段的运用、人员的管理、设备的状况检测维护好超净间，提升超净间使用效果。

超净间洁净度等级的国际标准如表3-3所示。国际上根据空气清洁程度划分了等级，从高到低依次划分为1级、10级、100级、1000级、10000级和100000级六种等级的超净间。国际标准化组织给出的计算洁净程度的具体公式为：

$$C_n = 10^N \times (0.1/D)^{2.08} \tag{3-3}$$

式中，C_n是空气颗粒的最大容许浓度值，个/m^3；N是国际标准化组织的分类号，不得超过9；D是空气中微粒尺寸，μm。

表3-3 超净间洁净度等级国际标准ISO14644-1 单位：个/m^3

空气洁净度等级（N）	大于或等于缩小粒径的粒子最大浓度限值（空气粒子数）					
	0.1μm	0.2μm	0.3μm	0.5μm	1.0μm	5.0μm
ISO 1级	10	2				
ISO 2级	100	24	10	4		
ISO 3级	1000	237	102	35	8	
ISO 4级	10000	2370	1020	352	83	
ISO 5级	100000	23700	10200	3520	832	29
ISO 6级	1000000	237000	102000	35200	8320	293
ISO 7级				352000	83200	2930
ISO 8级				3520000	832000	29300
ISO 9级				35200000	8320000	293000

3.5.2.2 超净间污染控制措施

为维护和保持超净间的洁净环境，实现其洁净等级，需要针对其室内污染源采取相应的解决措施，根据前文所述的五类污染源，提出以下解决措施：

（1）控制工作人员散发的污染

工作人员的鼻腔、口腔、皮肤、头发和身上的服装都会散发污染物，因此进入的工作人员要遵循超净间工作守则，整齐穿着洁净工作服，戴工作手套、口罩、头套，穿净化鞋，经洁净通道进入。除尽可能降低人员散发的污染物外，空调净化送风的气流也是有效稀释、疏导并排出人员散发的污染物的重要手段。关键工序部位设置在超净间中非操作人员不易到达之处，以减少额外的人员污染。

（2）控制工艺设备及工艺产生的灰尘

超净间内的工艺设备应选料精良，光洁耐磨，那些转动、滑动部位格外重要，要尽可能地减少磨损及产尘。对于那些产尘的工艺过程要尽可能地将其封闭或设置围挡，并辅以排风，形成局部范围相对于超净间的负压，以限制污染物向超净间其他区域扩散。

（3）不同级别相邻超净间的压差

为防止从相邻的洁净度较低区域向超净间传播污染，主要方法是维持高洁净度区域相对于低洁净度区域有一个合适的正压值。根据不同的情况，不同级别相邻房间的正压值为5～10Pa。让不同洁净度的各级房间维持梯次的压差，这样就可减少由低级别超净间向高级别超净间传播空气中的悬浮污染物。

（4）超净间的送风过滤

超净间空调送风系统的末端装备高效空气过滤器，在正常情况下能有效过滤经空调机组处理的新风和回风中的颗粒污染物。经高效空气过滤器处理后的洁净空气送入室内，可有效地排替、冲淡室内污染物，以维持室内的洁净度。

（5）进入超净间的材料与部件的清洁

超净间的产品和原材料、产品的容器和包装材料都要使用不产生污染的材料。这些材料的生产制造也要在对产品污染相对较小的环境中进行。不符合超净间使用要求的零部件要经过清洁后方可进入超净间。

超净间是一项综合性技术的体现，在维护和管理控制时，需要进行多方面考虑。超净间使用前的检测是正常使用的基本保证，使用中的维护和运行管理更是对净化环境的维持。通过技术手段的运用、人员的管理、设备的状况检测，可以提升超净间洁净效果。

3.5.3 超净间组成及设备

超净间具有较高的洁净等级和安全性，因此其中的设备通常可分为用于提供洁净环境的设备和工作时需要较高洁净度的实验仪器。本小节主要介绍超净间的组成以及必须在超净间这种高洁净环境中使用的仪器设备。

首先是超净间中用于提供洁净环境的组成部分：

① 空气浴尘室　也称风淋室，作为实验人员或物品进入实验室时的第一道防线，用来吹除人体衣服、设备、物料、工具上的尘埃污染，能有效地阻止尘源进入洁净区。图3-34为风淋室结构示意图及现场照片。空气浴尘室应用于微电子、光电、半导体、医学、化工、食品、军事等领域的超净间、无尘车间与非无尘车间，大大提升了超净间等工作区域的洁净程度，为实验的顺利进行和工作人员的健康安全做出了贡献。

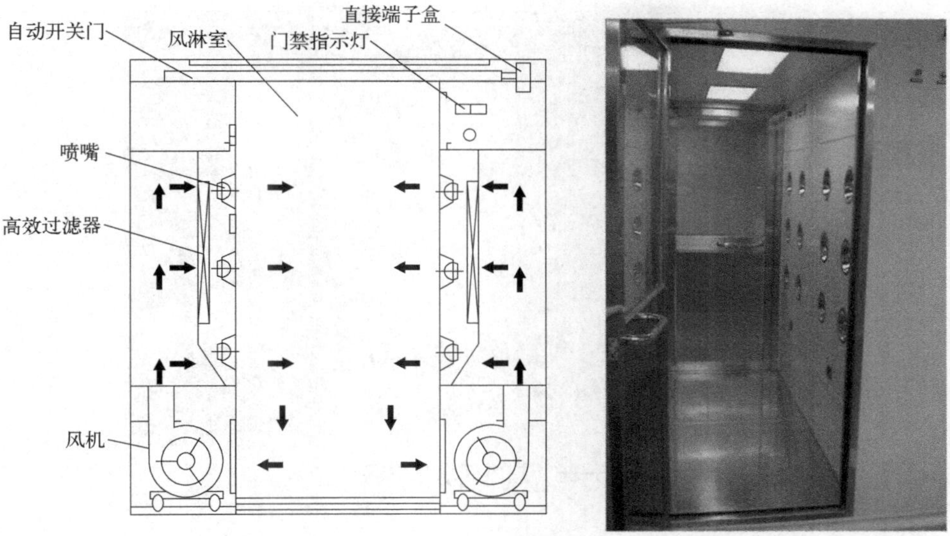

图3-34　风淋室结构示意图及现场照片

② 超净工作台　是一种提供局部无菌、无尘实验环境的洁净设备。能提高超净间的整体洁净程度，由风箱、风机、预过滤器、高效过滤器和电器控制系统构成，可以将实验中产生的废弃气体通过实验人员人为地控制排放，如图3-35所示。

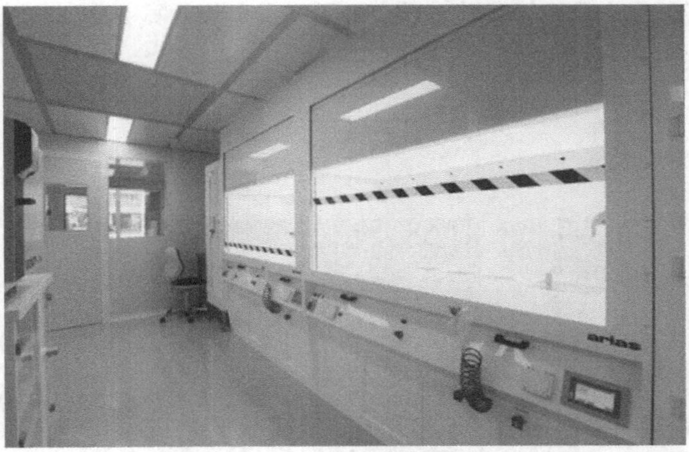

图3-35　超净工作台

③ 净化空调　为了使超净间内保持实验所需的温度、湿度、风速、压力和洁净度等参数，最常用的方法是向实验室内不断通入一定量经过处理的空气，以消除超净间内各种热湿干扰及尘埃污染问题。送入超净间具有一定状态的洁净空气，需要一整套的设备对空气进行处理和释放，这一套设备就构成了超净间内的净化空调系统，如图3-36所示。

图3-36　超净间净化空调系统

④ 传递窗　超净间内常用的辅助设备，主要用在洁净区与洁净区、非洁净区与洁净区之间的小物品的传递，来减少超净间内开关门的次数，传递窗的应用可以最大限度地减少超净间内洁净区的污染，如图3-37（a）所示（书后另见彩图）。

⑤ 紫外灭菌灯　实际上是一种低压汞灯，用于杀死室内具有污染或危害样品活性的细菌。灭菌灯利用较低汞蒸气压（$<10^{-2}$Pa）被激化而发出的紫外光，紫外光子的能量会引起病毒或细菌遗传物质的变异，使细菌当即死亡或不能繁殖后代，以达到杀菌、净化实验室的目的，如图3-37（b）所示（书后另见彩图）。

⑥ 安全传感器　主要用于实验人员夜晚工作，实验人员夜晚独自工作时如遇突发情况，安全警报器便会开启警报装置来保护实验人员的人身安全，如图3-37（c）（书后另见彩图）所示。

(a) 传递窗　(b) 紫外灭菌灯　(c) 安全传感器

图3-37　传递窗、紫外灭菌灯和安全传感器

微加工技术是目前微流控芯片制备最依赖的技术，微加工技术主要包括光刻工艺、化学气相沉积技术、物理气相沉积技术等，微加工技术所使用的仪器对环境洁净度和样品都有较高要求，下面主要介绍超净间中进行微加工时使用到的相关仪器设备。

① 紫外曝光机　也称光刻机、掩模对准曝光机、曝光系统、光刻系统等，是印制电路板以及微流控芯片制作工艺中的重要设备。一般的光刻工艺要经历硅片表面清洗烘干、涂底、旋涂光刻胶、软烘、对准曝光、后烘、显影、硬烘、蚀刻等工序。MJB4型紫外曝光机如图3-38（a）所示（书后另见彩图）。

② 电子束曝光机　又名电子束光刻机，是实验室中常见的光刻设备。电子束曝光机与传统的光学曝光机相比，采用电子束代替传统光照实现抗蚀剂曝光的功能，利用某些高分子聚合物对电子束敏感的特点从而实现光刻。高分辨率电子束曝光机如图3-38（b）所示（书后另见彩图）。

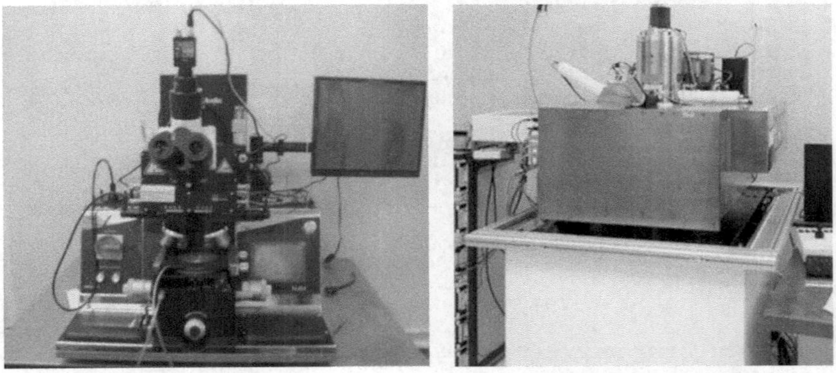

(a) MJB4型紫外曝光机　(b) 高分辨率电子束曝光机

图3-38　MJB4型紫外曝光机和高分辨率电子束曝光机

③ MOCVD系统　指金属有机物化学气相沉积系统（图3-39，书后另见彩图）。该系统以第Ⅲ族、第Ⅱ族元素的有机化合物和第Ⅴ族、第Ⅵ族元素的氢化物等作为晶体生长的原材料，以热分解方式在衬底上进行气相外延，形成各种有机化合物材料和多元固溶体的薄层单晶材料。

图3-39　金属有机物化学气相沉积系统

④ 电子束蒸发镀膜机　超净间内进行物理气相沉积常用的仪器，其采用的电子束蒸镀技术与传统蒸镀方式不同，通过电磁场的配合能够精准实现利用高能电子轰击坩埚内靶材，使之熔化进而沉积在基片上，从而镀出高纯度、高精度的镀膜。MEB550S电子束蒸发镀膜机如图3-40所示。

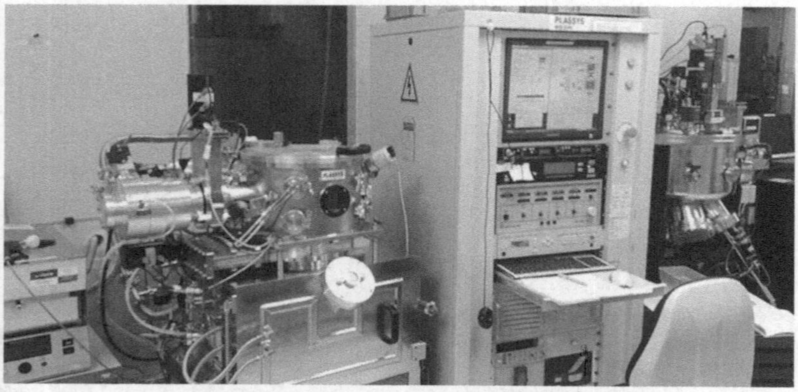

图3-40　MEB550S电子束蒸发镀膜机

⑤ PECVD系统　指等离子体增强化学气相沉积镀膜系统［图3-41（a）］，通过借助微波或射频等使含有薄膜组成原子的气体电离，在局部形成等离子体，从而在基片上沉积出所需要的薄膜。

⑥ 等离子体蚀刻机　又名等离子蚀刻机、等离子平面蚀刻机等［图3-41（b）］。等离子蚀刻，是干法蚀刻中最常见的一种形式，其原理是暴露在电子区域的气体形成等离子体，由此产生的电离气体和释放高能电子组成的气体，从而形成了等离子或离子。电离气体原子通过电场加速时，会释放足够的力量与表面驱逐力紧紧黏合材料或蚀刻表面。

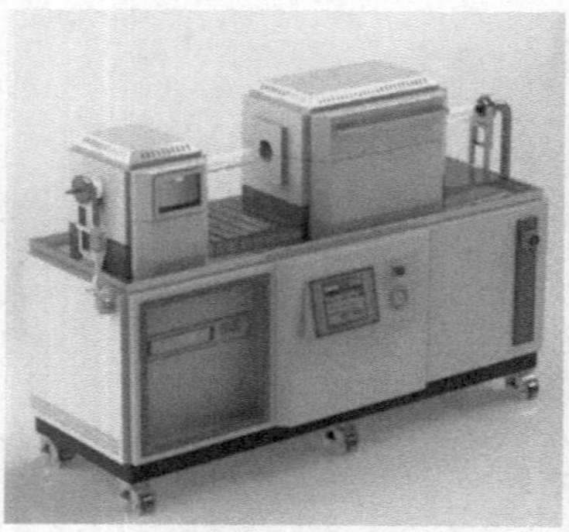

(a) PECVD仪器

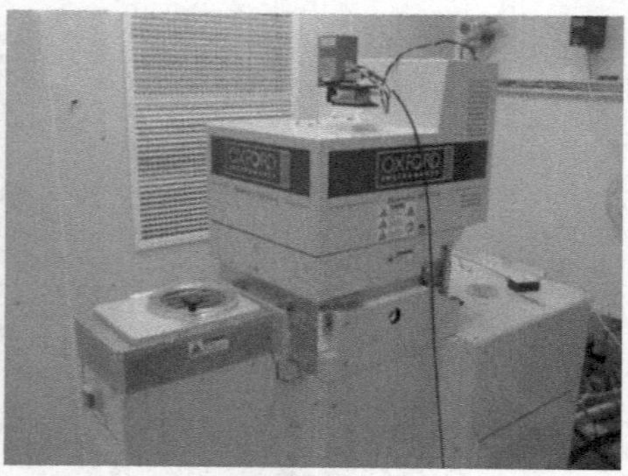

(b) 等离子体蚀刻机

图3-41　PECVD仪器和等离子体蚀刻机

⑦ 原子力显微镜　是一种用于分析包括绝缘体在内的固体材料表面结构的分析仪器（图3-42）。原子力显微镜利用微悬臂感受和放大悬臂上的尖细探针与受测样品原子之间的作用力，从而达到检测的目的，具有原子级的分辨率。由于原子力显微镜既可以观察导体，也可以观察非导体，从而很好地弥补了老式显微镜的不足之处。

图3-42　原子力显微镜

⑧ 扫描电子显微镜　是继透射电镜之后发展起来的一种电子显微镜［图3-43（a）］。扫描电子显微镜的成像原理和光学显微镜以及透射电子显微镜不同，它依据电子与物质的相互作用，以类似电视摄影的方式，利用细聚焦电子束在样品扫描时激发出的各种物理信号来调制成像。扫描电子显微镜具有精确度高、观察范围广、图像景深大、立体感强以及样品制备简单的特点，越来越成为众多研究领域中不可或缺的工具，目前已广泛应用于化学、生物、医学、电子等领域的研究。

⑨ 光学显微镜　是实验室内最常见的仪器设备，能够把人眼所不能分辨的微小物体放大成像，来供实验人员观察细胞的细微结构［图3-43（b）］。光学显微镜主要利用凸透

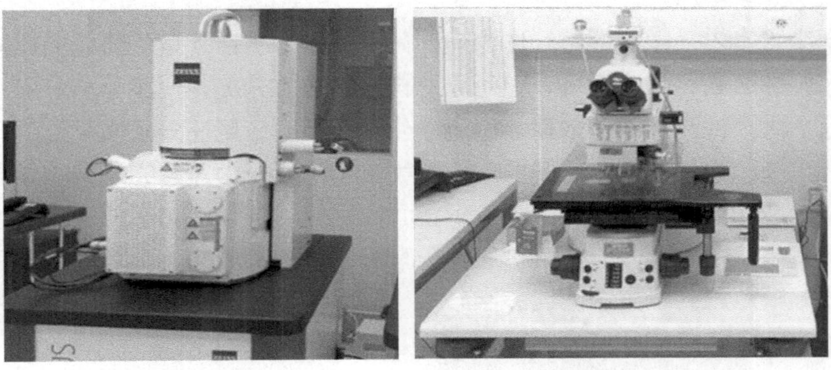

(a) 扫描电子显微镜　　(b) 光学显微镜

图3-43　扫描电子显微镜和光学显微镜

镜放大成像原理，增大近处微小物体对眼睛的张角（视角大的物体在视网膜上成像大），用角放大率表示它们的放大倍数，通常规定实验人员在观察时，明视距离应在25cm。

3.5.4 超净间应用

根据研究领域不同，通常可以把超净间分为光刻实验室、化学实验室、生物医学实验室。光刻技术是指在借助光致抗蚀剂（如光刻胶）将掩模版上的图形转移到基片上的技术。光刻实验室如图3-44所示，因为光刻胶是光敏材料，且对黄光不敏感，所以光刻实验室用黄光使生产环境更加接近自然光。光刻技术主要包括光复印和蚀刻工艺两类，光复印工艺是指经曝光系统将预制在掩模版上的器件或电路图形按所要求的位置，精确传递到预涂在晶片表面或介质层上的光致抗蚀剂薄层上。而蚀刻工艺是指利用化学或物理方法，将抗蚀剂薄层未掩蔽的晶片表面或介质层除去，从而在晶片表面或介质层上获得与抗蚀剂薄层图形完全一致的图形。

图3-44 光刻实验室

在化学实验室内，微流控芯片作为一种分析化学的平台，其优势包括耗样量低、分析速度快、灵敏度高和分辨率高，还可以把样品处理、分离、反应等与分析相关的过程集成在一起，大大提高分析的效率。微流控化学实验室应用在分子水平上时，除了离子和小分子的分离分析外，在以蛋白质、核酸等生物大分子为对象的研究中更显示出其操作单元规模集成和灵活组合的优势。分子层面应用最重要且相对最成熟的一类对象是核酸。核酸研究是迄今为止微流控芯片应用最有说服力的领域之一，其范围已由对简单核苷酸的分离分析过渡到以复杂的遗传学分析、基因诊断等为目的的生物医学领域，化学实验室如图3-45所示。

生物医学实验室，其应用往往被看成是对化学研究和生物学研究的直接结果。如果在药品的制造过程中某些药物被微生物或者空气中的灰尘颗粒污染或被交叉污染，则可

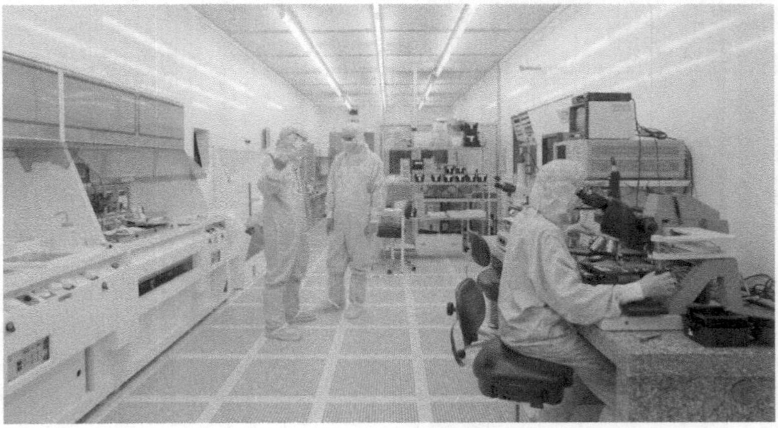

图3-45　化学实验室

能会导致药品变质，引发意外的疾病和危害。因此，随着超净间技术的日益发展，它与生物医学的结合也愈加紧密，大大提高了药品生产和手术室等医学设施的洁净程度，避免了污染物对其造成的不良影响，为生物医学的发展做出了极大的贡献。生物医学实验室如图3-46所示。

图3-46　生物医学实验室

3.5.5　超净间管理制度及安全细则

超净间内使用的化学物质和液体样品体积较小，且物理化学性质各不相同，样品会与空气中微小物质反应造成火灾、爆炸等事故。为了不发生类似的事故，要注意以下超净间内常见的危险源，并规避危险的发生。

① 火灾和爆炸　实验室中通常存储氢气、氧气等气体用于实验反应，如果实验室的规则不严格、管理不佳，对温度和压力等关键因素没有仔细考虑，易发生火灾和爆炸事故。

② 化学元素对人体产生的危害　在调查的事故当中，80%以上为危险化学品引发的爆炸、燃烧事故。毒性物质事故所造成的人员伤亡问题也极为严重，实验室中常见的有害或毒气体如液氮、液氯、光气、一氧化碳等会致使实验人员冻伤、窒息或中毒死亡。按照国家标准《危险货物分类和品名编号》（GB 6944）关于危险化学品的分类［如图3-47（a）所示］，分析了每种危险物品在事故中的占比［如图3-47（b）所示］。

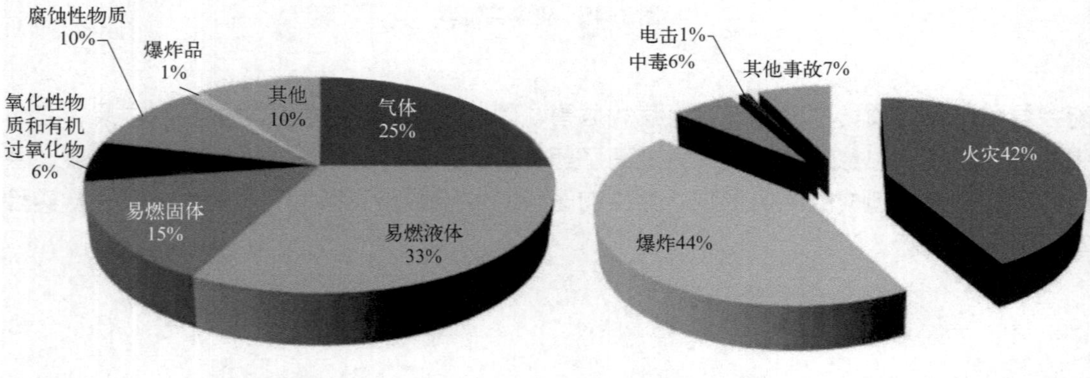

(a) 实验室危险化学品分类　　(b) 各类事故数及其比例

图3-47　实验室危险化学品分类与各类事故数及其比例

③ 电伤和化学制剂灼伤　实验室芯片制备中常用的搅拌器、加热手套等，都属于高热的实验设备。如果出现操作不当，或者仪器老旧等问题，容易电伤和灼伤实验人员。

④ 实验室残留废液污染　芯片制备完成后不能很好地处理废液会污染环境。实验室人员应加强对实验结束后残留物的处理意识，不污染环境且不影响下次实验的顺利进行。

⑤ 仪器设备问题　对实验室仪器的使用常存在操作不慎、使用不当、违规操作，以及仪器陈旧老化等问题。极易引发火灾、爆炸和中毒等事故。因此应加强对设备的定期检修和对实验室相关人员的安全培训，增强其安全观念，在安全问题上实验室应做到高度重视。

为保证实验人员在超净间中进行安全研究工作，以下超净间内管理制度尤为重要：

① 超净间安全管理制度培训　为保证实验过程安全，必须建立和完善相应的超净间安全管理制度。超净间安全培训流程如图3-48所示。

② 超净间安全制度化、标准化建设　通过标准化建设制定出以超净间安全运行为目标的翔实、可供实验人员操作的管理标准。对超净间中高精度仪器具有一套完整规范的操作流程，保证超净间中仪器的齐全、完好，从而有效减少安全事故。

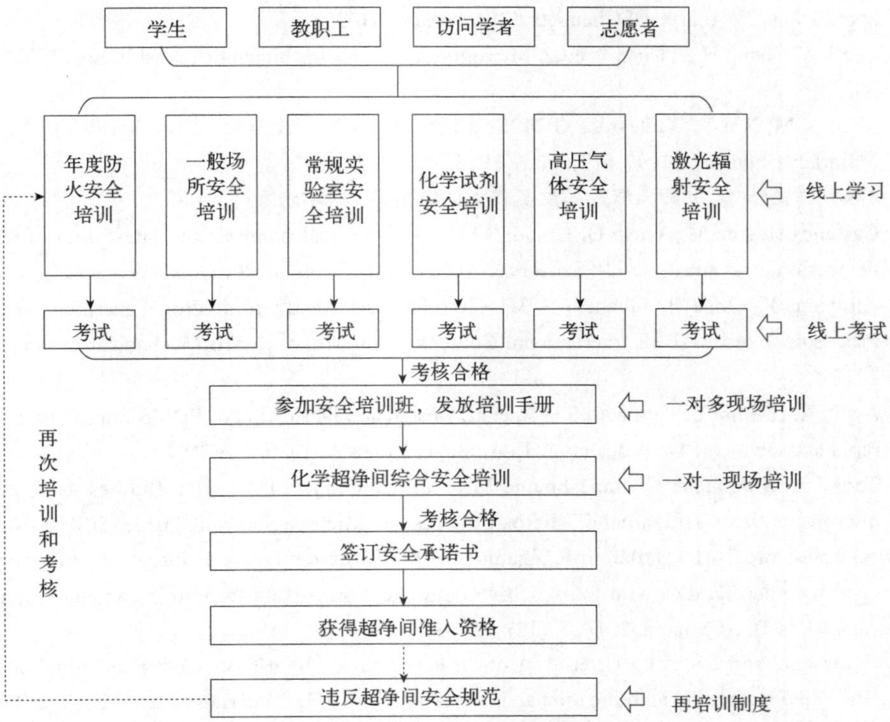

图3-48　超净间安全培训流程

③ 危险化学品、危险仪器等安全管理对策　关于超净间中危险化学品的管理，需要从购买、存放、使用以及废弃物的回收进行全程的监管。在化学品存储方面，必须严格按照国家规定进行严格化、规范化存储，实行专人管理制度。某些易燃易爆化学品必须存放在药品柜、防爆冰箱等地方。对于阳光、潮湿度及洁净度必须严格把控，避免化学品失效或者自燃。根据不同化学品性质进行分类存放，易燃易爆化学品应隔离存放并保证阴凉通风，挥发性较强的化学品需存放在通风较好的环境里。

④ 空气　超净间应该配备完善的高纯度供气系统，集中供应氮气及压缩空气等。超净间应注意通风，供氧量至少高于19.5%，避免缺氧现象的产生。

⑤ 安全事故风险预案　应针对不同类型的超净间制定不同的事故紧急预案，并有针对性地进行事故应急演练。演练事故类型应包括火灾事故演练、有毒有害物质泄漏演练、气体泄漏与爆炸等事故的相关演练，以提高在超净间遇到不同事故时的自我保护能力和应对危机的能力。

参考文献

[1] Manz A, Graber N, Widmer H M. Miniaturized total chemical analysis systems: a novel concept for chemical sensing[J]. Sensors & Actuators B Chemical, 1990, 1(1-6): 244-248.

[2] Patabadige D, Jia S, Sibbitts J, et al. Micro total analysis systems: fundamental advances and

applications[J]. Analytical Chemistry, 2015,88(1): 320-338.

[3] Yeo L Y, Chang H C, Chan P, et al. Microfluidic devices for bioapplications[J]. Small, 2011, 7(1):12-48.

[4] Zhao X M, Xia Y, Whitesides G M. Soft lithographic methods for nano-fabrication[J]. Journal of Materials Chemistry, 1997, 7(7): 1069-1074.

[5] 林炳承 . 秦建华 . 图解微流控芯片实验室 [M]. 北京 : 科学出版社 , 2008.

[6] Castano-Alvarez M, Ayuso D, Granda M G, et al. Critical points in the fabrication of microfluidic devices on glass substrates[J]. Sensors & Actuators B Chemical, 2008, 130(1): 436-448.

[7] Hirayama K, Onoe H, Takeuchi S. 3D microfluidics formed with hydrogel sacrificial structures[C]. Proceedings of the IEEE International Conference on Micro Electro Mechanical Systems (MEMS), 2012.

[8] Ayoib A, Hashim U, Gopinath S C B, et al. Design and fabrication of PDMS microfluidics device for rapid and label-free DNA detection[J]. Applied Physics A, 2020, 126(3): 1-8.

[9] Toossi A, Moghadas H, Daneshmand M, et al. Bonding PMMA microfluidics using commercial microwave ovens[J]. Journal of Micromechanics and Microengineering, 2015, 25(8): 085008.

[10] Garcia-Cordero E, Bellando F, Zhang J, et al. Three-dimensional integrated ultra-low-volume passive microfluidics with ion-sensitive field-effect transistors for multiparameter wearable sweat analyzers[J]. ACS nano, 2018, 12(12): 12646-12656.

[11] Kim J H, Yoo I S, An J H, et al. A novel paper-plastic hybrid device for the simultaneous loop-mediated isothermal amplification and detection of DNA[J]. Materials Letters, 2018, 214: 243-246.

[12] Garcia-Cordero E, Bellando F, Zhang J, et al. Three-dimensional integrated ultra-low volume passive microfluidics with ion sensitive field effect transistors for multi-parameter wearable sweat analyzers[J]. ACS Nano, 2018, 2018, 12(12): 12646-12656.

[13] 方肇伦 . 微流控分析芯片的制作及应用 [M]. 北京 : 化学工业出版社 , 2005.

[14] Ti.W C,Finehout E.Microfluidics for biological applications[M]. Berlin: Springer Science & Business Media, 2009.

[15] Krawczyk S K, Mazurczyk R, Bouchard A, et al. Towards medical diagnostic chips with monolithically integrated optics in glass substrates[J]. Physica Status Solidi C, 2007, 4(4): 1581-1584.

[16] Sasaki D Y, Cox J D, Follstaedt S C, et al. Glial cell adhesion and protein adsorption on SAM coated semiconductor and glass surfaces of a microfluidic structure[C]. Biomedical Instrumentation Based on Micro-and Nanotechnology. International Society for Optics and Photonics, 2001.

[17] Rodriguez I, Spicar-Mihalic P, Kuyper C L, et al. Rapid prototyping of glass microchannels[J]. Analytica Chimica Acta, 2003, 496(1-2): 205-215.

[18] Heiland J J, Geissler D, Piendl S K, et al. Supercritical-fluid chromatography on-chip with two-photon-excited-fluorescence detection for high-speed chiral separations[J]. Analytical chemistry, 2019, 91(9): 6134-6140.

[19] Gerhardt R F, Peretzki A J, Piendl S K, et al. Seamless combination of high-pressure chip-HPLC and droplet microfluidics on an integrated microfluidic glass chip[J]. Analytical chemistry, 2017, 89(23): 13030-13037.

[20] Minerick A R. The rapidly growing field of micro and nanotechnology to measure living cells[J]. AIChE journal, 2008, 54(9): 2230-2237.

[21] Kelly R T, Woolley A T. Thermal bonding of polymeric capillary electrophoresis microdevices in water[J]. Analytical chemistry, 2003, 75(8): 1941-1945.

[22] Liu Y, Ganser D, Schneider A, et al. Microfabricated polycarbonate CE devices for DNA analysis[J].

Analytical Chemistry, 2001, 73(17): 4196-4201.

[23] Hu Z L, Chen X Y. Fabrication of polyethylene terephthalate microfluidic chip using CO_2 laser system[J]. International Polymer Processing, 2018, 33(1): 106-109.

[24] Mukhopadhyay R. When PDMS isn't the best[J].Analytical Chcmistry,2007,79(9):3248-3253.

[25] Zeringue H C, Wheeler M B, Beebe D J. A microfluidic method for removal of the zona pellucida from mammalian embryos[J]. Lab on a Chip, 2005, 5(1): 108-110.

[26] Jackman R J, Floyd T M, Ghodssi R, et al. Microfluidic systems with on-line UV detection fabricated in photodefinable epoxy[J]. Journal of Micromechanics and Microengineering, 2001, 11(3): 263.

[27] Bichsel C A, Gobaa S, Kobel S, et al. Diagnostic microchip to assay 3D colony-growth potential of captured circulating tumor cells[J]. Lab on a Chip, 2012, 12(13): 2313-2316.

[28] Tabata Y, Lutolf M P. Multiscale microenvironmental perturbation of pluripotent stem cell fate and self-organization[J]. Scientific Reports, 2017, 7(1): 1-11.

[29] Koh W G, Pishko M V. Fabrication of cell-containing hydrogel microstructures inside microfluidic devices that can be used as cell-based biosensors[J]. Analytical and bioanalytical chemistry, 2006, 385(8): 1389-1397.

[30] 肖疏雨，胡敬芳，王继阳，等. 纸基微流控电化学传感器芯片的研究进展[J]. 传感器世界，2020. 26(12): 1-11.

[31] Kim J H, Yoo I S, An J H, et al. A novel paper-plastic hybrid device for the simultaneous loop-mediated isothermal amplification and detection of DNA[J]. Materials Letters, 2018, 214: 243-246.

[32] Kojić S, Birgermajer S, Radonić V, et al. Optimization of hybrid microfluidic chip fabrication methods for biomedical application[J]. Microfluidics and Nanofluidics, 2020, 24(9): 1-12.

[33] Andar A, Hasan M S, Srinivasan V, et al. Wood microfluidics[J]. Analytical chemistry, 2019, 91(17): 11004-11012.

[34] Rai-Choudhury P. Handbook of microlithography, micromachining, and microfabrication[M]. Washington: SPIE Spress, 1997.

[35] Scott S M, Ali Z. Fabrication methods for microfluidic devices: an overview[J]. Micromachines, 2021, 12(3):319.

[36] Campo A D, Greiner C. SU-8: a photoresist for high-aspect-ratio and 3D submicron lithography[J]. Journal of Micromechanics & Microengineering, 2007, 17(6): 81-95.

[37] Xia Y, Rogers J A, Paul K E, et al. Unconventional Methods for Fabricating and Patterning Nanostructures[J]. Chemical Reviews, 1999, 99(7): 1823-1848.

[38] 杨西，杨玉华. 化学气相沉积技术的研究与应用进展[J]. 甘肃水利水电技术，2008(3):211-213.

[39] 郭展郡. 化学气相沉积技术与材料制备[J]. 低碳世界，2017(27): 288-289.

[40] Mattox D M. Physical vapor deposition (PVD) processes[J]. Metal Finishing, 2001,100(S1): 394-408.

[41] 吴笛. 物理气相沉积技术的研究进展与应用[J]. 机械工程与自动化，2011(4): 214-216.

[42] Abbott A P, Frisch G, Ryder K S. Electroplating using ionic liquids[J]. Annual Review of Materials Research, 2013, 43: 335-358.

[43] Kovacs G, Maluf N I, Petersen K E. Bulk micromachining of silicon[J]. Proceedings of the IEEE, 1998, 86(8): 1536-1551.

[44] Pal P, Sato K. A comprehensive review on convex and concave corners in silicon bulk micromachining based on anisotropic wet chemical etching[J]. Micro & Nano Systems Letters, 2015, 3(1): 6.

[45] Hruby J. LIGA Technologies and Applications[J]. Mrs Bulletin, 2001, 26(4):337-340.

[46] 温梁，汪家友，刘道广，等. MEMS器件制造工艺中的高深宽比硅干法刻蚀技术[J]. 微纳电子技术, 2004, 41(6): 30-34.

[47] Shahrubudin N, Chuan L T, Ramlan R. An overview on 3D printing technology: technological, materials, and applications[J]. Procedia Manufacturing, 2019, 35(2019): 1286-1296.

[48] AA Yazdi, Popma A, Wong W, et al. 3D printing: an emerging tool for novel microfluidics and lab-on-a-chip applications[J]. Microfluidics and nanofluidics, 2016, 20(3): 50.1-50.18.

[49] 强邵雯. 3D打印技术及应用趋势研究[J]. 科技创新导报, 2017, 14(32): 2.

[50] 杜惊雷，黄奇忠，姚军，等. 激光直写邻近效应的校正[J]. 光学学报, 1999(7): 90-94.

[51] 陈梦月，郝秀清，李子一，等. 微流控通道加工技术的研究进展[J]. 微纳电子技术, 2021, 58(3): 244-253.

[52] 李芸，海涛，王林君. 数控激光雕刻在玻璃深加工中的应用研究[J]. 装备制造技术, 2006 (3): 70-72.

[53] 傅建中，相恒富，陈子辰. 聚合物微流控芯片激光加工及建模研究[J]. 中国机械工程, 2004(17): 1-4.

[54] 朱迅. 聚合物微流控芯片的激光加工技术研究[D]. 杭州：浙江大学, 2004.

[55] Wang T, Chen T, Liu S B, et al. Several typical microstructures on microfluidic chip fabricated by excimer laser [C]. Proceedings of International Conference on Biomedicine and Engineering. Bali Island, Indonesia, 2011.

[56] Zuo T C, Qi H, Yao L Y, et al. Miniaturized continuous-flow polymerase chain reaction microfluidic chip system [J]. Frontiers of Optoelectronics in China, 2008, 1(1): 39-43.

[57] Zhang W W, Zhu J J, Yuag W K C, et al. Fabrication of biodegradable polymeric micro-analytical devices using a laser direct writing method [J]. Advanced Materials Research, 2010, 136: 53-58

[58] 申雪飞，陈涛，吴靖轩. 准分子激光微加工技术结合模塑技术加工微流控芯片[J]. 中国激光, 2011 (9): 61-66.

[59] 何飞，程亚. 飞秒激光微加工：激光精密加工领域的新前沿[J]. 中国激光, 2007(5): 595-622.

[60] Chichkov B N, Momma C, Nolte S, et al. Femtosecond, picosecond and nanosecond laser ablation of solids[J]. Applied physics A, 1996, 63(2): 109-115.

[61] 朱荻. 纳米技术与特种加工[J]. 电加工与模具, 2002(2): 1-5.

[62] 李小海，王振龙，赵万生. 微细电化学加工研究新进展[J]. 电加工与模具, 2004(2): 1-5.

[63] Lim Y M, Kim S H. An Electrochemical fabrication method for extremely thin cylindrical micropin[J]. International Journal of Machine Tools and Manufacture, 2001, 41(15): 2287-2296.

[64] 陈建刚，魏培，陈杰峰，等. 纳米压印光刻技术的研究与发展[J]. 陕西理工学院学报（自然科学版）, 2013, 29(5): 1-5, 9.

[65] Ampara A, Shaw K C S, Liu K. Micro milling for polymer materials used in prototyping of microfluidic chip application [J]. Advanced Materials Research, 2012, 565: 552-557.

[66] Lin Y S, Yang C H, Wang C Y, et al. An aluminum microfluidic chip fabrication using a convenient micromilling process for fluorescent poly (DL-lactide-co-glycolide) microparticle generation [J]. Sensors, 2012, 12 (2): 1455-1467.

[67] Schmidt J, Tritschler H. Micro cutting of steel[J]. Microsystem Technologies, 2004, 10(3): 167-174.

[68] Wiedemeier S, Roemer R, Waechter S, et al.Precision moulding of biomimetic disposable chips for droplet-based application[J].Microfluid Nanofluid, 2017, 21(11): 167.1-167.11.

[69] Detlev B, Martin L. Surface modification in microchip electrophoresis[J]. Electrophoresis, 2003, 24: 3595-3606.

[70] Song L G, Fang D F, Kobos R K,et al. Separation of double stranded DNA fragments in plastic capillary electrophoresis chips by using $E_{99}P_{69}E_{99}$ as separation medium [J]. Electrophoresis, 1999,

20: 2847-2855.

[71] Kim H T, Kim J K, Jeong O C. Hydrophilicity of surfactant-added poly(dimethylsiloxane) and its applications[J]. Japanese Journal of Applied Physics, 2013, 50(6): 4-6.

[72] Frimat J P, Menne H, Michels A, et al. Plasma stencilling methods for cell patterning[J]. Analytical & Bioanalytical Chemistry, 2009, 395(3): 601-609.

[73] Wu D, Qin J, Lin B. Self-assembled epoxy-modified polymer coating on a poly(dimethylsiloxane) microchip for EOF inhibition and biopolymers separation[J]. Lab on a Chip, 2007, 7(11): 1490-1496.

[74] Oláh A, Hillborg H, Vancso G J. Hydrophobic recovery of UV/ozone treated poly(dimethylsiloxane): adhesion studies by contact mechanics and mechanism of surface modification[J]. Applied Surface Science, 2005, 239(3-4): 410-423.

[75] Hu S W, Ren X Q, Bachman M. et al. Surface modification of poly(dimethylsiloxane)microfluidic devices by ultraviolet polymer grafting[J]. Analytical Chemistry, 2002, 74(16): 4117-4123.

[76] Liu Y, Fanguy J C, Bledsoe J M, et al.Dynamic coating using polyelectrolyte multilayers for chemical control of electroosmotic flow in capillary electrophoresis microchips[J]. Analytical Chemistry, 2000, 72(24): 5939-5944.

[77] Wu D, Luo Y, Zhou X, et al. Multilayer poly (vinyl alcohol)-adsorbed coating on poly(dimethylsiloxane) microfluidic chips for biopolymer separation[J]. Electrophoresis, 2010, 26(1): 211-218.

[78] Carroll S, Crain M, Naber J, et al. Room temperature UV adhesive bonding of CE devices[J]. Lab on A Chip, 2008.

[79] Dang F, Shinohara S, Tabata O, et al. Replica multichannel polymer chips with a network of sacrificial channels sealed by adhesive printing method[J]. Lab on A Chip, 2005, 5(4): 472-478.

[80] Sayah A, D Solignac, Cueni T, et al. Development of novel low temperature bonding technologies for microchip chemical analysis applications[J]. Sensors and Actuators A: Physical, 2000, 84(1-2): 103-108.

[81] Chen L, Luo G, Liu K, et al. Bonding of glass-based microfluidic chips at low- or room-temperature in routine laboratory[J]. Sensors And Actuators B, 2006, 119(1): 335-344.

[82] Pelzer R, Farrens S. Plasma Activated Bonding and Imprinting of Polymer by Hot Embossing for Packaging Applications[J]. International Journal of Nanoscience. 2005, 4(4): 551-557.

[83] Truckenmüller R, Henzi P, Herrmann D, et al. Bonding of polymer microstructures by UV irradiation and subsequent welding at low temperatures[J]. Microsystem Technologies, 2004, 10(5): 372-374.

[84] Pan Y J, Yang R J. A glass microfluidic chip adhesive bonding method at room temperature[J]. Journal of Micromechanics & Microengineering, 2006, 16(12): 2666-2672.

[85] Bhattacharyya A, Klapperich C M. Mechanical and chemical analysis of plasma and ultravioletozone surface treatments for thermal bonding of polymeric microfluidic devices[J]. Lab on a chip, 2007, 7(7): 876-882.

[86] Shah J J, Geist J, Locascio L E, et al. Capillarity induced solvent-actuated bonding of polymeric microfluidic devices[J]. Analytical Chemistry, 2006, 78(10): 3348-3353.

[87] Koesdjojo M T, Tennico Y H, Remcho V T. Fabrication of a microfluidic system for capillary electrophoresis using a two-stage embossing technique and solvent welding on poly (methyl methacrylate) with water as a sacrificial layer[J]. Analytical Chemistry, 2008, 80(7): 2311.

[88] White A F Buss H L, Treatise on Geochemistry[J]. Treatise on Geochemistry, 2014, 6(4): 115-155.

[89] 洁净厂房设计规范: GB 50073—2013[S]. 2013-01-28.

[90] 陈帅，蔡颖玲，姜小敏. ISO6级洁净室气流组织形式及其可行性分析[J]. 医药工程设计，2009,

30(2): 3.

[91] Classification of air cleanliness by particle concentration: ISO 14644-1[S]. 国际标准化组织, 2015.

[92] 林炳承, 秦建华. 微流控芯片分析化学实验室[J]. 高等学校化学学报, 2009, 30(3): 13.

[93] Zhou X M, Dai Z P, Liu X, et al.Modification of a poly(methyl methacrylate)injection-molded microchip and its use for high performace analysis of DNA[J]. Journal of Separation Science[J]. 2015, 28(3): 225-233.

[94] 马骏. 医药工业洁净室换气次数按需设计的研究[J]. 化工与医药工程, 2015(5): 23-26.

[95] 危险货物分类和品名编号: GB 6944—2012[S]. 2012-05-11.

[96] 李志红. 100起实验室安全事故统计分析及对策研究[J]. 实验技术与管理, 2014(4): 210-213, 216.

[97] 徐文, 张键, 李江, 等. 高校实验室废液处理工作规范的构建[J]. 实验技术与管理, 2021, 38(1): 282-286.

[98] 叶元兴, 马静, 赵玉泽, 等. 基于150起实验室事故的统计分析及安全管理对策研究[J]. 实验技术与管理, 2020, 37(12): 317-322.

[99] 刘恩涛, 王华, 吕晓霞, 等. 昆士兰大学化学超净实验室安全管理体系及其启示[J]. 实验室研究与探索, 2021, 40(10): 289-294.

第4章 微流控芯片中的前处理与检测技术

4.1 概述

微流控芯片自问世以来，利用其作为检测技术的研究一直是人们关注的热点。迄今为止，已发展出基于测量各种物理参数的微流控芯片检测技术，其中以光学检测法、电学检测法和电化学检测法应用最为广泛。除此之外，质谱检测技术凭借其强大的分辨和鉴定能力，在微流控芯片检测技术研究中有着难以替代的作用。

4.2 样品前处理

样品前处理主要包括两方面的作用：一是对分析目标物的富集，有些目标物在实际样品中的含量比较低，低于现有仪器的检测限（检出限），需要采用一种比较合适的样品前处理方法把含量较低的目标物加以浓缩后再进样检测；二是消除或减少样品中含有的会对目标物的检测造成严重干扰的复杂基质，如果处理不当不但会对仪器设备造成一定的损害，而且还会影响设备的使用寿命。近年来，研究简单、快速、高效、环保的微型化、无溶剂或少溶剂的样品前处理技术已经成为现代分析化学中研究的前沿课题。前处理技术主要包括液-液萃取（liquid liquid extraction，LLE）、固相萃取（solid phase extraction，SPE）、固相微萃取（solid phase micro-extraction，SPME）、超临界流体萃取（supercritical fluid extraction，SFE）、微波辅助萃取（microwave extraction，MAE）、浊点萃取（cloud point extraction，CPE）。

4.2.1 固相萃取技术

固相萃取由液固萃取柱和液相色谱技术相结合发展而来，利用固体吸附剂将液体样品中的目标化合物吸附，与样品的基体和干扰化合物分离，然后再用洗脱液洗脱或加热脱附，实现分离和富集目标化合物的一种样品前处理技术。根据使用固相萃取的目的，可以将固相萃取分为两类：目标化合物吸附模式固相萃取和杂质吸附模式固相萃取。固相萃取具有分离、净化、浓缩及转换溶剂等作用。固相萃取大致包括活化、上样、淋洗、洗脱四个步骤。

（1）活化

在上样前用甲醇或者乙腈对固相萃取柱进行淋洗，有机试剂淋洗后还需用纯水淋洗一遍。有机溶剂淋洗的目的是去除固相萃取小柱中的杂质，用水淋洗是为了使小柱中的有机试剂不会部分溶解在水里，这样可以建立一个合适的固定相环境使样品分析物得以保留。

（2）上样

上样是使样品溶液缓慢地流过SPE小柱，从而使样品中的待测组分保留在小柱中的过程。上样过程通常采用移液器、注射器或者泵，当处理大量样品时，一般使用泵更方便。

（3）淋洗

通常选用纯水或缓冲液作为淋洗试剂，通过淋洗固定相来去除不需要的组分。淋洗过程的目的就是最大限度地去除干扰物质，所以所用试剂的极性和体积也需要仔细考虑，因为使用过量的体积或者使用极性大的溶剂，都会把待测物洗脱下来。

（4）洗脱

用少量有机试剂洗脱待测目标物，从而达到分离净化与浓缩的目的。所用有机试剂最好挥发性强一些，这样比较容易富集浓缩及蒸干。在选择洗脱剂的时候需要注意，其极性不能太强，太强会把不必要的组分洗脱下来，也不能太弱，极性太弱就需要更大体积的溶剂来洗脱目标分析物，从而削弱了SPE小柱的浓缩功效，因此洗脱溶剂要认真选择。SPE也是一种特别有用的提取方法，因为它能够进行离线和即时的选择性分离。同时，在色谱分析前准备离线SPE样品，在线SPE直接连接为色谱系统带来了较少污染、自动化和具有更高灵敏度的完整分析的优势。一般来说，在线SPE-LC由一个放置在六端口高压开关阀中的小预柱组成。在注射过程中，样品预富集在预柱上，预柱尺寸小，以避免空间中的频带增宽，且耐压。这些分析物通过阀门开关被洗脱到分析柱上。也有可能在阀门中使用没有预柱的系统，它提供了低压或高压模式。这种模式主要用于生物液体（血浆、全血、尿液）的分析。

4.2.2 膜分离技术

膜分离技术是一种利用天然或人工合成就有选择透过性的薄膜，作为一种十分重要的分离技术，可以根据膜的种类和推动力分为多种形式进行应用。膜分离技术是涉及分离、纯化和浓缩过程的重要技术之一，目前的分离和净化过程主要依赖于耗热过程，如蒸发和蒸馏。据统计，化工分离净化能耗占全部能源使用量的一半，其中80%用于蒸馏工艺。因此，探索高效的低成本分离技术是非常重要的。膜分离技术是一种在膜的两侧存在压差，使组分选择性通过膜并被分离的技术。与传统的热基蒸发和蒸馏相比，膜分离技术因其能耗低、运行时间短、安全性好、环境兼容性好而被广泛应用于分离和净化领域。到目前为止，膜分离技术经常应用在水净化、海水淡化、气体分离等，但是由于传统的聚合物溶剂稳定性较差，其在有机体系中的应用有着很大的局限性。渗透蒸发作为一种结合化学亲和性和物理传质机制的液体膜分离方法，能够高效地完成乙醇的脱水，到目前为止各种膜已经被开发出来，以用于渗透汽化作用。膜的材料有许多种类，包括均质膜、非对称材料、复合材料以及聚合物与/或无机材料的混合基质膜。其中聚合物复合膜是加工价格低廉、操作成本较低、应用较广的膜，渗透蒸发法在液态烃分离、去除水中挥发性有机化合物、从甘油中去除水和脱水以加强酯化反应方面得到了广泛的应用。然而，在渗透蒸发过程中仍然存在相变，其消耗的能量与蒸馏或蒸发过程中消耗的能量相似，图4-1为几种渗透膜的工作示意图（书后另见彩图）。

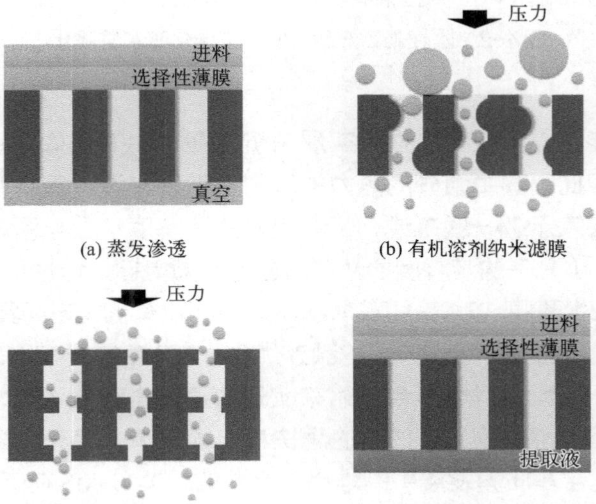

(a) 蒸发渗透　(b) 有机溶剂纳米滤膜　(c) 有机溶剂反渗透　(d) 有机溶剂正渗透

图4-1　渗透膜分离

（1）渗透蒸发膜材料

渗透蒸发是液体混合物的一种膜分离策略，其中进料通过膜部分汽化，从而以蒸气形式收集渗透成分，渗透汽化过程由膜中分子的热力学分配和动力学迁移率控制。通过流动惰性介质或在渗透侧施加低压来去除该蒸发成分，其工作原理是通过膜两侧直接的浓度差来实现的。膜材料的化学性质可以被设计为具有互补的吸附与扩散系数，从而调整渗透性（或通量）和选择性（或分离因子）。

亲水性聚合物膜适用于选择性地去除有机溶剂中的水（即溶剂的渗透蒸发脱水）。其亲水性比有机溶剂更有利于对水的优先吸附，且水的扩散速率比分子尺寸更大的有机溶剂更快。聚乙烯醇（PVA）是第一种商业化的渗透蒸发膜材料，它仍然是用于溶剂脱水的亲水膜的基准聚合物。近年来，Zhang等将催化剂引入PVA铸造溶液中，制备了催化膜，进一步提高了反应速率，图4-2为亲水性PVA基催化膜的工艺强化示意图（书后另见彩图）。

疏水聚合物膜具有优先吸附有机化合物的特性，通过渗透蒸发过程从水溶液中选择性地去除有机化合物。与溶剂脱水的膜不同，疏水（有时也称为亲有机）膜只能依靠其

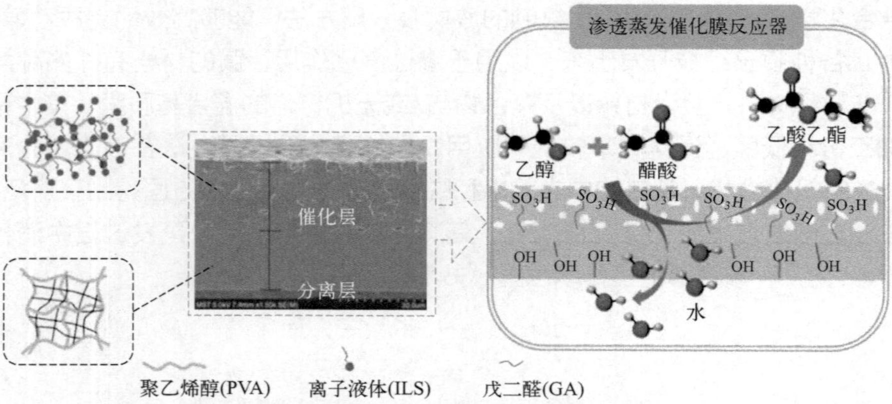

图4-2　水性聚乙烯醇(PVA)基催化膜工艺强化

吸附选择性，而不能依靠扩散选择性来实现有机物在水中的选择性渗透，因为有机物的扩散速率低于水。因此，膜中组分的热力学吸附是识别和设计疏水膜材料的关键，这可以通过溶解度参数来表示。一般来说，一个组分的溶解度参数与膜材料越接近，膜对该组分的亲和力越强。小分子的溶解度参数可以通过考虑氢键、极性作用来计算。PDMS是一种重要的硅橡胶疏水薄膜，PDMS膜在从水溶液中回收有机物方面具有优异的分离性能，以及在疏水性、可加工性和稳定性方面的额外优势。PDMS需要交联来制造致密而坚固的膜，Si等人提出了一种紫外诱导聚合策略来实现快速和连续制造PDMS薄膜，这种新型的紫外诱导聚合策略能够实现PDMS膜的超快和连续制造，使其大规模高效工业制造成为可能，并解决了混合基质膜发展中的难点。合成的MA-PDMS在紫外光照射下30s内快速聚合，比常规热法快3个数量级。所得到的MA-PDMS膜具有优异的正丁醇渗透蒸发性能。紫外诱导聚合策略对聚合物中的填料具有冻结效应，从而得到了颗粒分布均匀的硅酸盐-1/MA-PDMS混合基质膜。考虑到紫外诱导聚合方法的普遍性和可操作性，它在制备各种聚合物膜和聚合物基混合基质膜方面具有巨大的潜力，图4-3为PDMS膜及其制备流程（书后另见彩图）。

沸石由于其均匀和良好的孔径、高孔隙度和在极端条件下的操作能力，被认为是一种很有前途的渗透蒸发膜材料，制备沸石膜的主要问题是是否存在非沸石孔或晶间缺陷。这些孔隙可以形成介孔、晶界，甚至在合成或操作过程中产生针孔和裂纹。林德A型铝硅酸盐（LTA）沸石基膜由于其独特的结构骨架和与水的相互作用，在渗透蒸发过程中表现出了良好的选择性，图4-4为结晶性沸石膜的制备过程。用于商业应用的LTA沸石膜的开发受到一些参数的限制，特别是生产可重复的无缺陷膜所需的膜制备的复杂性和膜材料所需的高成本。在实际使用中通常通过修改播种步骤或是合成过程来生产无缺陷的沸石膜，而由于其较低的力学性能，通常选择在无机物载体上进行合成。一般来说，LTA沸石膜是通过水热合成在多孔载体上制备的。根据LTA晶体的生长情况，该技术可归类为初级或二次生长方法，在初级生长过程中，载体被涂覆合成溶液，并进行直接的水热合成。同时，在二次生长中，在水热合成之前使用沸石晶体播种载体。

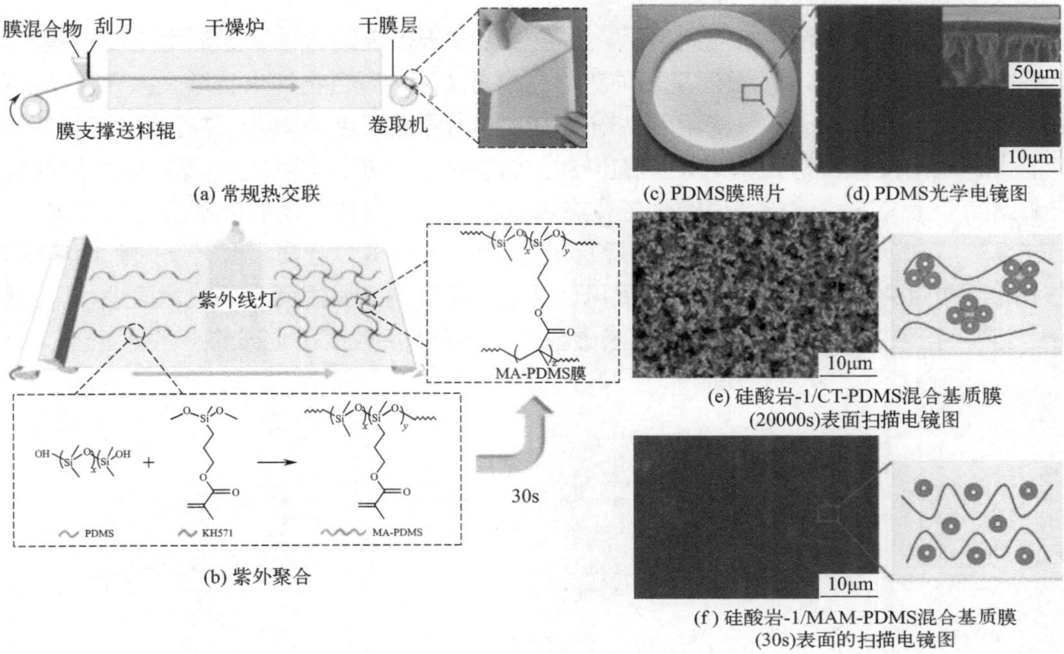

图4-3　PDMS膜及其制备流程

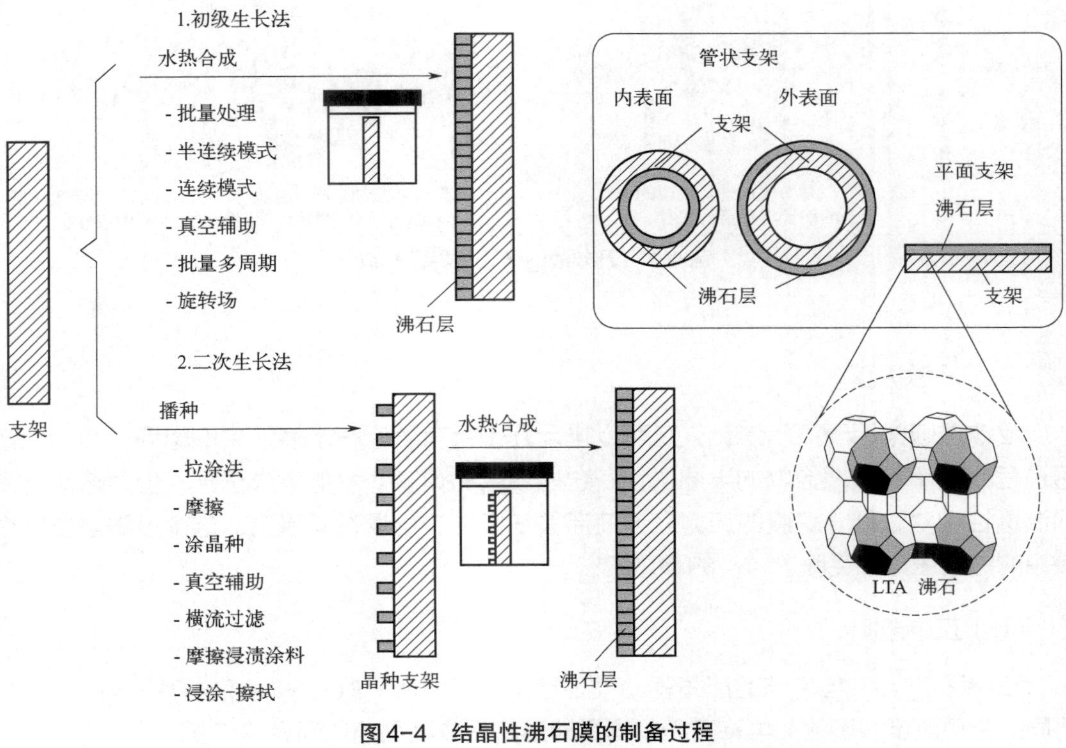

图4-4　结晶性沸石膜的制备过程

（2）有机溶剂纳米滤膜

膜技术在有机体系中的应用滞后，主要原因在于传统聚合物的溶剂稳定性较差。为了解决这个问题，Maria等报道了一种新的合成方法设计聚合物纳米膜增大微孔隙率，不需要复杂的处理。他们通过使用刚性扭曲单体作为界面聚合的构件，并且证明了微孔隙率增大的超薄交联聚芳氨酸纳米膜的形成。这些膜在有机溶剂纳滤中具有优异的性能，它们比商业上有的和以前报道的膜更具渗透性和选择性，在广泛的溶剂极性范围内显示出较高的溶剂渗透性。通过气体吸附和渗透以及分子模拟，证实了聚芳基酸酯网络在固态下的可调自由体积。图4-5（书后另见彩图）展示了纳米膜界面合成技术原理，界面聚合工艺被用于生产用于海水淡化的反渗透膜，这已经彻底改变了全球的水净化工艺。

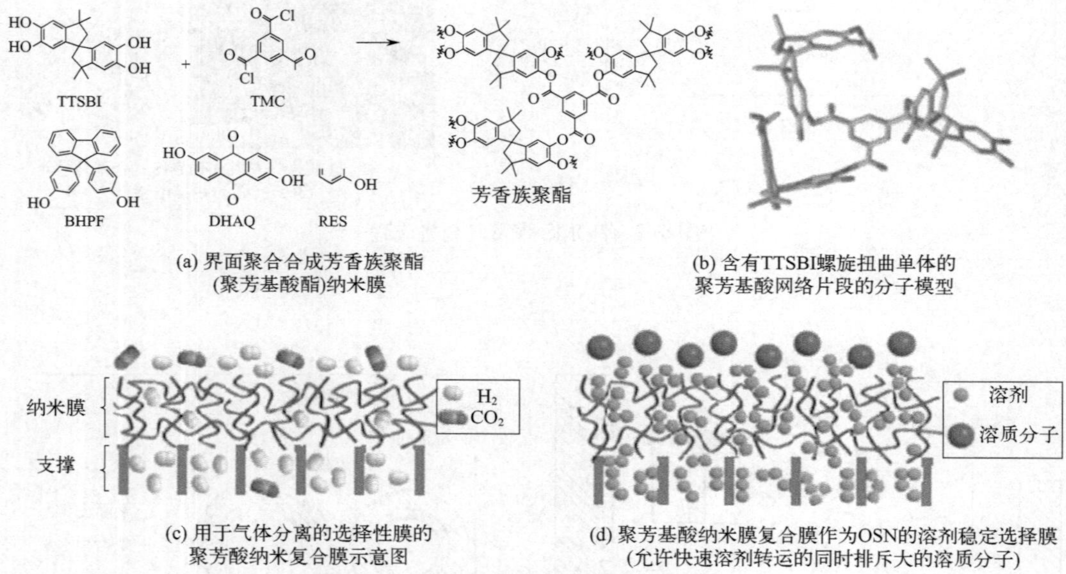

(a) 界面聚合合成芳香族聚酯(聚芳基酸酯)纳米膜

(b) 含有TTSBI螺旋扭曲单体的聚芳基酸网络片段的分子模型

(c) 用于气体分离的选择性膜的聚芳酸纳米复合膜示意图

(d) 聚芳基酸纳米膜复合膜作为OSN的溶剂稳定选择膜(允许快速溶剂转运的同时排斥大的溶质分子)

图4-5　聚芳酸纳米膜的界面合成

（3）反渗透膜

反渗透膜常用于海水淡化，它可以排斥几乎所有悬浮在水溶液中的悬浮材料。反渗透过程是基于某些聚合物的半渗透性，这些聚合物具有对水的高渗透性，但对溶解物质的渗透性相对较低。跨膜的压力差迫使滞留在膜中的水通过膜渗透。这个过程需要一个较高的进料压力来克服进料侧的渗透压。

（4）正渗透膜

正渗透（FO）与传统的压力驱动膜工艺［如反渗透（RO）技术和纳滤（NF）技术］不同，它通过半透膜的化学梯度，将样品溶液从低浓度侧输送到高浓度侧。

图4-6为有机溶剂回收的正渗透示意图，在膜室，进给溶液中的溶剂通过膜运输到提

取溶液，而溶质被排斥。因此，进料溶液被浓缩，而提取溶液被稀释。随后，稀释后的提取液可以通过直接过滤、蒸馏和蒸发等多种方式进行再生。

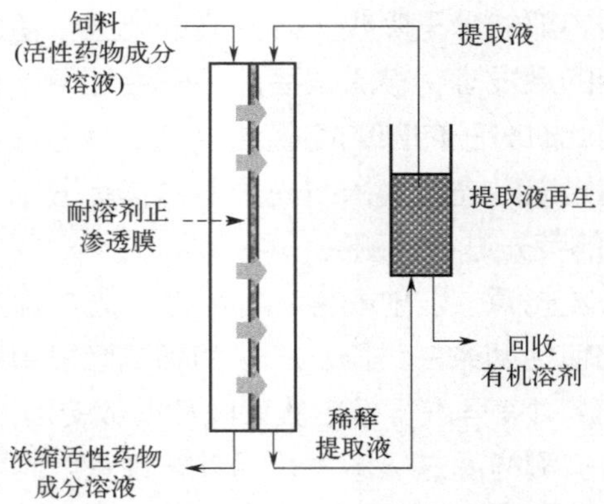

图4-6　有机溶剂回收的正渗透工艺示意图

在大多数情况下，样品需要被送到一个中心实验室进行分析，而常规检测的结果可在数小时后，有时是几天后获得。因此，流体分析系统小型化的发展是由于对低浓度和低样品量的快速、在线测量的需要，这在DNA分析、药物发现、药物筛选、医学诊断、环境分析和化学生产等领域是必不可少的。其中检测技术的基本作用在于捕捉、分析和放大微流控芯片中的一部分信号。微流控中的检测与常规实验室中的检测不同，微流控芯片的尺寸较小，其中混合、反应、分离等现象都是在微纳米尺度上发生的，因此在微流控芯片中对检测技术的要求也更为苛刻，主要表现在：

① 灵敏度和信噪比。微流控芯片在操作过程中，由于其内部微流道尺寸较小，被检测区域也十分小，所以要求检测器有很高的灵敏度和信噪比。

② 响应速度。由于微流控芯片的尺度很小，所以一般内部通道长度很短，发生在其中的混合、分离和反应等现象会在很短时间内完成，因而要求检测器有很快的响应速度。

③ 尺寸结构。检测器的尺寸要与微流控芯片适配，使得整个微流控系统更加易于集成，所以检测器应该具有特殊的结构以能够很好地与微流控芯片结合起来。

根据微流控芯片检测方式的不同可以把微流控芯片检测器分为光学检测器、电化学检测器、质谱检测器和其他检测器等。

4.3　光学检测技术

4.3.1　激光诱导荧光分析检测技术

在化学分析检测中，高灵敏度的检测方法有着重要的作用，激光诱导荧光分析检测技术的检测精度可以达到分子检测水平，其作为灵敏度最高的检测技术之一，能够在环境监测、化学分析、生物医疗等方面实现充分的应用。激光诱导荧光检测有直接检测法与间接检测法两种，直接检测法对样品有着较高的要求，样品能够被特定波长的激光激发并且产生的荧光波长能够满足检测元件的波长要求。当使用特定波长的入射光照射荧光物质时，能发出波长比紫外光或者激光长的光线，一般在可见光范围内，这种光称为荧光。被照射的荧光物质内部的分子吸收了入射光的能量，使原来处于基态的分子被激发至具有较高能量不稳定的激发态，被激发后的分子会处于不稳定状态，部分分子会发生跃迁重新回到基态，而此时分子内部的能量便以电磁辐射形式释放出去，产生发光现象。激光诱导荧光检测就是以激光作为入射光源照射样品分子，使得样品分子被激发而产生荧光，进而对发射出的荧光进行检测的一种技术。

荧光光谱仪通常由激发光源、发射器件、样品池、光学探测器件以及显示装置等组成，其中CPU主控制电路包括两条主线路：一条为探测激发单色器辐射光并对信号进行相应处理的电路，其中一路对信号进行相应放大以及模数转换处理进而反馈回主控制器，另一路用于照射样品池对被测样品进行激发；另外一条主线路为探测发射单色器辐射光并对信号进行相应处理的电路，与此同时主控制器可以独立地控制激发与发射单色器。两条主线路之间相互独立却又相互联系，实现荧光检测仪器对荧光物质的检测功能。

4.3.1.1 激光诱导检测基本光学结构

激光诱导检测可以根据激发光路与发射光路这两者之间形成的夹角被分为正交式、共聚焦式、斜入射式和透射式四种基本光学结构。其中，共聚焦式、斜入射式和正交式如图4-7所示。针对尺寸较小的微流控芯片，检测中使用最多的是斜入射式和透射式两种模式。

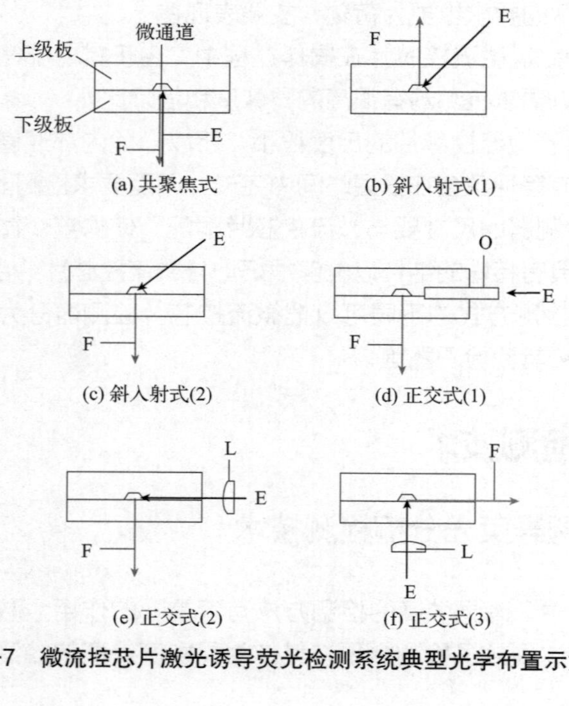

图4-7 微流控芯片激光诱导荧光检测系统典型光学布置示意图

（1）正交式结构

所谓正交式结构，是指激发光路与发射光路相互垂直。由于存在空间位阻，该结构无法使用数值孔径较大的聚焦透镜，从而在某种程度上影响了荧光信号的收集效率。这种光学结构的优点在于其结构简单，激发光在传播过程中对发射光路的影响较小，在一些对灵敏度没有很高要求的普通荧光检测装置中应用较多。

（2）共聚焦式结构

共聚焦式结构是指激发光路和发射光路两者之间成180°角，激发、发射光路共线，因此可以利用较大数值孔径的透镜，在荧光收集效率及降低背景噪声等方面达到较高水平。这种光学结构的优点在于：整个光路结构中仅包含一个光学体系；只有检测池中被激光聚焦光斑激发出的荧光信号才能被信号接收装置探测到，其他部分的荧光信号并不能传达到检测光窗附近；并且由于不像正交式结构一样需要考虑到空间位阻的因素，共聚焦结构可以使用数值孔径较大的聚焦透镜。图4-8是Weaver等提出的一种基于共聚焦结构的激光诱导荧光检测器。采用固体激光模块作为激发光源，经过激光滤光片后，激光束被分光镜反射，通过物镜聚焦到窄毛细管上，经同一物镜采集并准直发出荧光。准直后的荧光通过同一个分光镜后，经反射镜反射，经滤光膜过滤，经针孔透镜聚焦到光电倍增管上。输出信号由USB数据采集卡采集，并显示在运行LabView程序的计算机上。

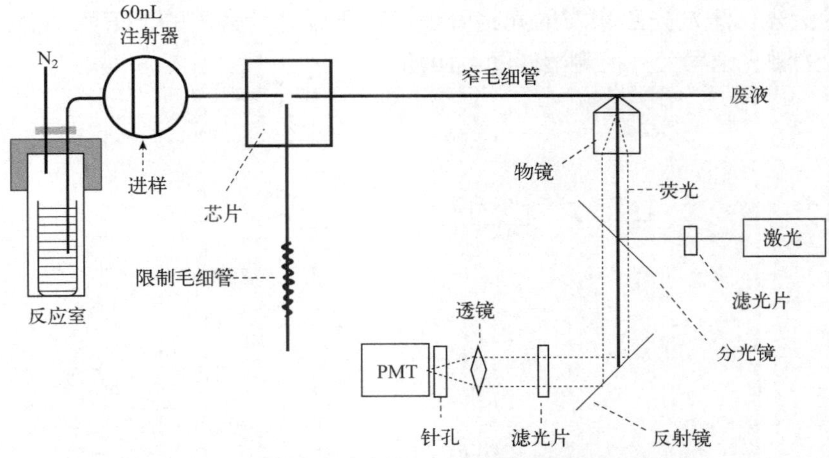

图4-8 一种基于共聚焦结构的激光诱导荧光检测器

PMT—光电倍增管

（3）斜入射式结构

斜入式结构是指当激发光源发射的入射光以45°或37°角（布鲁斯特角）入射到芯片的检测通道内，在另一条光路上与芯片平面垂直的方向上进行荧光信号的收集。斜入射式检测光路比较简单，要求控制好激光的入射角度，使激发面积足够大并尽量减小被显微物镜收集的激光光强，从而降低噪声，提高信噪比。一种基于斜入射结构的激光诱导荧光检测器如图4-9所示。

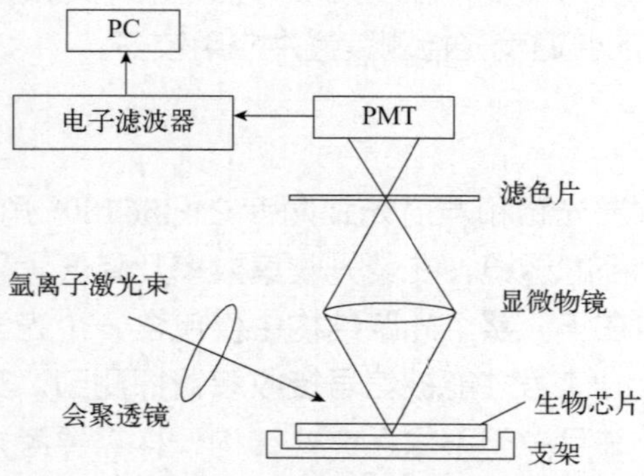

图4-9　一种基于斜入射结构的激光诱导荧光检测器

（4）透射式结构

透射式检测光路的光学结构与共聚焦反射式光路相似，但二者之间的区别就是透射式结构不需要使用分光镜来分离激发光和荧光，并且光能在传播过程中的损失较少。激发光源发出的激光通过会聚透镜从芯片的一面入射，主物镜在芯片的另一面收集检测池内激发出的荧光，激发光路和发射光路分别存在于以芯片为界的上下两个面。一种基于透射式结构的激光诱导荧光检测器如图4-10所示。

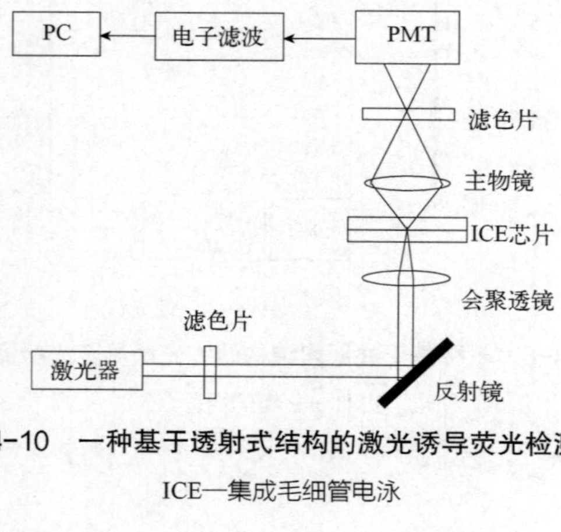

图4-10　一种基于透射式结构的激光诱导荧光检测器

ICE—集成毛细管电泳

4.3.1.2　激光诱导荧光分析检测技术影响因素

激光诱导荧光（laser-induced fluorescence, LIF）检测是灵敏度最高的检测技术之一，甚至可以达到单分子检测水平，超高的检测灵敏度使其在海洋监测、生物医疗、环境监测等方面得到了广泛应用。由于荧光检测装置能够对发射荧光的物质进行直接或间接、选择性的检测，因而该技术具有很高的选择性和稳定性，并且能有效消除基体成分的干扰，非常适合于微小区域内的样本检测，同时该检测技术也具有无接触、检测速度快、样品消耗量少等优点，特别适合现场快速实时检测。但其检测能力也会受到各种因素的影响。

（1）分子结构

荧光发射的能力及光谱发射的形状、强度等信息与分子结构息息相关，不同的分子结构产生的荧光千差万别，能够发射较强荧光的有机物一般有如下特征：

① 含有共轭双键的分子结构。很多能发射荧光的物质都具有共轭双键（π键）体系，随着共轭体系的增大，会增大离域π电子的激发能力。

② 具有较强的共轭效应。较强的共轭效应会使物质摩尔吸光系数增大，激发态粒子增多，从而有利于荧光的产生。

③ 具有刚性平面结构的分子结构。刚性平面结构有利于增强分子的稳定性，降低了物质分子与溶剂或者其他溶质分子发生碰撞产生荧光猝灭的概率。

④ 取代基为给电子取代基的分子结构。荧光物质分子中带正电的取代基团多为给电子取代基，含有这类取代基的物质分子，其环外的羟基或氨基上的n电子易吸收能量激发至环上而变成激发态。

（2）入射光

在荧光检测系统中所使用的入射光强度越强，其所携带的能量越大，能被激发的粒子数目也越多，激发后发射的荧光强度也越强。在实际实验中，往往通过调节光谱仪的入射狭缝和出射狭缝来控制进入样品室的入射光强度。

（3）溶剂的影响

对于同一溶质，选择不同的溶剂溶解后的溶液进行荧光测试所得到的荧光强度也不尽相同，主要表现在荧光峰的强度和位置不同，部分溶剂会使被测物质的荧光峰发生偏移。

（4）溶液的pH值

荧光强度也会受到溶液酸碱性的显著影响，这是因为大多数具有荧光特性的芳香烃化合物是由不同酸性基团和碱性基团构成的。当溶液的pH值变化时，酸性溶液会改变碱性基团的组成结构，同样碱性溶液也会改变酸性基团的组成结构，从而导致同一荧光物质在酸性和碱性溶液中具有不同的荧光量子产率和荧光寿命，在光谱中的位置、形状以及强度上也存在相应的不同。

（5）温度

荧光物质的荧光强度对实验温度的变化十分敏感。根据分子动理论可知，随着温度的不断升高，分子之间发生相互碰撞的频率升高，发生荧光猝灭的概率增大，这大大降低了荧光的强度。现有的研究表明，荧光分子的荧光效率和荧光强度会随温度的升高而降低，所以在进行常规荧光检测时，采用恒温荧光光谱检测，这样待测荧光物质的荧光量子产率处于稳定状态，保证了检测的灵敏度。

4.3.1.3 激光诱导荧光检测与微流控技术的联用

自1977年激光检测技术首次被引入微柱液相色谱用于维生素B的检测以来，激光作为一种新型光源在流动分析系统的潜在优势就得到了人们的广泛关注。1985年，Qusman等成功地将其应用到毛细管区带电泳后，在生命科学技术的推动下，激光检测技术得到了快速的发展。目前，在商品化微流控芯片分析系统中，激光诱导荧光检测是被广泛采用的检测技术。陈慧清等采用光纤和光子计数器自行组装了一套结构简单、紧凑的微流控芯片激光诱导荧光光纤检测系统，成功实现了对罗丹明B的激光诱导荧光检测，如图4-11所示是整个检测系统图。

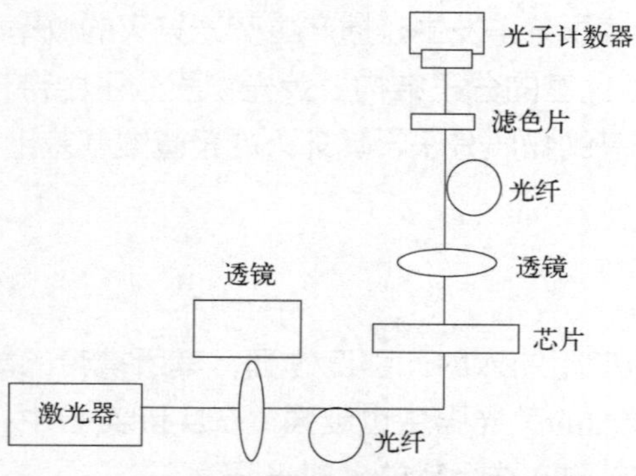

图4-11 微流控芯片激光诱导荧光检测系统

图4-12是使用PDMS制作的微流控芯片。实验中，首先在芯片的A、B两池间施加缓冲电压，让缓冲液充满AB之间的管道；然后断开AB间的电压，在C、D两池间施加进样电压，让检测样品（荧光物质）流入CD通道；然后断开CD间的电压，在A、B两池间施加高压，使得处于AB和CD交叉处的样品在电场作用下流向B池，当样品流经检测点时就有荧光峰值信号出现。

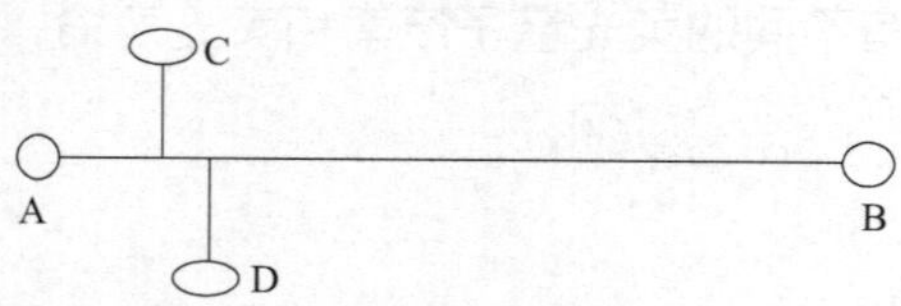

图4-12 使用PDMS制作的微流控芯片

A—缓冲液池；B—分离废液池；C—样品池；D—废液池

如此重复地控制进样电压和缓冲电压，可以连续得到3次激光诱导荧光的检测结果，如图4-13所示。实验结果表明该检测系统荧光峰值明显，重复性好。孙悦等提出了一种微流控芯片毛细管柱后扩散衍生激光诱导荧光检测氨基酸的方法。图4-14是其所设计的微流控芯片通道结构示意图，利用微流控芯片的二维平面结构特征，在分离通道末端增加支通道，通过扩散法引入柱后衍生试剂，避免了电压引入法对分离通道流型的影响，大大提高了分离效率。

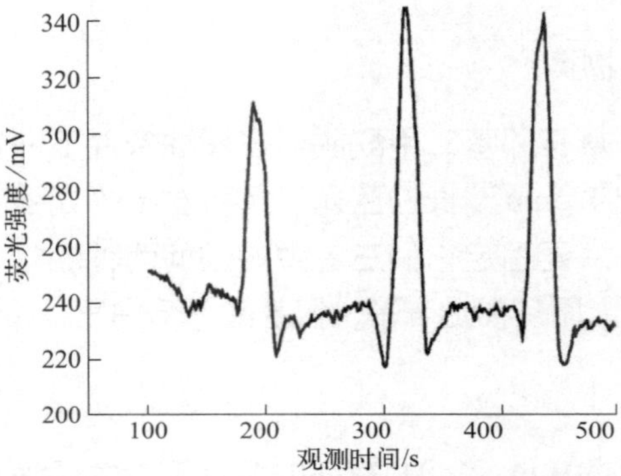

图4-13 罗丹明B（5×10^{-6}mol/L）激光诱导荧光的重复性测试结果

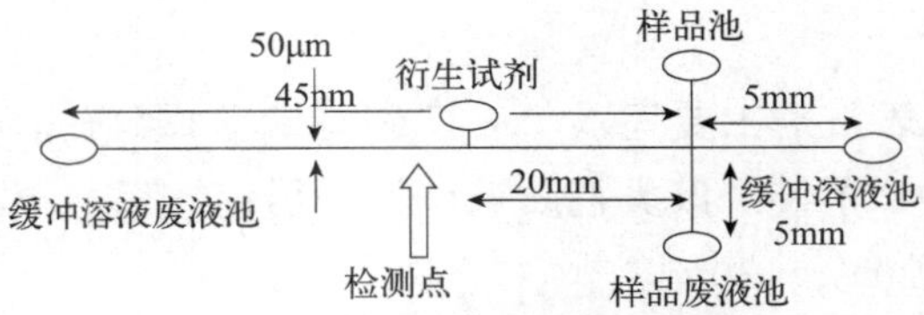

图4-14 微流控芯片通道结构示意图

4.3.2 化学发光检测技术

所谓化学发光（chemiluminescence，CL）是指反应体系中的某些物质分子，如反应物、中间体或荧光物质在进行化学反应时，吸收了化学反应中所产生的化学能，而使反应产物分子激发至激发态，处在激发态的分子不稳定会以光辐射的形式返回基态，这一发光过程便被称为化学发光。化学发光分析方法主要是依据化学发光检测体系中待测物浓度与体系的化学发光强度在一定条件下呈线性定量关系的原理，利用仪器对体系化学发光强度进行检测，从而确定待测物含量的一种痕量分析方法。由于是依靠自身的化学反应产生光信号，无需外加光源，因此化学发光检测系统不存在荧光分析中因瑞利散射和拉曼散射及溶剂中荧光杂质而产生的背景噪声，具有很高的信噪比，可与激光诱导荧光检测相媲美。由于无需激发光源，化学发光检测仪器设备一般很简单，易于微型化和集成化，它与流动注射以及高分离效率的芯片毛细管电泳或电色谱相结合，是构建便携式微全分析系统理想的组合方式。30多年来，化学发光法在分析化学领域已经确立了突出的地位，已成为分析化学，特别是生命分析化学中的一类重要的检测手段。

4.3.2.1 常用化学发光体系

化学发光试剂及其发光体系是化学发光技术应用的前提，目前应用最为广泛的化学发光体系主要有鲁米诺、过氧化草酸酯、钌配合物及高锰酸钾等，其检测的对象包括金属离子、氨基酸及其衍生物、蛋白质、糖类化合物和药物等多种物质。

（1）鲁米诺及其衍生物类

鲁米诺，化学名为3-氨基邻苯二甲酰肼。在碱性条件下并有催化剂存在时，鲁米诺与氧化剂发生反应会发出425nm波长的蓝光，且所发出的光强度正比于鲁米诺、催化剂和氧化剂的浓度。因此，只要固定它们三者中的任何两种的物质的量，第三种均可以被定量。该体系被广泛用于金属及稀土离子、氨基酸、蛋白质、抗体和抗原等物质的测定。

（2）吖啶酯类

吖啶酯类化合物只要在H_2O_2和OH^-存在的条件下就能迅速产生化学发光，且有很高的发光效率。光泽精（*N*,*N*-二甲基-9,9′-二吖啶二硝酸盐）是吖啶酯类发光试剂中应用最广泛的一种。

（3）过氧化草酸酯

该类发光体系的代表试剂主要有双(2,4-二硝基苯基)草酰酯（DNPO）和双(2,4,6-三氯苯基)草酰酯（TCPO）两种。该类物质被认为是目前效率最高的非酶催化的发光反应类试剂，量子产率可达20%～30%。

（4）高锰酸钾等强氧化剂类

高锰酸钾化学发光的机理目前还没一个明确的说法，一般认为是高锰酸钾与还原性物质发生氧化还原反应，产生激发态的中间体，而激发态返回基态时发出光。另外激发态分子能量也可以转移给其他荧光物质，使其发出荧光，再对该荧光物质进行定量测定。

（5）联吡啶钌类

联吡啶钌类配合物是一种常用的电致化学发光试剂，联吡啶钌类的化学发光体系稳定，具有发光量子产率高、反应过程无气体产生等优点。化学发光分析无需外部光源和单色器，背景干扰低，信噪比高，具有极高的灵敏度。另外，化学发光分析的仪器设备简单、造价低廉、操作方便、易于实现自动化。虽然化学发光分析存在特异性差、样品需前期处理等局限，但可通过与其他技术联用得以克服。尤其分子印迹技术、生物芯片和微流控技术以及纳米材料的引入显著提高了化学发光分析的特异性和灵敏度，简化了分析流程，节省了分析时间，促进了化学发光在临床检验、药物分析和环境监测等领域的应用。

4.3.2.2　化学发光检测器

微流控化学发光分析中化学发光检测器是采集信号的关键。目前在微流控化学发光分析中常用的检测器主要有光电倍增管（PMT）和电荷耦合器件（CCD）。另外，一些能集成至芯片的检测器也有报道，如光敏胶片、互补金属氧化物半导体（CMOS）阵列、薄膜晶体管光敏器件、薄膜有机光电二极管、硅光电探测器等。光电倍增管检测器具有很高的灵敏度，非常适合单通道的信号检测。CCD检测器则是一种二维的检测器，虽然灵敏度不如PMT检测器，但是由于其二维特性决定了它是一种非常好的多通道检测器，因而在需要多通道检测或多点检测时CCD检测器是更优的选择。如在使用微阵列的微流控芯片中，都采用CCD作为检测器。对于多通道的检测还可以使用光敏胶片集成在芯片上，测试完成后再取下分析数据。

4.3.2.3　化学发光检测技术的联用

（1）化学发光与流动注射技术的联用

化学发光与流动注射技术的结合能使化学发光检测实现管道化、连续化，促进化学发光检测法的自动化，提高在线检测的能力，具有速度快、精度高、相对标准偏差小、操作简便等优点。

Huang等采用特殊设计的带有进样接口和化学发光池的“H”型通道电泳芯片，结合流动注射，对金属离子进行了分离和检测，如图4-15所示。以落滴-分流的方式实现样品的连续引入，并保证了流动注射系统与电泳高电压相隔离。化学发光试剂（鲁米诺-过氧化氢）由检测池的底部推入，与分离通道中迁移过来的金属离子相遇，发生化学发光反应，反应发出的光由光纤收集并传递给光电倍增管。

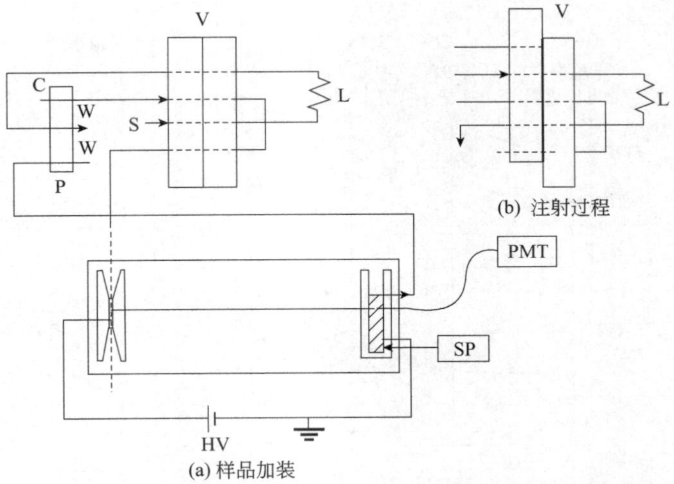

图4-15　带有进样接口和化学发光池的“H”型通道电泳芯片

S—样品；C—传输；W—废液；P—蠕动泵；V—八通阀；L—进样环管；HV—高压电源

为了提高检测吞吐量和检测效率，近年来许多有关多通道阵列化学发光检测技术的方案被提出。Yacoub-George等人提出了一种改进型的生物化合物便携式检测仪——化学发光多通道免疫传感器（CL-MADAG）。该装置以毛细管酶联免疫吸附试验（ELISA）为基础，结合微型化流体学体系，以化学发光为检测原理，允许在3个熔融石英毛细管（FSC）内同时进行3种化学发光免疫分析。此外，还有学者以葡萄球菌肠毒素B（SEB）为模型毒素，细菌噬菌体病毒M13为病毒模拟物，大肠埃希菌致病株为细菌模拟物，进行了一系列实验。实验装置主要由16个夹点电磁阀、5个流体分布器、小型化蠕动泵和3个通道检测器单元组成。CL-MADAG工作溶液流动分析示意图见图4-16。采用钢制毛细血管和硅胶管相结合的方式，将探测器单元与执行器部件相连接。Pires等将由聚甲基丙烯酸甲酯（PMMA）制成的多通路微流控生物传感器集成到有机共混异质结光电二极管（OPD）阵列中，使其用于病原菌的化学发光检测（图4-17）。证实了该集成生物传感器检测实际水样中细菌的潜力。综上所述，在进样情况一定的条件下，如果想要尽可能提升化学发光与微流动注射联用。技术的检测灵敏度，必须满足以下三点：

① 所采用的化学发光反应必须属于快速动力学反应。在微流控芯片中进行化学反应，与常规的流动注射能够采用较长的液流管路不同，因受芯片面积大小的限制，微通道长度一般不会太长。在有限长度的管路内，待测组分无论是作为直接参与发光反应的试剂，还是作为催化剂或者敏化剂，都要保证其与发光试剂的反应能在极短的时间内完成，释放出尽可能多的光信号。否则，二者可能还没来得及发生反应就已经进入废液池了，因此动力学较慢的化学反应不宜用于微芯片上的流动注射和化学发光检测联用系统。

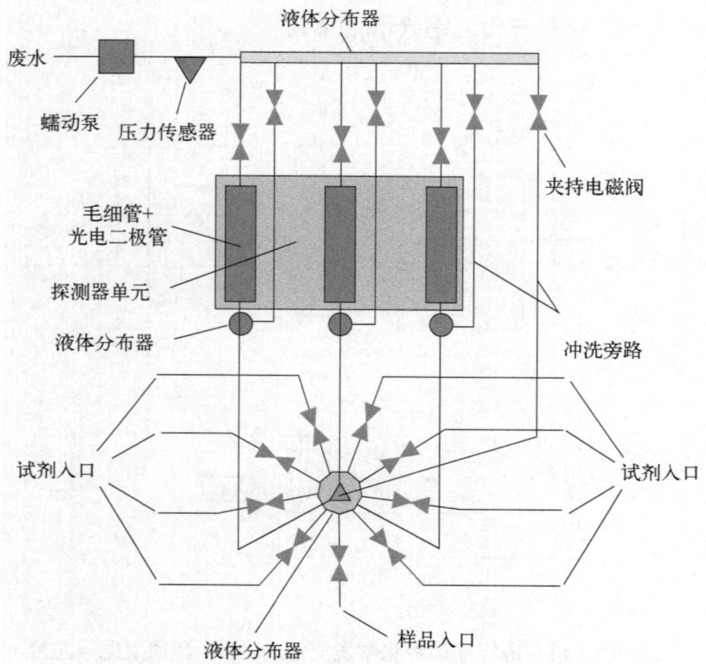

图4-16　CL-MADAG工作溶液流动分析示意图

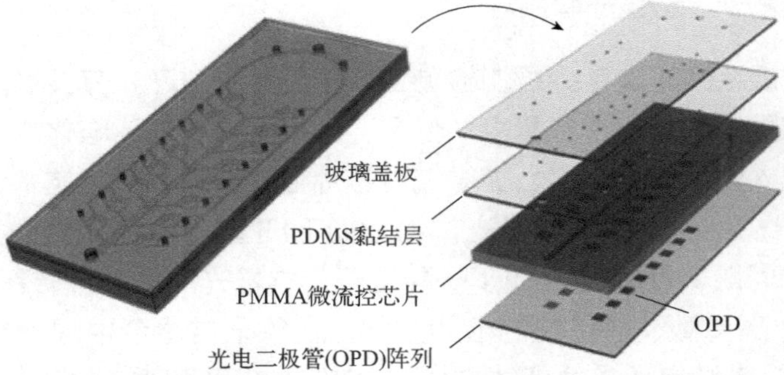

(a) 将OPD阵列集成到PMMA和PDMS组成的混合微流控芯片上的多重光学-生物传感器

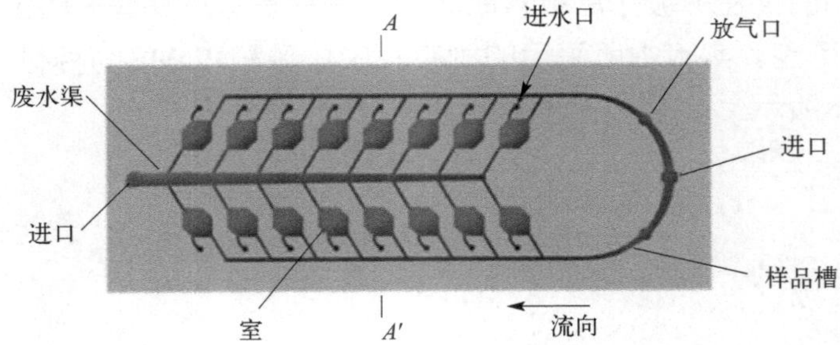

(b) PMMA微流控基底的顶视图

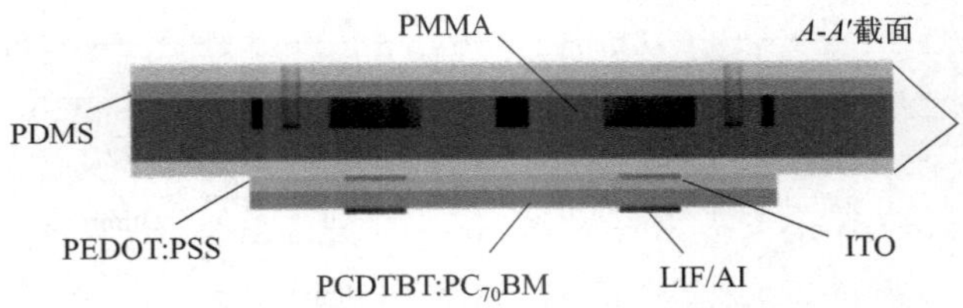

(c) 集成装置的截面视图

图4-17　多重光学-生物传感器及其视图

PMMA—聚甲基丙烯酸甲酯；PDMS—聚二甲基硅氧烷；ITO—氧化铟锡；LIF/AI—激光诱导荧光检测装置；PCDTBT:$PC_{70}BM$—聚［*N*-9′-十七烷基-2,7-咔唑-交替-5,5-(4′,7′-二-2-噻吩基-2′,1′,3′-苯并噻二唑)］与[6,6]-苯基C_{71}丁酸甲酯混合材料，PCDTBT作为给体材料，$PC_{70}BM$作为受体材料；PEDOT:PSS—聚(3,4-乙烯二氧噻吩)-聚(苯乙烯磺酸盐)

② 检测区域尽可能大，使发生化学发光所用的时间段与参加该反应的混合溶液流经检测区域的时间段相重合。

为了获得尽可能多的光信号，应使得发光反应动力学曲线的最高点所对应的时刻落在待测组分与发光试剂的混合溶液流经检测区域的时间范围内。为了精确地控制液流在微通道内的时间，通常采取微泵传输试剂的办法，精确控制各个试剂的流速来达到目的。

③ 提高溶液的混合效率。待测组分与发光试剂的混合效果好坏对发光反应发射的光强度有着重要的影响，如前文所述，微米级通道的层流运动使得发光反应的强度明显降低。如果二者能够在检测区域充分混合，则会大大提高化学发光检测的灵敏度。

（2）化学发光与微芯片电泳的联用

化学发光作为常规毛细管电泳分析的检测工具已经比较成熟，其灵敏度通常比芯片电泳化学发光检测的灵敏度高一个数量级。但是，常规毛细管电泳与化学发光检测器的接口较为复杂，易引入较大的死体积。在微流控芯片上，通过微加工技术，可以制作零死体积的柱后反应器，从而避免化学发光作为常规毛细管电泳柱后检测器所具有的接口复杂和死体积大的问题。Zhao等描述了一种基于化学发光共振能量转移（CRET）的微芯片电泳（MCE）高灵敏、普适性的检测方案。在鲁米诺体系中观察到了一个有效的鲁米诺供体和CdTe量子点（QD）受体之间的CRET。而且研究发现，CRET在生物感兴趣的某些有机物的存在下被非常敏感地抑制，这些使得开发基于CRET检测的敏感MCE检测方法成为可能。实验中所采用的微芯片由玻璃和PDMS两种材料组成，具体尺寸和布局如图4-18所示。

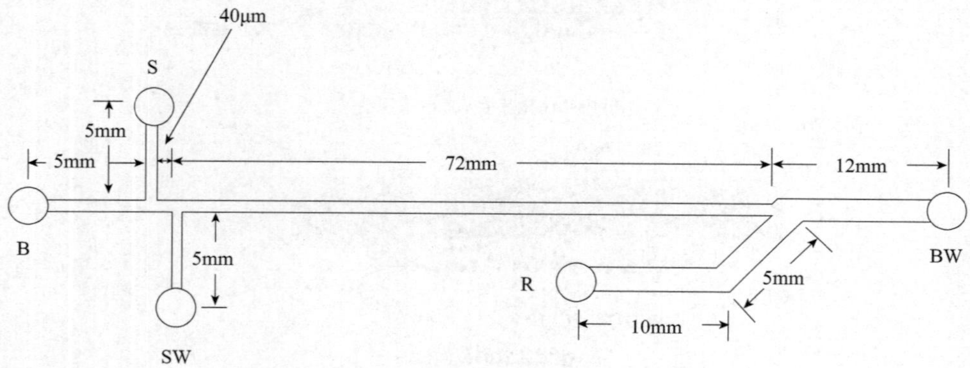

图4-18　玻璃-PDMS微芯片的尺寸和布局

S—样品池；B—缓冲池；SW—样品废料池；BW—缓冲废液池；R—氧化剂试剂库

钟洁等利用微芯片电泳-化学发光检测（MCE-CL）平台，以辣根过氧化物酶（HRP）标记的DNA（HRP-DNA）作为信号探针，利用HRP催化鲁米诺和双氧水的化学发光反应及目标分子与DNA的杂交反应，结合T7Exo酶辅助信号放大，建立了一种MCE分离辅助双循环化学发光信号放大的新方法。微流控芯片为玻璃/玻璃双T型化学发光检测芯片，其结构如图4-19所示。

4.3.2.4　微流控-化学发光分析

微流控-化学发光分析是一种结合微流控技术和化学发光分析的检测方法。将两者结合起来，可以实现将微流控芯片与化学发光检测系统相结合，得到小型化、便携化的检测平台；通过微流控芯片上的操控，精确控制反应环境、样品流速、注入顺序等，实现自动化分析和多重检测；微流控芯片的微量操作可以显著降低试剂消耗，同时加快扩散和缩短反应时间，提升检测效率。

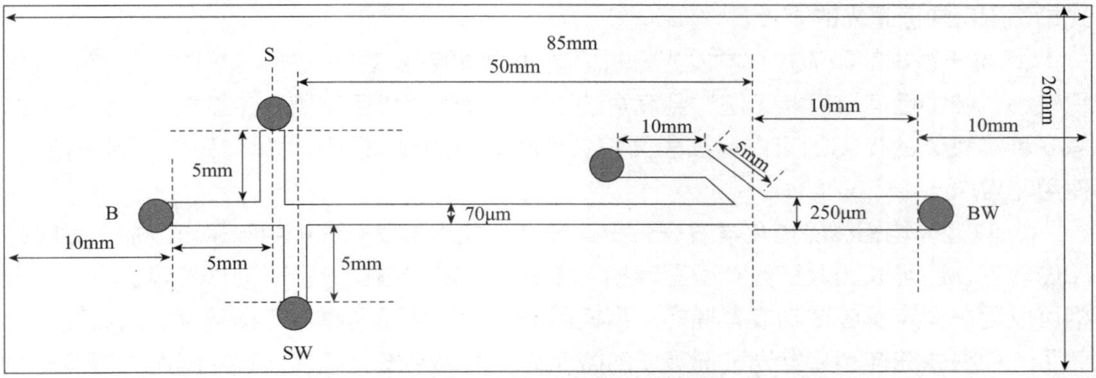

图 4-19 玻璃/玻璃双T型化学发光检测芯片的结构示意图

S—样品池；B—缓冲池；SW—样品废料池；BW—缓冲废液池

（1）均相微流控-化学发光分析

① 芯片电泳-化学发光（MCE-CL）分析。芯片电泳（MCE）的分离原理同毛细管电泳类似。芯片电泳以电渗流作为流体驱动力，一般采用十字通道来进样和分离，同时芯片上带有多个储液池，使用时还需要高压电源提供动力。MCE-CL分析系统可应用于生物分子检测、免疫分析、单细胞成分分析、金属离子检测、抗氧化剂检测、药物分析等方面。

② 基于流动注射的微流控-化学发光分析。流动注射分析作为一种自动采样及样品前处理的技术已经得到广泛应用。基于流动注射分析技术发展的微流控芯片分析，可以称为微流动注射芯片分析。此类芯片可用于离子检测、环境分析、药物分析以及葡萄糖和氨基酸等的检测。在简单的流通式微流动注射芯片上还可以集成控制流体的微阀、微反应器以及加入固定相，集成的这些新单元可以拓展微流动注射芯片的使用范围。从目前的发展来看，微流动注射技术也是微流控芯片的一个组成部分，它与其他技术一起组成一个功能复杂且自动化的芯片实验室。

（2）非均相微流控-化学发光分析

非均相微流控化学发光分析一般有两种形式：一种是基于微流控芯片通道内部的，具体方式可以是直接在通道内部进行化学修饰，或者是在微流控芯片制作时将生物芯片（微阵列）引入其通道底部；另一种是在芯片内引入其他物质作为载体，此类物质一般安置在芯片上特别设计的反应池内，具体有微珠（玻璃珠、磁珠或高分子小球）、分子印迹材料、离子交换树脂等各类材料，其中磁珠由于其特有的磁性，可以通过磁场来控制，安置位置更具灵活性。

① 基于通道内部修饰的微流控化学发光分析。Bhattacharyya等设计了一种直接在芯片通道底部进行化学修饰的多通道微流控芯片，用于疾病的生物标识物的检测，由于芯片是多通道设计，因此可以同时在不同通道中进行多个样品的运行和检测。研究者使用了两种检测方法检测信号，一种方式是使用可检测化学发光信号的成像仪，另外一种方

式是使用可快速曝光的胶片。

② 基于微珠的微流控化学发光分析。普通的微流控芯片在进行分析时，通道的表面积较小，修饰后信号可能无法达到满意的程度。微珠（包括玻璃珠、磁珠、高分子小球等多种类型）的使用则可以增加表面积。而微珠中的磁珠更因为具有磁性，易于控制，使用非常广泛。

③ 其他非均相微流控化学发光分析。在微流控化学发光分析中除了可以加入微阵列和磁珠外，还可以加入其他类型固定相，如离子交换树脂、分子印迹材料等。加入固定相可以用来固定反应试剂或者捕捉、富集目标分子，从而提高检测灵敏度。刘海生等设计了一种将微注样阀和发光试剂集成的微流动注射化学发光芯片。芯片制作时留有一个树脂池，填充阴离子树脂，阴离子树脂上固定鲁米诺和$K_3Fe(CN)_6$，这样就将化学发光试剂集成到芯片中。该芯片结合酶促反应成功地用于人体血清中葡萄糖的测定。Wisanu等设计了一个基于分子印迹的微流控芯片用于检测蜂蜜中的氯霉素，其核心部分为微流控芯片上储存分子印迹材料的反应池。待测物以及化学发光试剂等通过注射泵输入芯片上的微通道，进而在反应池内发生反应，最后使用光电倍增管检测反应池内化学发光的强度。使用此方法检测氯霉素可以达到较高的灵敏度。

4.3.3 紫外吸收光度检测技术

利用紫外-可见分光光度法对分析物进行片上检测和测量已被发现是具有挑战性的，特别是在小型化系统中可用的小样本路径长度、光进出器件的耦合以及与当前芯片制造程序的集成方面。紫外吸收光度检测是以紫外-可见光区域（通常200 ～ 800nm）电磁波连续光谱作为光源照射样品，研究物质分子对光吸收的相对强度的方法。物质中的分子或基团，吸收了入射的紫外-可见光能量，电子间能级跃迁产生特征性的紫外-可见光谱，可用于确定化合物的结构和表征化合物的性质。紫外-可见吸收光谱在化学、材料、生物、医学、食品、环境等领域都有广泛的应用。其基本原理是物质的吸收光谱本质上就是物质中的分子、原子等，吸收了入射光中某些特定波长的光能量，并相应地发生跃迁吸收的结果。紫外-可见吸收光谱就是物质中的分子或基团，吸收了入射的紫外-可见光能量，产生了具有特征性的带状光谱。紫外吸收光度检测技术与激光诱导荧光检测相比更加便捷、简单易行，这是因为激光诱导荧光检测器所测样品大部分需要在实验前进行荧光衍生处理，而紫外吸收光度检测对占待测物质总量80%的物质都有吸收响应，因此紫外吸收光度检测已经成为目前最具通用性的检测方法之一。但是在进行微流控检测实验时，由于玻璃对紫外光存在吸收作用，因此，可采用紫外检测的芯片系统较少，多采用石英基质的微芯片。芯片的制作成本和加工难度均较高，从而制约了实用化的紫外检测方法在微流控分析领域的推广，而且芯片上光度检测系统的加工难度也较大。

紫外吸收光度分析仪就是基于紫外吸收光度检测的原理制造而成的，紫外吸收光度分析仪是利用测量介质对紫外光的吸收与其浓度成线性关系的原理实现定量测量，光源发出全波长光束，经聚光器会聚后进入入射光纤，并由该光纤导入测量探头内，经气体吸收后的光束沿反射光纤进入散光器，发散光束由分光栅分成按波长排列的光谱，再由二极管阵列检测器检测出光谱中不同波长的强度并转换成电信号，送数据处理单元进行处理，计算出不同组分的浓度数值，具体工作原理见图4-20。

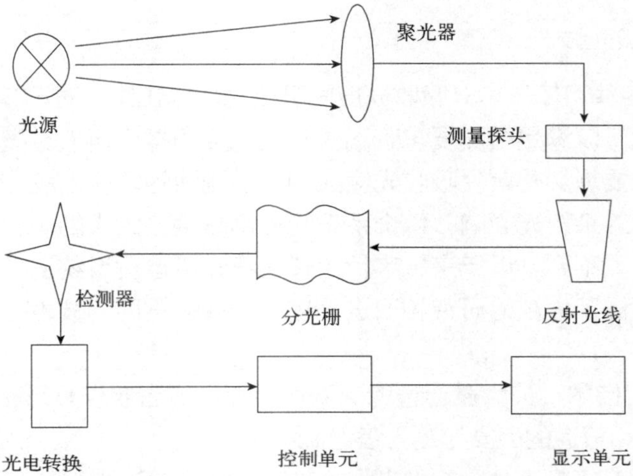

图4-20　紫外吸收光度分析仪工作原理

微流控芯片与紫外吸收光度的联用发展，主要研究集中在芯片材料的优化和吸收光程的增大上。

（1）芯片材料的优化

常用的玻璃、塑料等芯片材料对深紫外光都存在较大的吸收现象，不适用于紫外吸收光度的检测。紫外检测芯片材质大多使用石英玻璃和PDMS等紫外吸收较小的材料，但前者制作成本高，后者有易变形、必须进行表面处理等问题，从而大大制约了实用化的紫外检测方法在微流控分析领域的推广应用。因此，很多研究者致力于在玻璃材质的微流控芯片上进行紫外光度检测的研究。刘军等提出了一种可用于玻璃基质的微流控芯片毛细管电泳鞘流型紫外光度检测系统，整个装置如图4-21所示。该检测系统采用普通

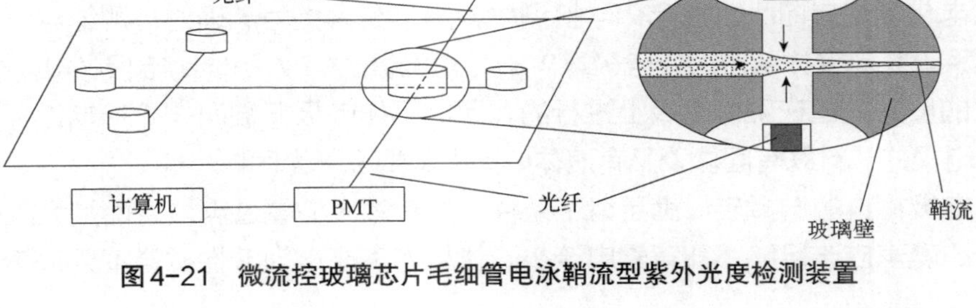

图4-21　微流控玻璃芯片毛细管电泳鞘流型紫外光度检测装置

的玻璃芯片，利用微通道的透光特性和玻璃壁对紫外光的吸收以起到光学狭缝的效果。整个芯片采用十字构型，第一个十字部分用于夹流进样，第二个十字部分利用液压形成鞘流，以分离通道两侧的微通道为导光通道，采用单光路系统检测，利用一侧的光纤将入射光引入，在经过样品溶液的吸收之后，经另一侧光纤导出后引入光电倍增管进行检测，并将检测信号传输至计算机处理并输出。

（2）吸收光程的增大

由朗伯-比尔定律可知，紫外吸收光度同吸收光程成正比，对于较高浓度的样品使用普通尺寸的芯片就可以满足检测要求，而对于低浓度的样品溶液，微流控芯片的微通道多在微米级尺度，要想实现紫外吸收光度检测，检测池的吸收光程和光通量均受到很大限制，再加上较大的杂散光影响，整个系统的检测限度会大大缩小，导致对低浓度的溶液检测不准确或检测不到。近年来，芯片上长光程光度检测系统的研究被提上日程，许多研究者在此方面做了大量的研究和改进，提出了许多不同的技术路线，可将其大致分为3类：

① 使用微加工技术，扩大微通道的深度和宽度，或者制作U形和Z形结构的检测通道，增加吸收光程，报道的最高检测光程为120μm。

② 制作三层夹心结构芯片，检测光程（720μm）等于夹层芯片的厚度。

③ 采用镜面反射及平面波导技术，在芯片通道内加工或集成多重平面反射结构作为吸收池，检测光程可由272μm扩展到毫米（mm）级。

4.4 电化学检测技术

电化学检测的主要优势是灵敏度高、选择性好、体积小、装置简单、成本低廉等，包括安培法、电导法和电势法等。电化学检测器需要被检测物质具有电化学活性，重现性较差。电化学检测是一种基于物质的电化学性质并利用电化学的基本原理和实验手段来确定目标分析物种类和含量的分析方法。电解质溶液（含待测物）是电化学分析的对象。电化学传感器即电极，可分为两电极、三电极和四电极体系。电极可通过电路连接到探测器。在检测期间，电流通过与电极连接的外部电路从一个电极流向另一个电极，与此同时，电化学反应在电极-溶液界面发生。随着反应的进行，电解质中的正离子和负离子沿电场方向移动，因此电荷可以在电解质溶液和电极界面之间转移。而电解质溶液中含有的目标待测物扩散到电极界面上，并可在特定电压的作用下发生氧化还原反应。目标物在氧化还原过程中电子的转移传递可以被探测器捕捉并记录，得到带有目标物特征信息的电化学响应曲线。在电化学检测中，为了获得更为准确的检测结果，常常采用三电极体系。三电极体系由工作电极（WE）、对电极（CE）和参比电极（RE）构成。我们所研究的反应都是在工作电极上进行的，因此工作电极又被叫作研究电极。一般情况下，工作电极的材料既有固体，又有液体，大多数情况下为固体。

工作电极材料的选择应该满足以下条件：具有较高的氢过电位从而扩大工作电压范围，电极的噪声应该足够小即背景电流小，材料本身应该为惰性材料不易被腐蚀，此外还应该考虑材料本身的成本等。综合以上条件，碳电极成为比较理想的工作电极材料，也最为常用，一方面是碳化学性质十分稳定，另一方面是碳的价格低廉，适宜大规模生产。对电极也常被叫作辅助电极。对电极和工作电极之间形成一个完整的回路，从而保证电流的正常流动。三电极体系在电解质溶液中的反应，归根到底是工作电极和对电极上发生的氧化还原反应。这两个电极之间的反应互为逆反应，相互配合，从而使得整个体系处于动态平衡之中，参与反应的电解液的成分保持不变。一般情况下，对电极材料常选用铂或者碳。

在设计过程中，通常对电极的面积要大，从而保证较小的电流密度，减少对电极的极化。当工作电极和对电极组成的回路中的电流变化时，对电极的电位也会改变，如果回路中的电流较大，对电极则将发生较大的极化现象，极化电流的出现使得测量结果出现误差。为了稳定电极的电位，引入了参比电极，从而构成我们所说的三电极体系。所以说，参比电极的引入是为了减小极化电流带来的电位误差从而提高系统的测量精度。三电极体系电化学检测原理如图4-22所示。三电极体系运用在电化学测量反应中，一方面可以使工作电极上通过测量电流，另一方面实现了电极电势的控制。为了获得较高的测量精度，在电化学测量中大多数采用三电极体系进行。

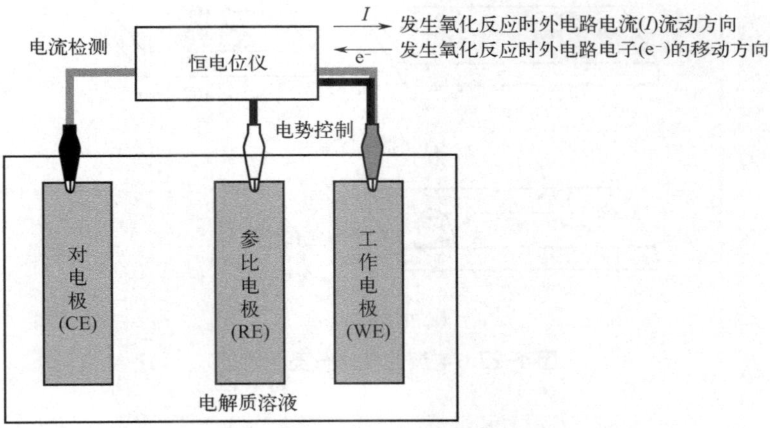

图4-22　三电极体系电化学检测原理示意图

4.4.1　单种类电化学检测技术

单种类电化学检测技术是指利用电化学原理，检测一种特定物质的分析方法。这种技术是通过测量特定物质在电化学反应过程中的电化学信号，来确定该物质的浓度或其他性质，常见的检测方法包括电流检测和电导检测。

4.4.1.1　电流检测

电流检测通常是通过记录被测物质在工作电极上发生氧化还原反应时所产生的电流

信号的大小来实现对待测物质检测的一种方法，其原理是在工作电极上施加一个恒定的电极电位以引起待测物质在工作电极上发生氧化还原反应，同时输出在氧化还原过程中产生的电流，其输出的电流与待测物质的浓度成正比。该方法具有灵敏度高、选择性好、装置简单、可以达到较低的检测极限等优点。按照检测器放置位置的不同，电流检测法可作如下分类，如图4-23所示。

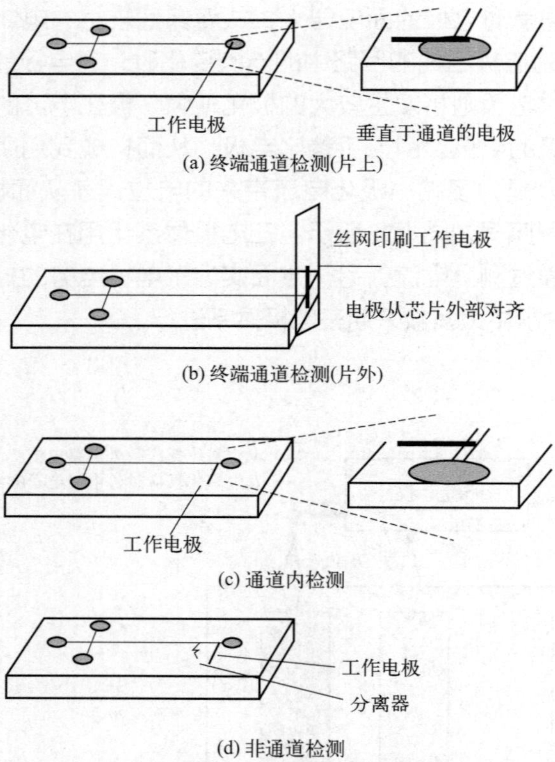

图4-23 电流检测法分类示意图

（1）柱端电流检测

Mathies等提出了利用鞘流减小毛细管电泳柱端检测峰展宽的方法（见图4-24），可以实现在通道出口250μm处对分析物的检测。这种方法由于使用了鞘流技术因而可以采用更粗的分离通道和更高的分离电压，同时减小电流的波动对检测结果的影响。实验者利用这种芯片对儿茶酚进行了检测，检测限可达4.1μmol/L，通道出口的流速可达50μm/s。

（2）柱内电流检测

Wu等采用柱内阵列四电极检测牛胚胎发育过程中氧的消耗量，芯片示意图见图4-25与图4-26，在该系统中，一个牛胚胎可以沿着芯片内的凹槽依次通过四个检测电极，以此在线检测胚胎的耗氧量。

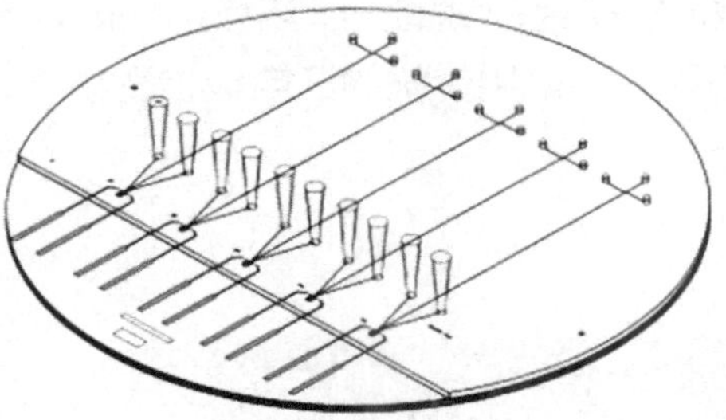

(a) 芯片示意图

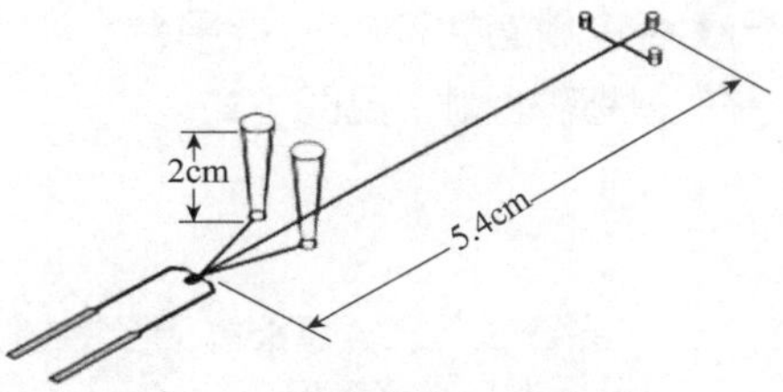

(b) 单个通道示意图

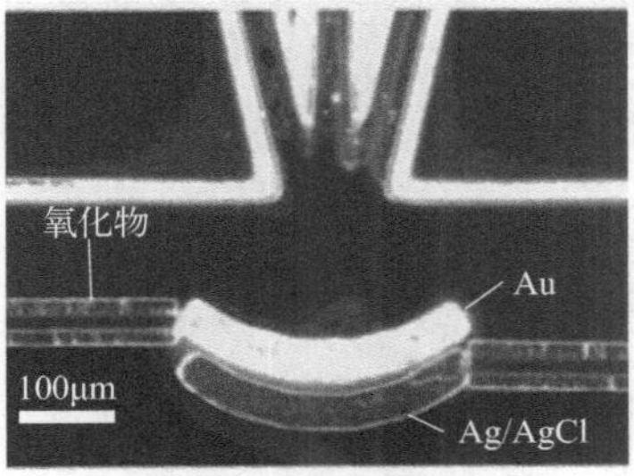

(c) 检测区域电极示意图

(d) 分离通道和鞘流通道在注入凝胶后的显微镜照片

图4-24　鞘流柱端电流检测的芯片示意图

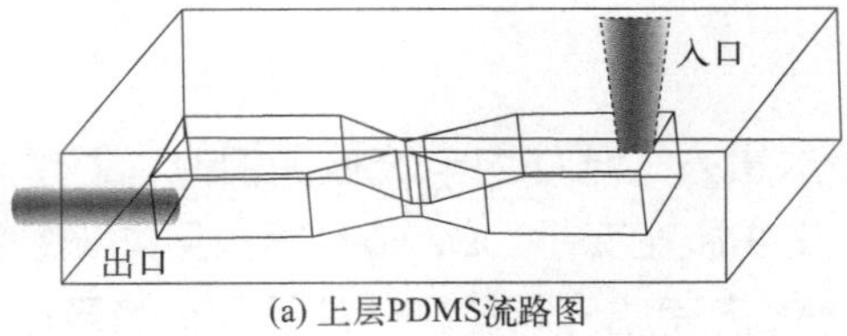

(a) 上层PDMS流路图

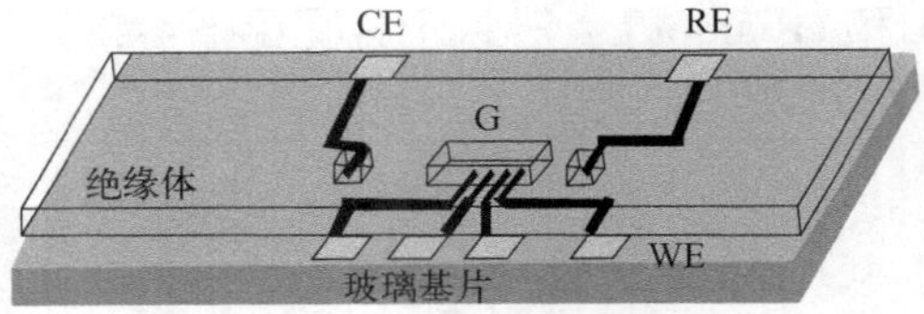

(b) 玻璃基片电极示意图

图4-25　阵列四电极检测芯片示意图

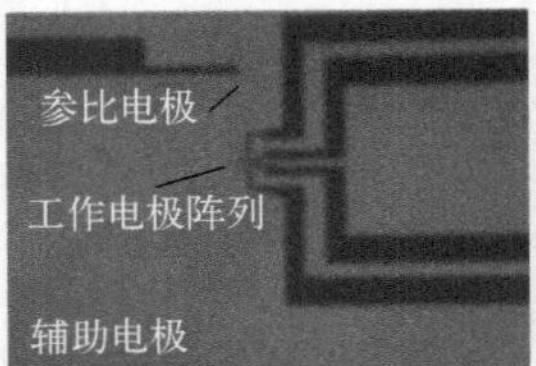

(a) 电极实物图

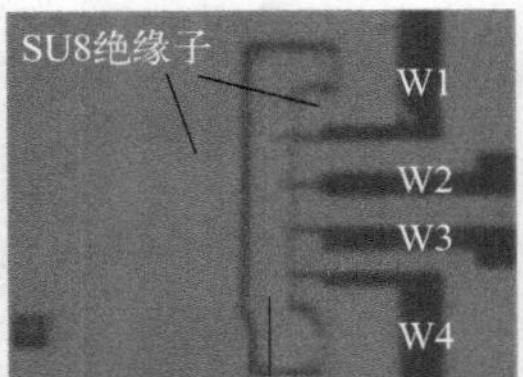

(b) 检测电极实物放大图

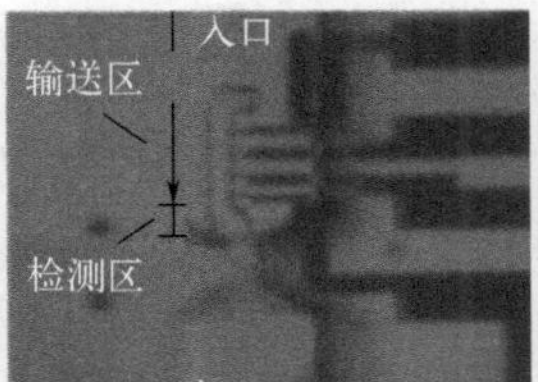

(c) 检测部位整体实物图

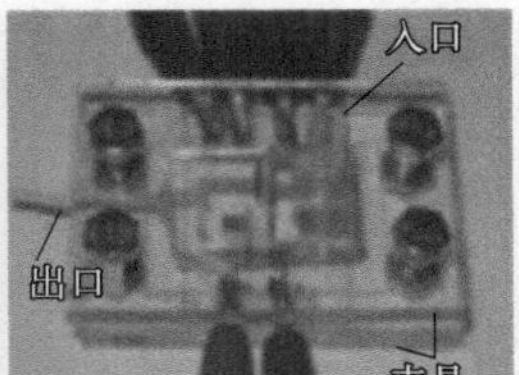

(d) 系统整体实物图

图4-26　阵列四电极检测芯片示意图

在芯片上对分散体系进行研究一直是微流控研究领域的一个热点。Lindsay等建立了一个基于液滴检测的微流控分析平台。在该平台上采用传统的三电极检测模式，对流经液滴进行在线快速检测，见图4-27。

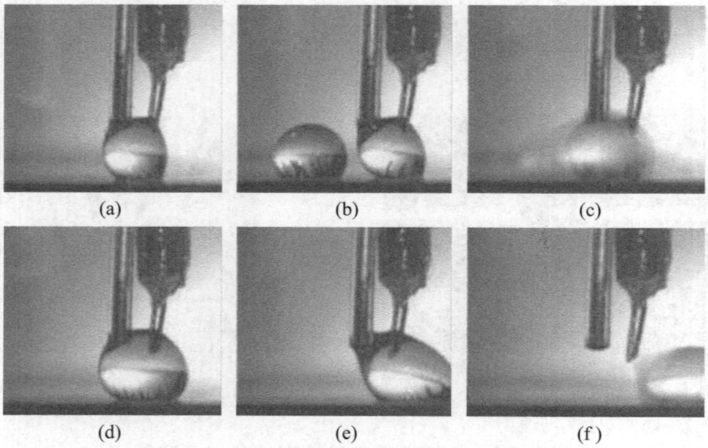

图4-27　液滴检测的芯片过程图

（3）柱后电流检测

柱后电流检测的电极放置方式与柱内电流检测相似，通过电压去耦器实现分离电压在分离通道的末端接地，使峰展宽变小。Dawoud等采用纳米金修饰后的电极对混合的多巴胺和儿茶酚进行检测，60s内完成分离检测，几乎没有峰展宽，对多巴胺和儿茶酚的检测限分别可达到60nmol/L和110nmol/L，芯片示意图见图4-28。

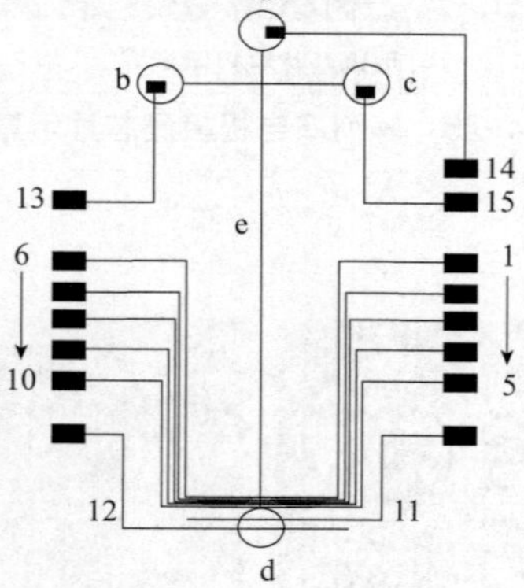

图4-28　柱后安培阵列检测芯片示意图

a—样品库；b—缓冲库；c、d—废物库；e—分离通道；1、13～15—用于样品注入和分离的电极；2～10—工作电极；11—参比电极；12—辅助电极

4.4.1.2　电导检测

电导检测法是根据主体溶液与被测物区带溶液电导率的差异而进行定量的检测方法，被测物的浓度可以对应于电导率的变化。电导法适于检测无机离子、氨基酸等物质，其中以对无机离子的研究较多，检测限一般可达到10.6 ～ 10.8mol/L。电导检测是利用离子在溶液中导电的能力，测量施加电压时两电极之间产生的电流，并根据欧姆定律计算电解质溶液的电导率。为了抑制电极上发生的任何氧化还原反应的影响，通常采用频率为1kHz的交流电进行电导率测量。如果使用较高的频率，则需要使用与溶液不接触而是附着在样品池外的电极。电导检测的检测物质范围较广，尤其是在常见金属离子的分析测定中具有明显的优点。

电导检测装置一般由电导池、信号源和微电流检测单元等几部分构成。根据检测电极是否同被测溶液接触，可分为接触式电导检测与非接触式电导检测。

（1）接触式电导检测

接触式电导检测根据电极放置位置的不同又可分为柱端检测和在柱检测两种。柱端检测是将一个电极直接放置在通道出口处，而另一个电极则放在距第一个电极很近的位置；在柱检测是在芯片的分离通道上钻出微孔，将两电极放入。目前多数接触式电导检测的研究工作都是基于在柱检测方式，这主要是因为在柱检测具有制作简便、可实现多个电导检测器同时检测等优点。

接触式电导检测虽然具有制作简单、较宽的线性测量范围和可连续测量等优点。但是非常容易造成电极中毒和腐蚀，并且极易在电极上产生气泡。检测电流也易受到高压电场的干扰，降低灵敏度。同时，检测器线路需要复杂和精密的保护，以防止高压电场的损坏，大大增加了制作工艺成本。Shadpour等在16通道的聚碳酸酯高通量电泳芯片上，分别采用毛细管区带电泳（CZE）和毛细管电色谱（CEC）的电泳分离模式，在管道末端分别集成了16对接触式电导检测金电极，如图4-29所示。由印制电路板（PCB）和软件程序控制分离与检测过程，在4min内实现了氨基酸、多肽、蛋白质及DNA四种样品体系的同时分离与检测。

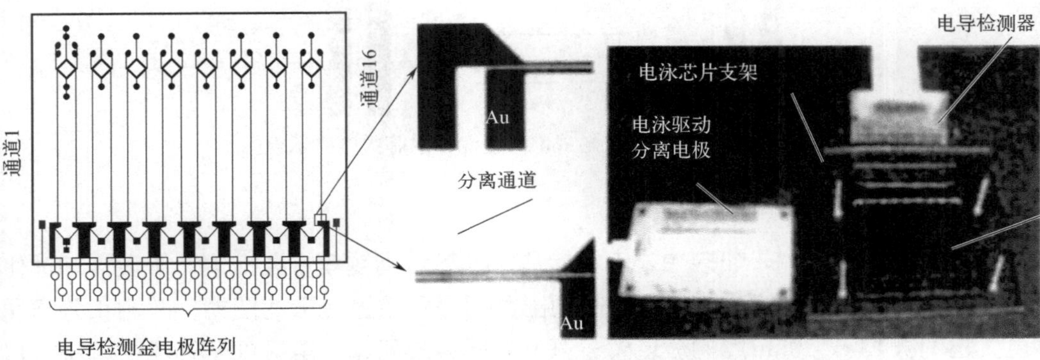

图4-29　16通道PC芯片集成阵列接触式电导检测器

（2）非接触式电导检测

在非接触式电导检测中，检测电极不与溶液直接接触，而是直接放置在具有分离通道的芯片外表面，在交流激发电压下与通道中的溶液耦合，以此对分析物进行检测。相比接触式电导检测具有以下优势：避免了电极中毒和气泡产生，可使用的电极材料广泛；检测器线路简单，易于集成；可有效避免高压电场的干扰，大大降低背景噪声，提高检测灵敏度；微电极制作技术繁荣发展，可有效降低芯片制作成本，有利于便携式电导检测仪的开发。

C4D检测池电极通常为轴向排列，其检测原理为：高频交流激励信号通过电容耦合的方式，经包裹在石英毛细管聚酰亚胺外壁上的激励电极传导回毛细管内的溶液中，经过一定测量体积的待测液，再通过电容耦合的方式，传导入包裹在毛细管外壁的感应电极，响应信号进而被电流/电压（*I*/*V*）转换电路放大，待测离子电导率因与背景缓冲液的电导率不同而得以识别。非接触电导检测示意图见图4-30；电容耦合非接触式电导检测器的等效电路示意图见图4-31。

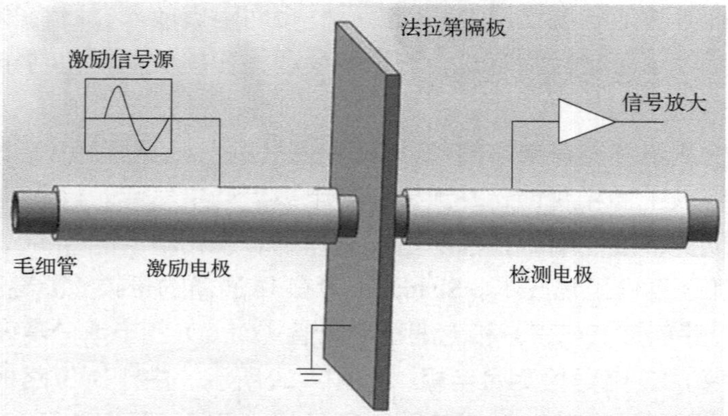

图4-30　非接触电导检测示意图

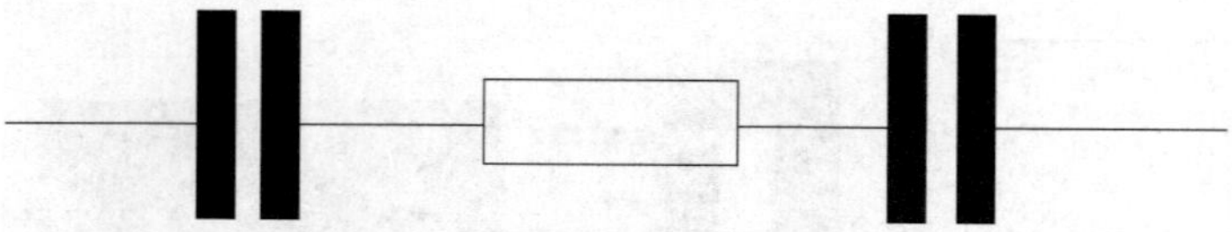

图4-31　电容耦合非接触式电导检测器的等效电路示意图

在微流控芯片检测中，非接触式电导检测法的热点问题集中在检测系统设计的优化上。Lichtenberg等在一块玻璃片上同时蚀刻出微通道和放置电极的凹槽，凹槽和分离通道垂直，它们被15～20μm厚的玻璃壁分开。如图4-32所示，电极处于凹槽中解决了具有电极的玻璃芯片难以封接的问题。

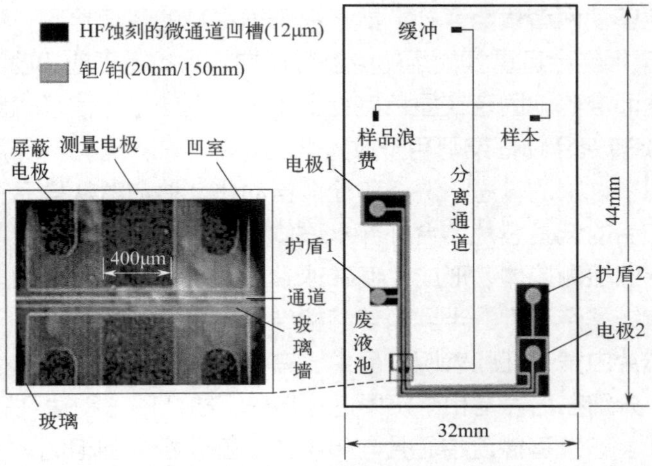

图4-32 非接触式电导检测法芯片示意图

Wang等用铝膜作电极在PMMA芯片上制作了一种非接触式电导检测器，如图4-33所示。检测器采用两电极体系，电极为矩形的铝膜，两电极平行相对用胶粘在PMMA盖片上。该检测器对K^+和Cl^-分别在低于20μmol/L和7mmol/L的浓度范围内成线性关系，检测10次的相对标准偏差在5%以内，各自的检测限分别为2.8μmol/L和6.4μmol/L。

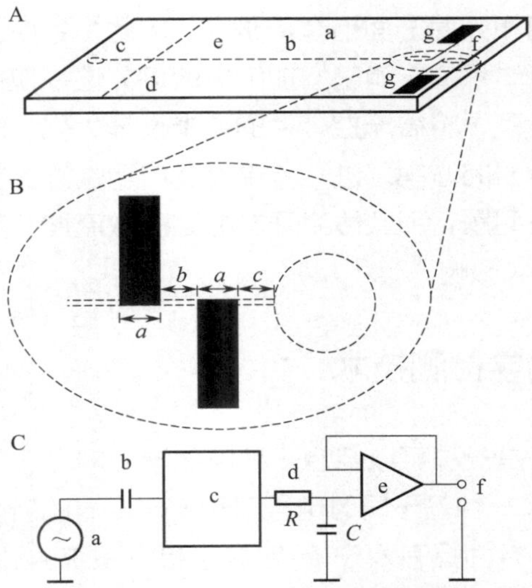

图4-33 两电极非接触式电导检测器

A.检测装置：a—PMMA微流控装置；b—分离通道；c—运行缓冲储液罐；d—未使用的储液罐；e—样品储液罐；f—出口储液罐；g—铝传感电极

B.检测器尺寸：*a*—800μm；*b*—700μm；*c*—570μm

C.电路方案：a—函数发生器；b—传感电极；c—电子器件；d—滤波器；e—电压跟随器；f—输出到数据采集系统

相对于单一纸基底的免疫微流控检测芯片来说，3D打印结合聚合物制备的纸基免疫微流控检测芯片能够使两者优势互补，更有利于微生物的快速检测。例如，开发一种纸与3D打印旋转框架相结合可重复使用的免疫微流控芯片，用于沙门菌的快速检测。芯片通过纸基衬底快速而准确地固定在显色底物上用于检测结果的信号输出，而不需要复杂的表面修饰。3D旋转聚合物框架则用于放置纸基芯片，在离心力的作用下驱动溶液的流动进行洗涤，实现了试剂的输送、洗涤和检测自动化。检测时从样品孔注入含有病原菌的样品溶液，修饰后的纸基芯片结合外部永磁体固定免疫磁球对病原菌进行富集。洗涤后加入生物素标记的检测抗体，形成免疫磁球-细菌-检测抗体复合物。该复合物表面含生物素，可与带有链霉亲和素的半乳糖苷酶相结合。最终，半乳糖苷酶与固定好的显色底物发生反应，芯片由黄变红即表明样品中含有病原菌。该免疫微流控检测芯片以沙门菌为目标病原菌，分别在培养基和牛奶中进行培养，检测限分别达到了4.4×10^2CFU/mL和6.4×10^2CFU/mL。该纸基微流控芯片与传统的纸基分析设备相比，避免了洗涤步骤而没有影响其检测性能，为商业化提供了一种实用的产品。

但是微流控芯片生产工艺复杂，良品率不高。微流控产品的技术门槛高，加工工艺复杂，研发人员需要同时具备扎实的交叉学科知识和专业的微流控技术，否则会导致产品良品率降低。

更值得注意的是，虽然免疫微流控检测技术发展潜力巨大，但仍有一些挑战阻碍其大规模应用。首先，制备并组装芯片并没有设计时看上去那么简单，需用光刻机和真空热压键合机等专业机器及严格的加工工艺。其次，芯片内可能出现的死体积使得检测结果存在不稳定性，长期的低温存储也会对预装载试剂造成损害，用于结果输出的外部设备也使其检测的便携性受到影响。目前，大多数免疫微流控检测芯片仅用于病原体的快速定性检测，在区分活菌和死菌方面仍有待研究。因此，免疫微流控检测芯片在开发时应简化制备方法，去除死体积的影响来增加结果的可靠性。在输出结果时减少使用外部设备或开发小型化外部设备，将微流控芯片的便携性最大化。同时，探索能够区分活菌与死菌的免疫微流控芯片研究方案，进一步提高其应用性能。在免疫微流控检测芯片开发时若能考虑并解决上述问题，那么最终开发的免疫微流控检测芯片将有更广泛的应用并对基础科学研究产生重大影响。

4.4.2 复合电化学检测技术

复合电化学检测技术是一种可以结合多种电化学检测方法实现更多被分离物同时检测的技术，Wang等介绍了一种基于同时电导率和安培测量的新型双电化学芯片检测系统的性能特性和优点，图4-34为具有双安培/电导率检测系统的CE微芯片系统。该系统依赖于非接触式电导率探测器与端柱厚膜安培探测器的结合，这种单一分离通道中电导率和安培检测模式的耦合大大增强了样品表征，从而同时提供离子和电活性物质的测量，提高了再现性，并可确认峰归属。这种双电化学芯片检测系统极大地改善了样品的表征，因为它提供了电活性和离子物种的同时监测，确认了峰的归属/完整性，并提高了重现性。复合成分（只有一种具有电活性或离子）的分辨率也将得到提高。双安培/电导率CE微芯片结构的示意图如图4-34所示。

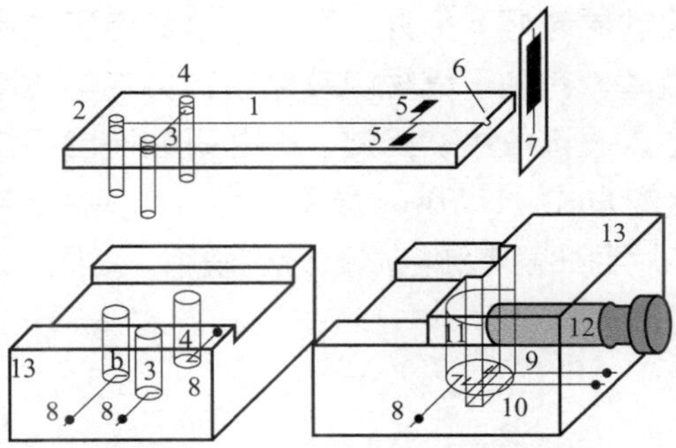

图4-34 具有双安培/电导率检测系统的CE微芯片系统

1—玻璃微芯片；2—运行缓冲池；3—样品储层；4—未使用储层；5—用于非接触导电性检测的铝电极；6—通道出口；7—用于安培检测的厚膜工作电极；8—高压功率电极；9—对流电极；10—参考电极；11—出口储层；12—塑料螺钉；13—有机玻璃支架。

4.5 质谱检测技术

质谱检测能够提供试样组分中生物大分子的基本结构和定量信息，对涉及蛋白质组学的研究具有难以替代的作用。但质谱检测仪器体积庞大，价格昂贵，只能用于芯片外检测，且芯片同质谱的接口是目前尚待解决的难题。质谱（MS）分析法是利用带电粒子在电场或磁场中的偏转来测定气体成分的一种方法。通过将样品中待测组分转化为气态离子并按质荷比（m/z）大小进行分离和记录其信息，通过对样品离子质荷比的分析，实现准确定性和定量，既可测定无机物，也可分析有机物；被分析样品既可以是气体或液体，也可以是固体。质谱仪器包括离子源、质量分析器和检测器。在生物分析中，质谱检测常用的两种软电离方式是电喷雾离子化（electrospray ionization，ESI）和基质辅助激光解吸（matrix-assisted laser desorption/ionization，MALDI），在微流控芯片技术中通常使用这两种方式作为微流控器件和质谱分析技术联用的接口。

（1）ESI-MS

1）芯片表面开口直接喷雾

图4-35是Svedberg等提出的一种芯片质谱电喷雾接口，他们是将微流控芯片的液体微通道出口对准质谱仪的进样口，将芯片的样品池或者缓冲液池接地，在质谱节流口处施加一个高电压进行离子化。尽管芯片表面直接喷雾技术可以获得良好的检测信号，但仍有一些案例指出了该技术的局限性。首先，它具有大约12nL的死体积，而分离出来的单组分的样品一般约5nL，如果不采用非常尖细的ESI喷嘴，将使分开的组分在检测前再次混合。其次，用高流速技术分析亲水性化合物仍然不可能具有良好的灵敏度。此外，被分析溶液中的污染物，如盐类或洗涤剂或其他被分析物的存在，可能导致被分析物信号被大量抑制。

2）芯片外接毛细管与电喷雾质谱连接

研究可知，样品的离子化效果与电喷雾喷针的尖端直径大小成反比，即喷针尖端的直径越小，试样的离子化效果越好，另外，所需的喷雾电压也会随之降低，从而减小了电喷雾喷针尖端放电的概率，有利于缩短电喷雾喷针尖端与质谱仪入口之间的距离，从而使更多的样品离子被送入质谱仪中。因此，一些研究提出了将微米级毛细管作为电喷雾喷针与微流控芯片结合的方式。Harrison最早利用碳化钨钻头钻孔，将熔融石英毛细管连接到微流控装置进行芯片毛细管电泳与质谱分析联用，如图4-36所示。

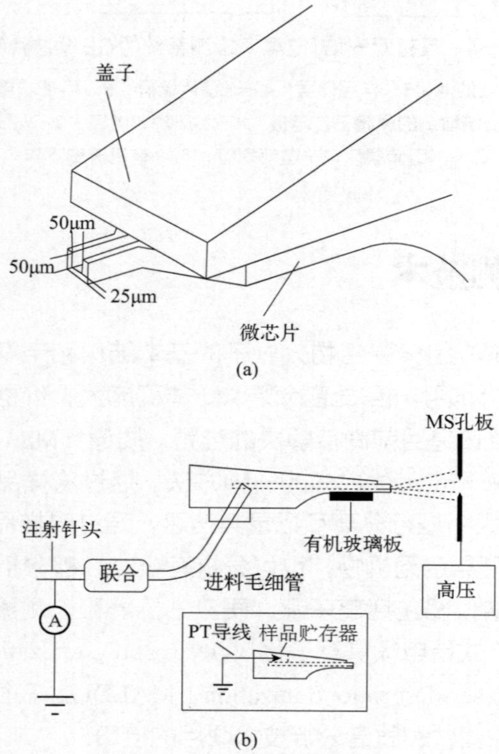

图4-35　开放尖端电喷雾装置

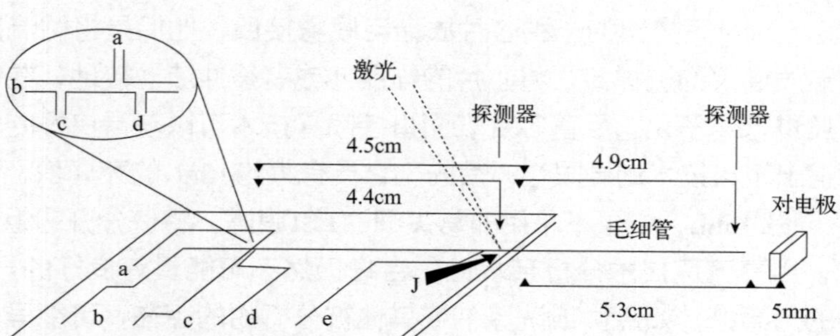

图4-36　将毛细管插入微流控芯片通道内进行电喷雾质谱实验

标注a、b、c、d的微通道300μm宽，但在接头前2mm处变为40μm宽；标注e的微通道为施加真空的侧通道；J点为熔融位置

（2）MALDI-MS

MALDI离子源对样品的组成限制低，能耐高浓度盐、非挥发性缓冲剂（包括电泳需要的硫酸盐、磷酸盐、硼酸盐等）；灵敏度高，样品量只需1pmol甚至更低；谱图中单电荷、双电荷的分子离子峰很强，便于峰信号重组，是生物样品分析中重要的检测技术。与ESI不同，MALDI一般在质谱仪的真空腔内，利用激光的作用并通过基体辅助来进行样品的解吸和电离。MALDI可以使大量的样品同时滴置在同一个样品板上，因此，MALDI比ESI具有更高的样品吞吐量和检测效率，对于样品的批量分析具有更大的优势。因此，MALDI-MS对于发展高通量的样品处理技术来说更具有深远的影响意义。质谱分析具有灵敏度高、特异性好、分析速度快等特性，现已被广泛应用于食品检验、环境监测、药物筛选、临床医学等众多领域的高通量快速检测技术中。从1912年出现第一台质谱仪，1946年发明飞行时间质量分析器，1953年提出四极杆质量分析器，1956年实现气相色谱-质谱联用，1965年离子共振质谱出现，到20世纪70年代液相色谱-质谱联用，以及多级质谱联用技术的出现，质谱分析技术经历了飞速发展。灵敏特异、现场快速、实时原位、便捷高效、环境友好的质谱学方法是质谱分析技术发展的重要趋势。

4.5.1　气相分析技术

气相色谱-质谱法（GC-MS）是测定复杂生物样品中代谢物最常用的分离技术，具有高灵敏度、良好的精密度和准确性。基于气相色谱-质谱的非靶向代谢组学已在许多实验室广泛用于彻底鉴定复杂样品中大量半挥发性和挥发性化合物。这种技术的一个显著优势是，通过将其获得的质谱与图书馆中的质谱进行匹配，可以准确地识别化合物。然而，GC-MS的自动数据挖掘，包括化合物特征提取、洗脱组分分辨率和峰对齐，仍然是非靶向代谢组学的瓶颈。Zhang等开发了一种新的综合性自动气相色谱-质谱数据分析方法，称为自动GC-MS数据分析器。这种分析方法可以自动执行总离子色谱法（TIC）峰值检测、TIC峰值分辨率、时移校正和成分配准、统计分析和复合识别，其性能已通过标准和复杂的植物样品得到验证。Soledad等通过酵母生物测定法和气相色谱-质谱化学分析的方法，评价不同硫酸盐厂废水中类似二噁英的活性。重组酵母试验结果表明，蓝桉废水中AhR配体的有效浓度是蒙达利松（辐射松）废水的30倍以上。结果表明，特定的配体，而不是提取物的总量，决定了观察到的活性。气相色谱-质谱对提取物组成的分析表明，中等疏水的芳香族化合物可能是所观察到的二噁英类活性的原因。特别是，苯甲醛衍生物可以作为诱导纸浆厂废水中观察到的二噁英类活性的候选物，并赋予了其结构性质。

4.5.2　液相分析技术

液相色谱-质谱联用（LC-MS）技术是一种常规的样品分析技术，它结合了液相色谱（LC）的高分离能力和质谱（MS）的高选择性及高灵敏度，高效LC-MS在过去的十年中对药物的开发产生了显著的影响。LC-MS可与稳定同位素稀释相结合，用于复杂混合物中微量组分的准确定量，广泛应用于医药研究领域。在许多方面，LC-MS是代谢物分析的理想选择，生物液体如尿液可以直接注射，而血浆等样本需要进行预处理（蛋白质沉淀）。LC-MS也能够达到中等到高通量。它具有合理的动态范围，并具有良好的生物标志物识别潜力（基于生成的光谱数据）。近些年来，LC-MS界面技术的不断改进，结合了结构分析、定性和定量的强大特性，扩大了应用范围。这些改进与组合化学、分子生物学的突破以及工业的整体发展趋势相吻合。新技术创造了一种样本生成率远远超过样本分析率的情况。因此，对药物和相关物质的分析已经开发出了新的范式。LC-MS的应用非常广泛，保留时间和分子量成为从药物靶标到产品的基本分析特征。目前的药物开发趋势强调采用大量的方法来加速先导候选药物的产生和评价。理想情况下，一种好的药物应代谢稳定，并具有良好的药代动力学特征，具有高生物利用度和长的半衰期。一些代谢物也可能比母药更具有药理活性或毒性。对主要和活性代谢物的表征有助于发现和设计具有改进药理活性、代谢稳定性和毒理学特性的新候选药物。LC-MS由于其敏感性和特异性，是用于研究药物代谢的首选方法。它还为结构的阐明提供了分子量信息和碎片化模式。使用何种电离技术将取决于所研究药物的结构和酸度或碱度。一般来说，正离子或负离子电喷雾电离源分别适用于强碱性或酸性药物，而大气压化学电离源更适合于弱碱性/酸性或中性分子。

4.6 其他检测技术

4.6.1 生物传感器检测技术

生物分析技术利用选择性生物识别元件，通常称为分子探针，与分析系统［如读码器或聚合酶链反应（PCR）分析仪］相结合，定量分析样品的一种或多种成分。虽然具有高灵敏度和鲁棒性，但它们通常是破坏性的测试方法，需要向样品中添加试剂和大量的样品制备步骤，这会增加分析过程的时间并引入测量偏差。生物分析技术，如PCR，也可能遇到样品中本底物种引起的抑制效应，这会引入测量偏差并增加测量不确定性。考虑到基于平板的生物分析技术的局限性，以及在各种应用中对持续监测和过程系统集成能力的需求，有必要研究替代的生物分析技术。

在过去的20多年里，生物传感器已经兴起，生物传感器是基于选择性生物识别元件和敏感传感器元件的直接集成，为病原体鉴定和定量提供了PCR和酶联免疫吸附测定的互补平台。根据国际纯粹与应用化学联合会（IUPAC）的定义，生物传感器必须包含与转导元件直接空间接触的生物识别元件。此外，生物传感器应提供定量或半定量分析信息，并在不需要额外处理步骤或试剂的情况下进行测量。虽然生物传感器也应该是一个独立的集成设备，但测量方法可以从液滴形式变化到需要相关流体处理系统的连续流形式。生物传感器在不需要样品制备的情况下实现了对各种环境中病原体的选择性实时检测。例如，生物传感器可以检测各种基质和环境中（包括食物、体液和物体表面）的大量病原体。标签，通常被称为报告者，是分子物种，如有机染料或量子点，直接或通过生物识别元件附着在目标上，使用一系列样品制备步骤或二级结合步骤，以方便通过标签的性质进行检测。无标签生物传感器不需要使用报告物种来检测目标物种。由于消除了与目标标记相关的步骤，无标签分析通常比基于标签的分析具有更少的样品制备步骤，并且成本更低，在制备设施有限或缺乏训练有素人员的应用场景中，这是需要重点考量的因素。

4.6.2 热透镜检测技术

当一束高斯光束透过样品溶液，样品分子吸收特征波长光辐射后，从基态跃迁至激发态，又以无辐射弛豫方式由激发态回到基态，产生无辐射衰变，释放出热量，越靠近光束的中心部位发热量越大，而边缘部分发热量较小，使样品溶液的折射率发生变化，形成一个从光束中心至边缘逐渐变化的折射率梯度，即为热透镜效应。热透镜检测的原理就是对热透镜效应的一种扩展应用，在采用热透镜检测技术时，将两束同轴激光经过光学显微镜聚焦于微通道的样品溶液中，其中的一束激光起到激励作用，使样品溶液产生热透镜效应，进而形成一个类似于光学透镜的液体凹透镜；另一束激光起到探测光的作用，该光束经同一物镜后通过上述液体凹透镜发生衍射变化，在远场的光强将发生变化，用光电检测器接收光束中心的光强变化，即可获得热透镜信号，该信号经锁相放大器提取后，由计算机记录并存储，通过该方法可以实现对样品溶液浓度的间接检测。激光诱导热透镜检测法是一种非常有效的分析方法，它具有高灵敏度、低检测限、无损伤等优点。但是，激光诱导热透镜检测法的原理是检测分析物吸收光辐射后发生无辐射弛豫过程中产生的热效应，这使得这种方法的选择性很低。此外，微流控芯片可以在很小的体积中有效分离不同的分析物，但是缺乏有效的高灵敏度的检测器来检测分离出来的极低浓度的分析物。例如，1μm的分析物在1μm^3（1fL）的检测体积中实际的物质的量只有10^{-21}mol，这在诸多分光光度法等传统的检测方法中是很难测定的。因此，将微流控芯片和激光诱导热透镜检测器联用能够很好地解决彼此的问题，并且有望成为一种性能卓越的分析工具。与已经应用于微流控芯片中的传统的检测系统（如激光诱导荧光检测器、电化学检测器等）相比，激光诱导热透镜检测器是一种通用的、灵敏度更高的检测装置。微流体注入-热透镜显微系统探测微囊藻毒素示意图见图4-37。

另外，近年来微流控芯片上的微粒计数越来越受到重视并迅速发展起来。在许多领域如生物、环境和工程中，实时统计微粒数量至关重要。这里的微粒可能涉及多种类型，如细胞、细菌、病毒、液滴、气泡、金属磨粒、磁珠等。微流控装置在粒子计数方面显示出巨大的潜力，具有样品消耗少、时间消耗少、便携和速度快等优点。因此，微流控装置上的粒子计数得到了迅速发展。为了实现粒子计数，将热学与微流控装置相结合是一种常用的方法。当流体通过通道时，流体的热导率、结构的热阻和流动轮廓都影响通道中的热传递。流体在通道中进行稳定流动，该装置将在有限时间之后变为平衡状态。当悬浮微粒进入微通道时，传热平衡受到干扰，热导率变化将导致温度变化，这可以通过简单的热测量来检测。热计数器首先用于对微流控芯片上的液滴进行检测。Yi等提出了一种利用3ω方法实时检测液滴并实时测定蛋白质浓度的新方法。将频率为ω的交流电源应用于金属加热器，使金属加热器上的样品在频率2ω下加热，实际检测信号以频率3ω表示。通过测量液滴和携带流的实时热响应，来检测油酸携带流中的水滴。Kumar等提出

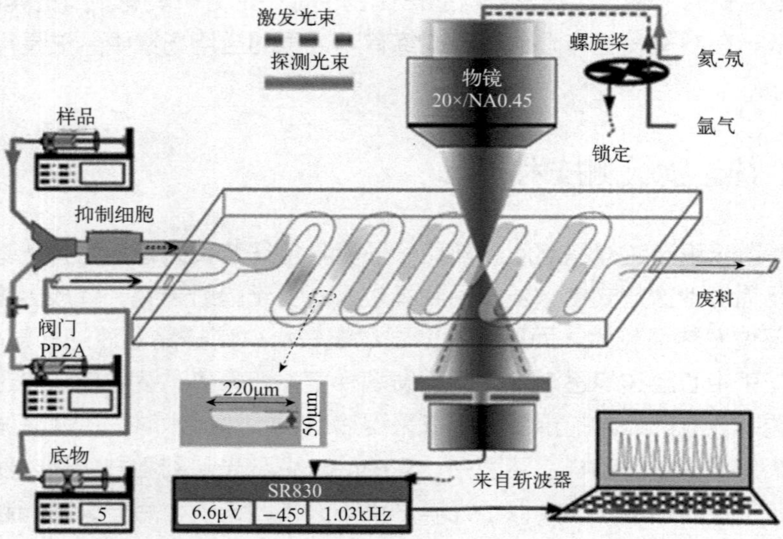

图 4-37　微流体注入-热透镜显微系统探测微囊藻毒素示意图

了一种微流控颗粒热计数检测装置，如图 4-38 所示。将有微通道的 PDMS 放置在含有电阻温度检测器（RTD）的硅衬底上。直径为 90μm 和 200μm 的微粒流经传感器时分别产生 0.11K 和 −0.44K 的相对温度变化。热计数器为无需光和电场的计数提供了一种新的方法。它具有免标签、现场实时分析等优点。然而也有一些缺点：热计数器的灵敏度由热传感器决定，并且难以对诸如纳米粒子的小粒子进行计数。

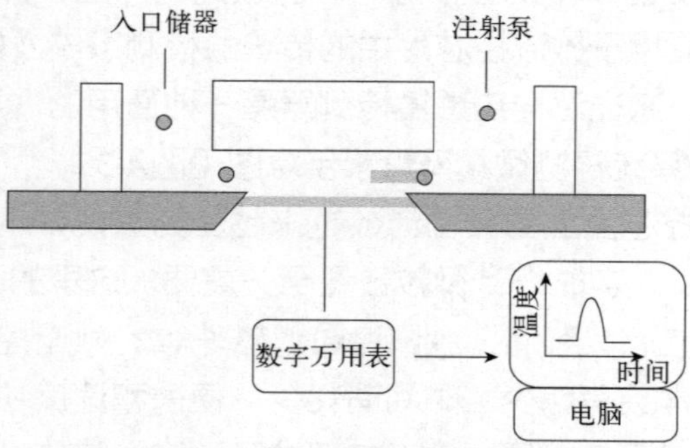

图 4-38　微流控颗粒热计数检测装置

4.6.3　单分子荧光检测技术

目前，还没有一种独特的、单一的技术能够同时可视化蛋白质及其翻译后修饰，例如在信号转导过程中发生的修饰。原则上，如果我们能够获得有关蛋白质-蛋白质或蛋白质-核酸相互作用过程中本质上无序区域的分子构象状态的数据，这也将是有价值的。然而，通过将单分子荧光检测技术与非荧光方法相结合，已经尝试研究机械拉伸扰动下的分子构象变化。荧光共振能量转移（FRET）是研究相邻分子之间假定相互作用最常用的技术之一，单分子FRET的应用已被用于一系列基于蛋白质的分子马达，这些马达作用于DNA。最近的一个例子是复制DNA解旋酶，霍华德·休斯（Howard Hughes）医学研究所的Bell等监测了酿酒酵母在复制前复合体向复制起点募集过程中环状Mcm2-7 DNA解旋酶的开启和关闭。这些观察结果为复制起始机制和质量控制提供了新的见解。对沃纳综合征ATP依赖性解旋酶（WRN解旋酶）的FRET研究揭示了WRN解旋的DNA解绕机制。因此，这种解旋酶以一种重复的方式解绕DNA：通过WRN进行重复的DNA解绕，这种解绕发生在分叉的、3′/5′悬垂的、含有G4的DNA底物上，尽管这种现象的结果确实依赖于DNA底物。单分子FRET已被积极应用于DNA折纸研究，以获得分子结构和动力学信息。在DNA折纸基板上的能量转移是通过使用四色FRET实现可视化的。基于FRET的生物传感器是最近才发展起来的，但已迅速成为蛋白质动力学研究中广泛使用的工具。机械张力FRET传感器也可用于研究细胞外和细胞内的单分子力测量。DNA FRET传感器结合TIRF成像已被用于实时监测DNA合成，其中一个简单的设置利用标记有荧光基团受体的DNA引物，并退火到标记有供体荧光基团的DNA模板。延伸后分子构象的变化改变了FRET信号，作为DNA合成的度量。近年来，利用单分子FRET结合脉冲交错激发（PIE）和荧光寿命成像显微镜（FLIM）研究淀粉样蛋白组装过程取得了重大进展。通过重建供体、FRET和受体图像，以及获得FRET效率和荧光寿命等各种参数，该技术可以跟踪蛋白质聚集的动态。

参考文献

[1] Caruso G, Musso N, Grasso M, et al. Microfluidics as a novel tool for biological and toxicological assays in drug discovery processes: Focus on microchip electrophoresis[J]. Micromachines, 2020, 11(6):593.

[2] Valenta A C, D'Amico C I, Dugan C E, et al. A microfluidic chip for on-line derivatization and application to in vivo neurochemical monitoring[J]. Analyst, 2021, 146(3):825-834.

[3] Casto L D, Schuster J A, Neice C D, et al. Characterization of low adsorption filter membranes for electrophoresis and electrokinetic sample manipulations in microfluidic paper-based analytical devices[J]. Analytical Methods, 2018, 10(29):3616-3623.

[4] Kitagawa F, Otsuka K. Sample Preconcentration Protocols in Microfluidic Electrophoresis[M]. New York: Humana Press, 2019.

[5] Jacobson S C, Koutny L B, Hergenroeder R, et al. Microchip capillary electrophoresis with an integrated postcolumn reactor[J]. Analytical Chemistry, 1994, 66(20):3472-3476.

[6] Hadd A G, Jacobson S C, Ramsey J M. Microfluidic assays of acetylcholinesterase inhibitors[J]. Analytical Chemistry, 1999, 71(22):5206-5212.

[7] Gao D, Jin F, Zhou M, et al. Recent advances in single cell manipulation and biochemical analysis on microfluidics[J]. Analyst, 2019, 144(3):766-781.

[8] Ou X, Chen P, Huang X, et al. Microfluidic chip electrophoresis for biochemical analysis[J]. Journal of Separation Science, 2020, 43(1):258-270.

[9] Li L, Li Q, Chen P, et al. Consecutive gated injection-based microchip electrophoresis for simultaneous quantitation of superoxide anion and nitric oxide in single PC-12 cells[J]. Analytical chemistry, 2016, 88(1):930-936.

[10] Zhu Q, Zhang Q, Zhang N, et al. Alternate injections coupled with flow-gated capillary electrophoresis for rapid and accurate quantitative analysis of urine samples[J]. Analytica chimica acta, 2017, 978:55-60.

[11] Erokhin K S, Gordeev E G, Samoylenko D E, et al. 3D printing to increase the flexibility of the chemical synthesis of biologically active molecules:Design of on-demand gas generation reactors[J]. International Journal of molecular sciences, 2021, 22(18):9919.

[12] Liu G , Jin W .Pervaporation membrane materials: Recent trends and perspectives[J].Journal of Membrane Science, 2021, 636:119557.

[13] Si Z , Li J , Ma L ,et al.The Ultrafast and continuous fabrication of a polydimethylsiloxane membrane by ultraviolet-induced polymerization[J].Angewandte Chemie (International Ed), 58(48):17175-17179.

[14] Wenten I G,Dharmawijaya P T, Aryanti P T P, et al.LTA zeolite membranes: current progress and challenges in pervaporation[J]. RSC Advances, 2017,7(47): 29520-29539.

[15] Ehteram M , Salih S Q , Yaseen Z M .Efficiency evaluation of reverse osmosis desalination plant using hybridized multilayer perceptron with particle swarm optimization[J].Environmental Science and Pollution Research, 2020, 27(3): 15278-15291.

[16] 张玲玲，陈媛，王彩霞，等. 便携式405nm激光诱导荧光检测仪的研制和性能评估[J]. 应用激光, 2019, 39(6): 1035-1040.

[17] 臧鲲. 基于蓝/紫激光诱导荧光检测的毛细管电泳新方法及其在食品分析中的应用[D]. 兰州：兰州大学, 2021.

[18] 杨金强. 基于三维荧光光谱技术的城市生活污水处理过程在线监测方法研究[D]. 合肥：合肥学院, 2020.

[19] 杨哲. 基于荧光光谱的成品油污染物检测技术研究[D]. 秦皇岛：燕山大学, 2019.

[20] 王丽. 复杂混合物中成品油有机污染物荧光光谱检测技术研究[D]. 秦皇岛：燕山大学, 2016.

[21] 胡悦. 生物细胞形态特性的荧光光谱技术[D]. 长春：长春理工大学, 2019.

[22] 薛敏. 液相色谱用LED诱导荧光检测器研究与性能评价[D]. 南京：南京理工大学, 2014.

[23] 席秋颖. 超高灵敏度激光诱导荧光检测器的研究[D]. 大连：大连理工大学, 2020.

[24] Fu J L, Fang Q, Zhang T, et al. Laser-induced fluorescence detection system for microfluidic chips based on an orthogonal optical arrangement[J]. Analytical Chemistry, 2006, 78(11): 3827-3834.

[25] Galievsky V A, Stasheuski A S, Krylov S N. “Getting the best sensitivity from on-capillary fluorescence detection in capillary electrophoresis” —A tutorial[J]. Analytica Chimica Acta, 2016, 935:58-81.

[26] 钟珂珂. 光纤型定量PCR仪荧光检测系统研究[D]. 杭州：浙江大学, 2013.

[27] Weaver M T, Lynch K T, Zhu Z F, et al. Confocal laser-induced fluorescence detector for narrow capillary system with yoctomole limit of detection[J]. Talanta: The International Journal of Pure and Applied Analytical Chemistry, 2017, 165: 240-244.

[28] 李艳，岑兆丰，李晓彤. 集成毛细管电泳芯片荧光检测的研究[J]. 光学仪器, 2003, 25(1): 8-13.

[29] Seiler K, Harrison D J, Manz A. Planar glass chips for capillary electrophoresis: repetitive sample injection, quantitation, and separation efficiency[J]. Analytical Chemistry, 2002, 65(10): 1481-1488.

[30] 艾幕. 基于拉曼散射的光纤测温系统的改进与优化[D]. 大连：大连海事大学, 2017.

[31] 王杰. 基于拉曼光谱和荧光光谱技术的生物气溶胶检测及识别方法研究[D]. 杭州：中国计量大学, 2019.

[32] Das R S, Agrawal Y K. Spectrofluorometric analysis of new-generation antidepressant drugs in pharmaceutical formulations, human urine, and plasma samples[J]. Spectroscopy, 2012, 27(2): 59-71.

[33] 易黎丽，尚丽平，李占锋，等. 温度、pH对含油污水荧光特性的影响[J]. 光谱学与光谱分析，2011, 31(6): 1571-1573.

[34] 宋乐乐. 基于荧光光谱技术的石油类污染物检测研究[D]. 秦皇岛：燕山大学，2021.

[35] 杨丙成，关亚风，谭峰. 超痕量分析中的激光诱导荧光检测[J]. 化学进展，2004(6): 871-878.

[36] 陈慧清，王立世，王洪，等. 微流控芯片激光诱导荧光光纤检测器的研制[J]. 华南理工大学学报(自然科学版)，2006(10): 109-112.

[37] 张雅婷，张炎，张毅，等. 基于场放大进样富集的微流控芯片-激光诱导荧光法检测奶制品中的β-酪啡肽[J]. 分析试验室，2018, 37(1): 7-11.

[38] 高焕焕. 柱前荧光衍生-高效液相色谱法检测农药残留的应用研究[D]. 南充：西华师范大学，2016.

[39] 付舰航，刘威. 激光诱导荧光微流控芯片分析仪的研制[J]. 分析试验室，2014. 33(11): 1345-1348.

[40] 孙悦，萧金仪，李海秀，等. 微流控芯片毛细管电泳柱后衍生激光诱导荧光检测氨基酸[J]. 分析试验室，2014, 33(7): 758-761.

[41] 何崇慧. DNA的COC微流控芯片电泳分离及经济型紫色二极管激光诱导荧光检测器的研制[D]. 兰州：兰州大学，2012.

[42] 宋宇. 微流控芯片紫外检测系统研究[D]. 哈尔滨：哈尔滨工业大学，2009.

[43] 孙冰. 近岸海水氨氮含量的检测技术研究[D]. 烟台：烟台大学，2021.

[44] 习燕. 紫外光谱法在水质化学需氧量检测中的应用技术研究[J]. 地下水，2021, 43(3): 92-93, 165.

[45] 张永. 基于紫外-可见光谱法水质 COD检测方法与建模研究[D]. 合肥：中国科学技术大学，2017.

[46] 崔栋海. 紫外吸收光度分析仪在丁辛醇造气装置中的应用[J]. 炼油与化工，2016, 27(5): 34-35.

[47] 刘军，方群. 微流控玻璃芯片毛细管电泳鞘流型紫外光度检测系统[C]. 第二届全国微全分析系统学术会议，2004.

[48] Liang Z, Chiem N, Ocvirk G, et al. Microfabrication of a planar absorbance and fluorescence cell for integrated capillary electrophoresis devices[J]. Analytical Chemistry, 1996, 68(6): 1040-1046.

[49] Bowden M, Diamond D. The determination of phosphorus in a microfluidic manifold demonstrating long-term reagent lifetime and chemical stability utilising a colorimetric method[J]. Sensors & Actuators B Chemical, 2003, 90(1/3): 170-174.

[50] Salimi-Moosavi H, Tang T, Harrison D J. Electroosmotic pumping of organic solvents and reagents in microfabricated reactor chips[J]. Journal of the American Chemical Society, 1997, 119(37): 1508-1510.

[51] Salimi-Moosavi H, Jiang Y, Lester L, et al. A multireflection cell for enhanced absorbance detection in microchip-based capillary electrophoresis devices[J]. Electrophoresis, 2015, 21(7): 1291-1299.

[52] Tiggelaar R M, Veenstra T T, Sanders R, et al. A light detection cell to be used in a micro analysis system for ammonia[J]. Talanta, 2002, 56(2): 331-339.

[53] 杜文斌，方群，方肇伦. 基于液芯波导原理的微流控芯片长光程光度检测系统[J]. 高等学校化学学报，2004, 25(4): 610-613.

[54] Splawn B G, Lytle F E. On-chip absorption measurements using an integrated waveguide[J]. Analytical & Bioanalytical Chemistry, 2002, 373(7): 519-525.

[55] Duggan M P, McGreedy T. A non-invasive analysis method for on-chip spectrophotometric detection

using liquid-core waveguiding within a 3D architecture[J]. The Analyst, 2003, 128(11): 1336-1340.

[56] Nakanishi H, Arai A. Development of quartz microchips and a liner imaging UV detector for the microchip electrophoresis system "MCE-2010" [J]. Japanese Journal of Electrophoresis, 2001, 45: 247-251.

[57] Ou J, Glawdel T, Ren C L, et al. Fabrication of a hybrid PDMS/SU-8/quartz microfluidic chip for enhancing UV absorption whole-channel imaging detection sensitivity and application for isoelectric focusing of proteins.[J]. Lab on A Chip, 2009, 9(13): 1926-1932.

[58] Jindal R, Cramer S M. On-chip electrochromatography using sol-gel immobilized stationary phase with UV absorbance detection[J]. Journal of Chromatography A, 2004, 1044(1-2): 277-285.

[59] Scherer Q A. Microfluidic integration on detector arrays for absorption and fluorescence microspectrometers[J]. Sensors and Actuators A: Physical, 2003, 104(1): 25-31.

[60] Akos V, Hjertén S. A hybrid microdevice for electrophoresis and electrochromatography using UV detection[J]. Electrophoresis, 2015, 23(20): 3479-3486.

[61] Zhu L, Lee C S, Devoe D L. Integrated microfluidic UV absorbance detector with attomol-level sensitivity for BSA[J]. Lab on a Chip, 2006, 6(1): 115-120.

[62] 张仲荣，李明贺. 汽车金属材料化学成分的测试方法综述[J]. 汽车实用技术，2021, 46(1): 197-202.

[63] 周全. 电感耦合等离子体原子发射光谱技术在埋弧焊剂检测中的应用研究[D]. 上海：复旦大学，2013.

[64] 华豹. 电感耦合等离子体原子发射光谱仪测量有机相中钼等杂质元素的研究[D]. 衡阳：南华大学，2018.

[65] 庞夙，陶晓秋，黄玫，等. 电感耦合等离子体发射光谱检测烟叶样品中的钠钾钙镁[J]. 分析仪器，2020(1): 44-47.

[66] Song Q J, Greenway G M, Mccreedy T. Interfacing microchip capillary electrophoresis with inductively coupled plasma mass spectrometry for chromium speciation[J]. Journal of Analytical Atomic Spectrometry, 2002, 18(1): 1-3.

[67] Matusiewicz H, Ślachciński M. Interfacing a microchip-based capillary electrophoresis system with a microwave induced plasma spectrometry for copper speciation[J]. Central European Journal of Chemistry, 2011, 9(5): 896-903.

[68] Hui A Y N, Gang W, Lin B, et al. Interface of chip-based capillary electrophoresis-inductively coupled plasma-atomic emission spectrometry (CE-ICP-AES)[J]. Journal of Analytical Atomic Spectrometry, 2006, 21(2): 134-140.

[69] Pearson G, Greenway G. A highly efficient sample introduction system for interfacing microfluidic chips with ICP-MS[J]. Journal of Analytical Atomic Spectrometry, 2007, 22(6): 657-662.

[70] Bings N H, Wang C, Skinner C D, et al. Microfluidic devices connected to fused-silica capillaries with minimal dead volume[J]. Analytical Chemistry, 1999, 71(15): 3292-3296.

[71] 张燕，杨金易，曾道平，等. 化学发光免疫分析技术及其在食品安全检测中的研究进展[J]. 食品安全质量检测学报，2013(5): 1421-1427.

[72] 魏光伟，余永鹏，魏文康，等. 化学发光免疫分析技术及其应用研究进展[J]. 动物医学进展，2010, 31(3): 97-102.

[73] 付爱华. 高效液相色谱——固定化试剂化学发光检测在药物代谢方面的应用[D]. 西安：陕西师范大学，2011.

[74] Lu X , Zhao X , Bai C ,et al. LC-MS-based metabonomics analysis.[J].Journal of Chromatography B, 2008, 874(1-2):125.

[75] Huang X J, Pu Q S, Fang Z L. Capillary electrophoresis system with flow injection sample introduction

and chemiluminescence detection on a chip platform[J]. Analyst, 2001, 126(3): 281-284.

[76] He D, Zhang Z, Huang Y. Chemiluminescence microflow injection analysis system on a chip for the determination of nitrite in food[J]. Analytical Letters, 2005, 38(4): 563-571.

[77] Tyrrell E, Gibson C, Maccraith B D, et al. Development of a micro-fluidic manifold for copper monitoring utilising chemiluminescence detection[J]. Lab on A Chip, 2004, 4(4): 384-390.

[78] Tsukagoshi K, Fukumoto K, Noda K, et al. Chemiluminescence from singlet oxygen under laminar flow condition in a micro-channel[J]. Analytica Chimica Acta, 2006, 570(2): 202-206.

[79] Yi X, Bessoth F G, Eijkel J, et al. On-line monitoring of chromium(Ⅲ) using a fast micromachined mixer/reactor and chemiluminescence detection[J]. Analyst, 2000, 125(4): 677-683.

[80] Yacoub-George E, Meixner L, Scheithauer W, et al. Chemiluminescence multichannel immunosensor for biodetection[J]. Analytica Chimica Acta, 2002, 457(1): 3-12.

[81] Pires M, Miguel N, Tap D, et al. Microfluidic biosensor array with integrated poly(2, 7-carbazole)/fullerenebased photodiodes for rapid multiplexed detection of pathogens[J]. Sensors, 2013, 13: 15898-15911.

[82] 孟斐，陈恒武．微流控分析系统的安培检测器[J]. 理化检验(化学分册), 2003(1): 63-68.

[83] 刘继锋，杨秀荣，汪尔康．毛细管电泳安培检测技术进展[J]. 分析化学，2002(6): 748-753.

[84] Walter I V, Pasas-Farmer S A, Fischer D J, et al. Recent developments in electrochemical detection for microchip capillary electrophoresis[J]. Electrophoresis, 2010, 25(21-22): 3528-3549.

[85] Ertl P, Emrich C A, Singhal P, et al. Capillary electrophoresis chips with a sheath-flow supported electrochemical detection system.[J]. Analytical Chemistry, 2004, 76(13): 3749-3755.

[86] Wu C C, Saito T, Yasukawa T, et al. Microfluidic chip integrated with amperometric detector array for in situ estimating oxygen consumption characteristics of single bovine embryos[J]. Sensors and Actuators B Chemical, 2007, 125(2): 680-687.

[87] Lindsay S, Vazquez T, Egatz-Gomez A, et al. Discrete microfluidics with electrochemical detection[J]. Analyst, 2007, 132(5): 412-416.

[88] Dawoud A A, Kawaguchi T, Jankowiak R. In-channel modification of electrochemical detector for the detection of bio-targets on microchip[J]. Electrochemistry Communications, 2007, 9(7): 1536-1541.

[89] Kappes T, Hauser P C. Electrochemical detection methods in capillary electrophoresis and applications to inorganic species[J]. Journal of Chromatography A, 1999, 834(1-2): 89-101.

[90] 谢天尧，郑一宁，莫金垣，等．一种简易型毛细管电泳电导检测装置及其应用[J]. 分析测试学报，2000, 19(3): 5-7.

[91] 闫幸杏，陈传品，袁玉．综述芯片毛细管电泳非接触式电导检测法研究进展[J]. 科技风，2015(7): 204-205.

[92] Shadpour H, Hupert M L, Patterson D, et al. Multichannel microchip electrophoresis device fabricated in polycarbonate with an integrated contact conductivity sensor array[J]. Analytical Chemistry, 2007, 79(3): 870-878.

[93] Takekawa V S, Marques L A, Strubinger E, et al. Development of low-cost planar electrodes and microfluidic channels for applications in capacitively coupled contactless conductivity detection ((CD)-D-4)[J]. Electrophoresis: The Official Journal of the International Electrophoresis Society, 2021(16): 1-10.

[94] 潘广超．用于水环境中离子检测的低成本便携式毛细管电泳仪研制[D]. 桂林：桂林电子科技大学，2021.

[95] Lichtenberg J, Rooij N, Verpoorte E. A microchip electrophoresis system with integrated in-plane electrodes for contactless conductivity detection[J]. Electrophoresis, 2015, 23(21): 3769-3780.

[96] 朱睿，肖松山，范世福，微流控芯片检测技术进展[J]. 纳米技术与精密工程，2005(1): 74-79.

[97] 尹坦姬，王贺敏，秦伟. 硝酸根离子选择性电极的构建及研究进展[J]. 化学研究与应用，2021, 33(10): 1849-1858.

[98] Tantra R, Manz A. Integrated potentiometric detector for use in chip-based flow cells[J]. Analytical Chemistry, 2000, 72(13): 2875-2878.

[99] 刘大壮. 基于微电感传感器的金属颗粒检测影响因素及其规律研究[D]. 大连：大连海事大学，2020.

[100] Liu L K, Chen L, Wang S J, et al. Improving sensitivity of a micro inductive sensor for wear debris detection with magnetic powder surrounded[J]. Micromachines (Basel), 2019, 10(7): 440.

[101] Wu S, Liu Z, Yu K, et al. A novel multichannel inductive wear debris sensor based on time division multiplexing[J]. IEEE Sensors Journal, 2021, 21(9): 11131-11139.

[102] 范大勇，姚佳烽. 基于多电容传感法的多电极阵列微流控芯片内高浓度粒子迁移检测[J]. 传感技术学报，2019, 32(5): 663-669.

[103] 李梦琪. 基于微流控芯片的颗粒电容检测技术研究[D]. 大连：大连海事大学，2014.

[104] 张志伟，龚美玲，谢新武，等. 基于微流控电阻抗流式检测的细菌体积及活性分析[J]. 军事医学，2019, 43(7): 528-533.

[105] 张思祥，竭霞，胡雪迎，等. 微流控电阻抗检测系统构建及其应用[J]. 分析科学学报，2020, 36(2): 295-298.

[106] Constantinou L, Triantis I, Hickey M, et al. On the merits of tetrapolar impedance spectroscopy for monitoring lithium concentration variations in human blood plasma[J]. IEEE Transactions on Biomedical Engineering, 2017, 64(3) : 601-609.

[107] 曾霖. 基于微阻抗分析的船机油液污染物区分检测机理研究[D]. 大连：大连海事大学，2019.

[108] Jagtiani A V, Zhe J, Hu J , et al. Detection and counting of micro-scale particles and pollen using a multi-aperture Coulter counter[J]. Measurement Science and Technology, 2006, 17(7): 1706-1714.

[109] Song Y, Zhang H, Chan H C, et al. Nanoparticle detection by microfluidic resistive pulse sensor with a submicron sensing gate and dual detecting channels-two stage differential amplifier[J]. Sensors and Actuators B Chemical, 2011, 155(2): 930-936.

[110] Song Y, Zhou T, Liu Q, et al. Nanoparticle and microorganism detection with a side-micron-orificebased resistive pulse sensor[J]. Analyst, 2020, 145(16): 5466-5474.

[111] Liu Z, Li J, Yang J, et al. Improving particle detection sensitivity of a microfluidic resistive pulse sensor by a novel electrokinetic flow focusing method[J]. Microfluidics and Nanofluidics, 2016, 21(1): 1.

[112] Wang J, Pumera M. Dual conductivity/amperometric detection system for microchip capillary electrophoresis[J]. Analytical Chemistry, 2002, 74(23): 5919-5923.

[113] 霍玉美，张文军，张进伟. 浅析过程质谱分析仪在过程气体监测中的应用[J]. 仪表技术，2018(11): 9-11.

[114] Zhang Y Y , Zhang Q , Zhang Y M ,et al.A comprehensive automatic data analysis strategy for gas chromatography-mass spectrometry based untargeted metabolomics[J].Journal of Chromatography A, 2019, 1616:460787.DOI:10.1016/j.chroma.2019.460787.

[115] 李敏. 基于质谱和微流控技术的细胞代谢研究[D]. 北京：清华大学，2019.

[116] 王伟萍，王志畅，张燮，等. 微流控器件-质谱联用接口技术研究进展与应用[J]. 生物化学与生物物理进展，2006, 33(11): 1120-1130.

[117] Schmidt A, Karas M, T Dülcks. Effect of different solution flow rates on analyte ion signals in nanoESI MS, or: when does ESI turn into nano-ESI?[J]. Journal of the American Society for Mass Spectrometry, 2003, 14(5): 492-500.

[118] 宿媛. 基于电喷雾质谱检测的多功能微流控快速分析系统[D]. 杭州: 浙江大学, 2011.

[119] 董媛媛. 集成化的聚苯乙烯电喷雾微流控芯片分析系统的研制[D]. 杭州: 浙江大学, 2011.

[120] 水雯箐, 苏佳, 黄珍玉, 等. 微流控芯片与生物质谱联用技术的发展与展望[J]. 质谱学报, 2002, 23(2): 100-101.

[121] Yin H , Killeen K, Brennen R, et al. Microfluidic chip for peptide analysis with an integrated HPLC column, sample enrichment column, and nanoelectrospray tip[J]. Analytical Chemistry, 2005, 77(2): 527-533.

[122] 刘蓉. 毛细管微池/凝胶膜——激光热透镜光谱分析研究及应用[D]. 西安: 西北大学, 2016.

[123] 陈庆明. 可控光流体热透镜[D]. 广州: 暨南大学, 2014.

[124] 刘明强, Franko M. 微流体注入-热透镜显微系统高灵敏的快速检测微囊藻毒素[J]. 分析科学学报, 2019(1): 110-114.

[125] 李杰. 基于声表面波的微流控技术研究[D]. 杭州: 杭州电子科技大学, 2021.

[126] 杨旭豪, 刘国君, 赵天, 等. 声表面波技术在微流控研究领域中的应用[J]. 微纳电子技术, 2014, 51(7): 438-446.

[127] 陈启明. 基于微流控技术的声表面波微粒操控研究[D]. 长沙: 湖南工业大学, 2021.

[128] 董惠娟, 王敬轩, 李天龙. 声表面驻波在微流控领域的应用[J]. 科技导报, 2020, 38(11): 131-140.

[129] 张炎炎. 基于声表面波技术的粒子分选微流控芯片设计与实验研究[D]. 长春: 吉林大学, 2018.

第5章 数字微流控技术

5.1 概述

在半个多世纪以前，人们对微观世界的了解很少，几乎没有人从事微观世界的研究工作。但在过去的50年内，人类投入越来越多的精力研究微观领域，研究的主要成就集中在半导体与微电子领域，伴随着精密仪器制造、机械加工等高新技术的研究，微机电系统（micro electromechanical system, MEMS）迅速发展。近些年在微机电系统研究的基础上，在20世纪90年代初，微全分析系统（micro total analysis system, μ-TAS）的概念首次被提出，其目标是将一个常规的生化实验室中的功能集成到一个微米级的芯片上，以实现实验样品的制备、反应、分离和检测等分析的基本操作，因此人们也将微全分析系统称为芯片实验室（lab on a chip, LOC），微全分析系统是一个高度学科交叉的应用，随着分析技术的发展和加工技术的支持以及应用对象的融入，该研究已经给医学、化学和生物学等领域带来巨大变革，表现出了强有力的竞争优势。

芯片实验室按照结构和功能不同，可以分为微流控芯片和生物芯片两大类，从当前的研究内容和成果来看，微流控芯片已然成了热点发展领域。微流控芯片作为实验的载体相比于传统的实验室具有如下优点：试样和反应试剂的消耗量降低，这不仅节约了成本，还可以缩短反应时间，提高效率；芯片便于携带，可以用于现场的诊断和分析；可以进行并行处理以提高实验通量，为药物的筛选和系统测试提供了新的方法。

按照发展顺序，微流控芯片可以分为连续微流控芯片和数字微流控芯片，本章主要介绍数字微流控的相关内容。数字微流控（digital microfluidics, DMF）技术是一种对离散液滴进行独立操控的新型液滴操纵技术，其操纵的液滴尺寸一般在微升至皮升级别，相较于传统的连续微流控芯片，数字微流控芯片消耗试剂量更少，耗时更短且混合更均匀；不需微泵、微阀和其他可动器件；没有微通道，不易造成流体交叉污染并消除了死体积区域。数字微流控常见的驱动方法包括介电润湿（electrowetting on dielectric, EWOD）、静电力驱动、光诱导驱动、磁力驱动、声表面波驱动、介电泳、热毛细管法等，其中，基于介电润湿的电操纵数字微流控技术通过改变疏水表面上液滴的接触角进而完成了对离散液滴的精确控制，从而实现了对液滴的合并、输运、生成等操作的一体化和自动化，在数字微流控技术的研究中发展得最为迅速，应用也最为广泛。数字微流控技术基于其体积小、反应快、可并行、易携带等优势，已经在生物、化学、医药等领域广泛应用，如蛋白质的结晶、葡萄糖的检测、DNA中核酸序列分析和聚合酶链反应、药物合成与筛选等。

目前，国内外研究人员对微流控技术的研究具有很高的热情，但是对于功能多样且稳定性好的数字微流控芯片的设计和研究还不够深入，总的来说对于数字微流控芯片的研究还处于实验室阶段，芯片功能较为单一，不能将实验室中整套的实验应用到芯片上，而且大部分芯片稳定性较差，无法完全达到实验要求。同时人们对于介电润湿驱动的内在机理问题仍存在分歧，对芯片的设计和液滴操控的稳定性缺乏成熟的理论性指导，对接触角饱和现象也存在不同的解释，因此，未来研究人员对数字微流控芯片的研制及其中的微液滴操控研究具有重要的理论意义和应用价值。

5.2　数字微流控技术理论

5.2.1　表面润湿

在生活中或实验中，如果将液滴放置在一个固体表面上时，通常液滴会在固体表面铺展开来，这是因为液滴会受到表面张力的作用，从而表现出润湿的现象，这种现象就是表面润湿，又称为液体润湿固体。液体铺展的程度取决于液体的表面润湿特性，由于不同的固体表面、液滴以及周围介质的特性各不相同，因此液滴在固体上铺展的程度也各不相同，如果液体在固体表面上铺展开以覆盖最大的固体表面，则称为完全润湿；相反，如果液体保持球状以覆盖尽量小的固体表面，则称为完全疏水。完全润湿与完全疏水现象如图5-1所示。

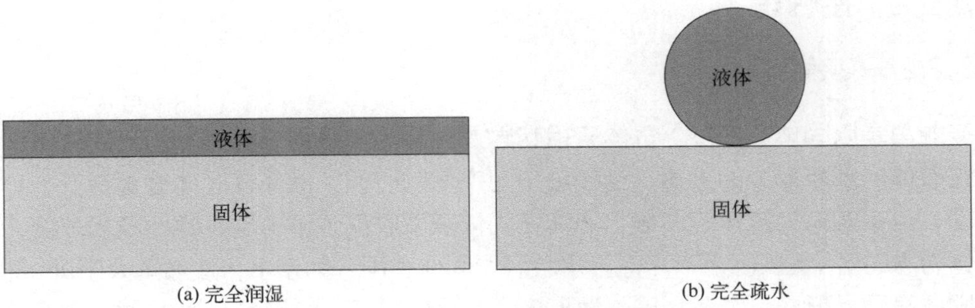

图5-1　完全润湿与完全疏水现象

这两种现象是固体、液体、气体这三者相互接触的表面上所发生的特殊现象，并且在生活中十分常见。如图5-2所示，早晨在草叶上形成的晶莹剔透的露珠，就是一种完全疏水现象。水银在地面上会形成圆球状，而水在地面上则不会凝聚成水珠，而是向周围扩散润湿地面，这说明了水对地面是完全润湿的，而水银对地面是完全疏水的，这些现象均反映了不同物质的润湿特性。

图5-2 草叶上的露珠

润湿现象不仅影响自然界当中动植物的活动，还与人们的生产生活息息相关，如健身时穿的紧身衣，设计时我们通常希望它能够与人体汗液的润湿效果较好，从而能够很好地吸收汗液，而对于雨衣的设计，我们则希望其能够对雨水具有完全疏水的特性，因此当今许多公司都着力于具有特殊润湿性能的材料的开发。目前对于特殊润湿性能的材料的研究主要有两个方向，首先是使固体表面亲水能力增强的研究，其次是使固体表面由亲水转变为疏水甚至超疏水的研究，近年来已经取得的研究成果已经应用到了如表面自清洁、防雾、防结霜、油水分离和微通道过程强化等。而判断液体是否亲水和疏水的标准，当前常用接触角来进行描述。

5.2.2 接触角

5.2.2.1 接触角

接触角是以固体、液体、气体三相交界处为起点，分别沿固体表面和液体表面作切线，在液体内部所形成的夹角，当接触角为锐角的时候，液体在固体表面铺开，称为亲水表面，当接触角为钝角的时候，液体在固体表面收缩，不扩展，称为疏水表面。当设定液体为水时，接触角小于90° 时，水会润湿固体表面，为亲水；接触角大于90° 时，水会在固体表面上形成单个的水珠，为疏水。极限情况下，当接触角为0° 时，称为完全亲水，当接触角为180° 时，则被称为完全疏水。

从微观上看，当覆盖在固体表面的液体较少时，液体的状态主要取决于固体、液体、气体三相之间的表面张力。通常设定气体-固体、固体-液体、气体-液体之间的表面张力为γ_{SG}、γ_{SL}、γ_{LG}，当三相在水平方向上合力为零的时候，则系统处于平衡态，可得到杨氏方程：

$$\gamma_{SG}-\gamma_{SL}=\gamma_{LG}\cos\theta \tag{5-1}$$

三相间的表面张力受力情况如图5-3所示，其中θ为接触角。

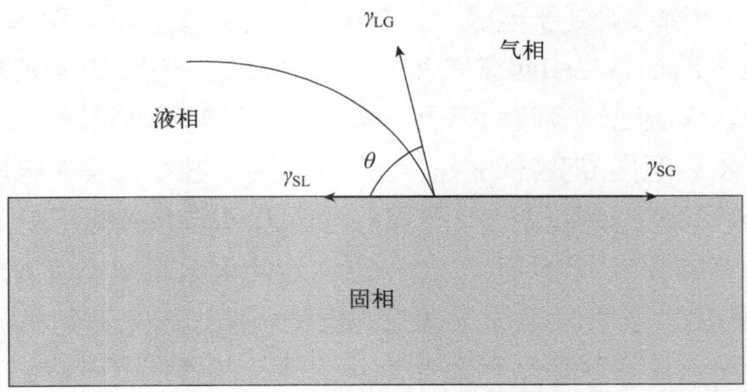

图5-3　三相间的表面张力受力情况

在部分润湿的情况下，从能量的角度分析，如果形成水膜可以减小系统能量的话，液滴就会铺展开形成薄膜。干燥固体表面上的表面能为γ_{SG}，润湿的固体表面单位面积上的表面能为$\gamma_{SL}+\gamma_{LG}$，如图5-4所示。S被称为铺展系数，它决定了液体在固体表面上是完全铺展还是部分铺展：

$$S=\gamma_{SG}-(\gamma_{LG}+\gamma_{SL}) \tag{5-2}$$

若$S>0$，液体会在固体表面上铺展开，$S<0$液体会形成液滴。可将式（5-1）代入式（5-2）中，可得到铺展系数S与接触角θ的关系为：

$$S=\gamma_{LG}(\cos\theta-1) \tag{5-3}$$

根据上式可以从能量的角度验证接触角的结论，当接触角$\theta=0°$时，$S=0$，刚好满足液滴铺展的条件；当$\theta=180°$时，S为极小值，此时$S=0$，液滴完全不润湿，此时液滴仅仅和固体存在点的接触。

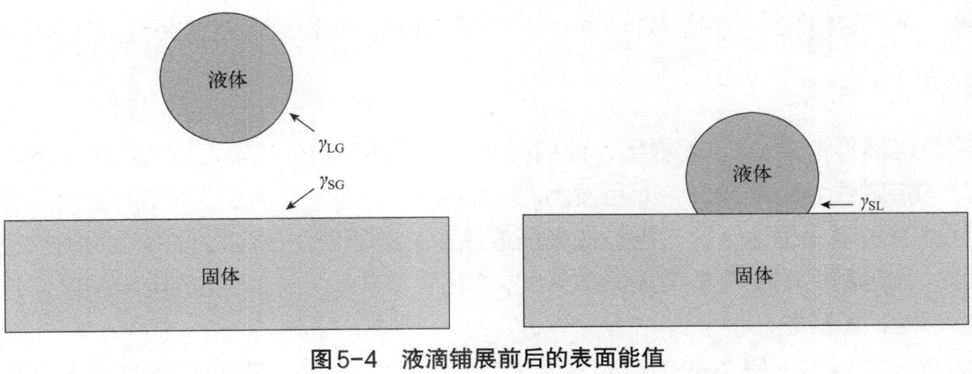

图5-4　液滴铺展前后的表面能值

5.2.2.2　接触角饱和

接触角饱和是一种常见的现象，为了解这种现象，首先要介绍的是介电润湿理论和李普曼-杨氏方程。当微液滴处于电极上，在电压的作用下，电荷聚集在液滴和介电层的界面上，当对微液滴通电后会引起微液滴的润湿性发生变化，这种现象称为电润湿。但是基于电润湿理论，在通电时液滴和电极界面形成的双电层非常薄，无法承受较大电压，以至于接触角尚未发生明显改变的时候，电荷就已经穿过双电层使电解液水解。为了解决这个问题，Berge介绍了使用薄的介质层将导电液体与金属电极分离以减少电解问题的想法，这就是著名的介电润湿原理，这一想法也使得该领域迅速发展。而著名的李普曼-杨氏方程是基于热力学的介电润湿理论提出的，通过该方程可知，只要控制外加电压的大小即可改变微液滴接触角从而改变其润湿性，在通入电压较低的情况下，接触角的变化与李普曼-杨氏方程吻合，随着电压的升高，接触角会单调减小，这就引出了接触角饱和现象，并且不再随着电压的增加而减小。此时如果继续增大电压，当电压过大超过了芯片的额定值的时候，便会将极板的介质层击穿。国内外当前对于接触角的饱和效应的解释仍存在各种争议，研究人员尝试从不同的角度来解释接触角饱和现象，如电荷捕获、液滴电阻、空气电离以及固体表面张力下降等。

（1）电荷捕获

Verheijen和Prins等发现在出现接触角饱和现象时，介质层表层会带少量电荷。他们认为是表层的电荷进入介质层内部，产生的电场削弱了外加电压的电场强度。因此假设电荷分布在介质层的某个特定的位置，且这些电荷分布均匀、密度相等，当外加电压超过一定值时，介质层内部的电荷量随着外加电压的增大而增大，产生的电压值正好抵消了外加电压，这样接触角就不再减小，出现了饱和现象。但是现阶段研究人员无法建立起外加电压与介质层材料的线性关系，也没能观察到介质层捕获电荷的微观过程。

（2）液滴电阻

Shapiro等认为在外加电场作用下的液滴相当于一个电阻，液滴的阻值会随着接触角的减小而增大，由于液滴电阻值增大引起的压降会抵消变大的外加电压，从而出现接触角饱和现象。虽然这种说法与实验数据相符合，但是这种解释和大电阻的关系还无法被证明。

（3）空气电离

空气电离理论由Vallet等提出，他们在实验中发现，当外加电压过高的情况下，盐溶液液滴的接触线会持续发光，而且发出的光的波长和周围几种已知气体的发射特性相吻合。因此空气电离理论认为，当外加电压过高时，电压产生的电场使液滴周围的空气发生电离，被电离后的空气将电压分散到固体表面，削弱了外加电压的电场强度，从而产生了接触角饱和现象。

固体表面张力下降指的是，随着外加电压的持续升高，液体附着的固体表面其表面张力会降低，当电压达到某一值的时候，固液表面张力会下降到0。但是表面张力不可能为负值，因此可能存在一个接触角饱和的极值电场，是这个极值电场造成了接触角饱和现象。

接触角饱和现象的出现严重降低了液滴的驱动效率，而解释接触角饱和现象的理论不具有普适性，因此当前学者致力于研究该如何降低液滴的驱动电压。大多数降低驱动电压的方法是使用更薄的介质材料或者更高的介电常数，当逐渐增大电压达到接触角饱和之前可以用15V电压得到40°的接触角，后续实验在液体中添加了表面活性剂，在相同材料的固体表面和介质层，接触角在4V电压的情况下可以达到100°，可以得出结论：通过减小表面能的方法也可以得到减小介质层厚度的相同效果。

5.2.2.3 接触角滞后

接触角滞后指的是实验值与理论值之差，是由微观尺度下的表面缺陷和粗糙造成的。这种现象是日常生活中十分常见的，比如下雨天从玻璃上缓缓滑落的雨滴（图5-5），仔细观察的话，可以看到其下方的接触角明显大于上方的接触角。

图5-5 玻璃上缓缓滑落的雨滴

1890年，约翰斯特拉特最先注意到了当液滴被放置在固体表面上，当其铺展开并处于稳定状态时可以有不同的平衡接触角。在20世纪末，Joanny和de Gennes等提出了前进角和后退角的概念，并由此引出了接触角滞后的概念。研究发现，三相接触线上的接触角可在某个范围内活动，这个角度范围内较小的角是当接触面即将缩小时所测出的角，叫作后退接触角，而范围中较大的角度是当固液接触面增大时所测出的角，叫作前进接触角，前进接触角和后退接触角之间的差值被称为接触角滞后（图5-6）。而在介电润湿效应过程中，对液滴的外加电压逐渐增大的过程中，液滴的三相接触性逐渐向四周扩展，此时的接触角称为前进角；当电压减小时，液滴的三相接触性向回收缩，此时的接触角称为后退角。在相同电压下前进角和后退角是不同的，于是同理两值的差值被称为介电润湿的接触角滞后。滞后角的存在，对于液滴驱动过程十分不利，在前进时只有当液滴运动势能克服液滴最大前进角的时候才能开始移动，而从润湿的固体表面后退时，由于表面损伤等因素，液滴接触角并不能完全恢复至初始接触角。因此滞后角使得液滴在驱动过程中形变减小，不利于液滴驱动，当前通常采用增大驱动电压的方式来弥补接触角滞后现象所引起的不足。

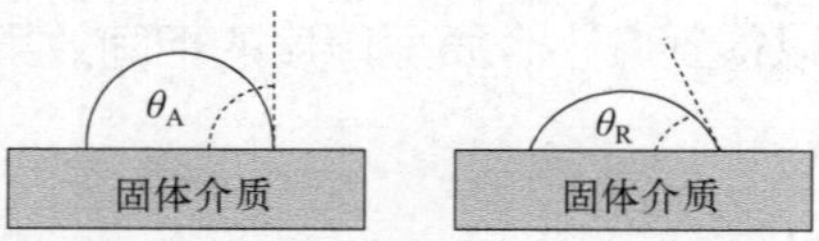

(a) 前进接触角　　(b) 后退接触角

图5-6　接触角滞后示意图

5.3　表面张力与介电润湿

5.3.1　表面张力及其调控

（1）表面张力

多相体系之间存在界面，通常人们把气体-液体、气体-固体之间的界面称为表面。在液体的内部，分子与周围其他的分子间存在着相互的吸引力，这个力也被称作范德瓦尔斯力。在液体表面的分子，分子所受的液体内部分子的分子力与外部分子对它的分子力的合力不为零，如图5-7所示，可以看出液滴内部所受的分子力为零，它们相互抵消，而液滴与外部气体之间也存在作用力，虽然这个作用力小于液体和液体之间的作用力，但是其合力不为零，并且垂直指向液滴内部。这个合力使得液滴发生了变弯的趋势，从而液体表面呈现出收缩的趋势，这种收缩的力从宏观上来看即为表面张力，表面张力的大小与物质的特性和温度有关。

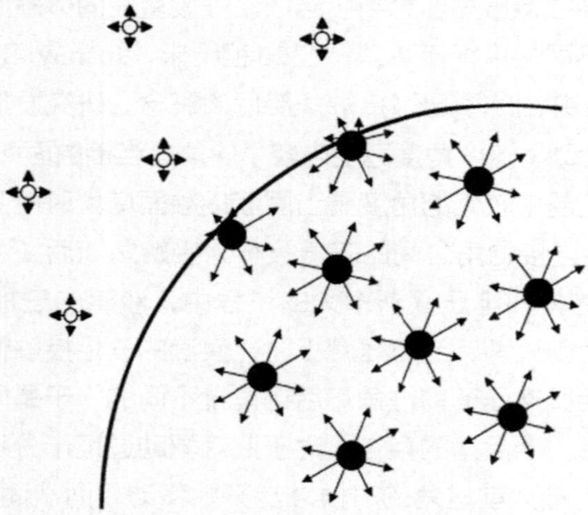

图5-7　气液界面附近分子间的相互作用

除了上述的气液交界时存在表面张力，互不相溶的两种液体界面之间同样存在表面张力，所不同的是液体与液体的相互作用通常比液体与气体之间的相互作用更加强烈，分子受到力的不对称性将更小。例如，在常温下（25℃）放置在空气中的水的表面张力是72mN/m，而放置于空气中的水和油的表面张力约为50mN/m，当两种液体放置在一起的时候，它的表面张力越小，就越能够证明其混溶的效果越好，当两种混合的液体之间的表面张力为零的时候，可以证明两种液体实现了完全互溶，比如淡水和盐水。表面张力系数的大小与液体的性质有关，与液面大小无关，表5-1给出了部分常见试剂放置在空气中时的表面张力。

表5-1 部分常见试剂放置在空气中时的表面张力

试剂名称	表面张力（25℃）/（mN/m）
纯净水	72
水银	425.4
甘油	64
烃类表面活性剂	25
聚硅氧烷类表面活性剂	20
氟碳类表面活性剂	47
乙二醇	47.7
苯	28.9
甲苯	28.4
甲醇	22.7
乙醇	22.1

关于表面张力存在性的验证，可以通过肥皂液的实验来证明，首先将铁丝绕成封闭环状结构，将其浸没在肥皂水当中，然后取出，环中会形成七彩的肥皂膜。实验中为了证明表面张力的存在，将线圈系在铁丝环上面，后重新浸入肥皂液，会形成肥皂膜，由于线圈的作用，其两边界的内外侧表面作用力大小相等方向相反，所以线圈可呈任意形状在膜上面移动，如果用笔戳破液膜，由于线圈内侧的张力消失，外侧张力仍然存在，线圈在外侧张力的作用下会固定成圆状，如图5-8所示（书后另见彩图），这样就证明了表面张力的存在。

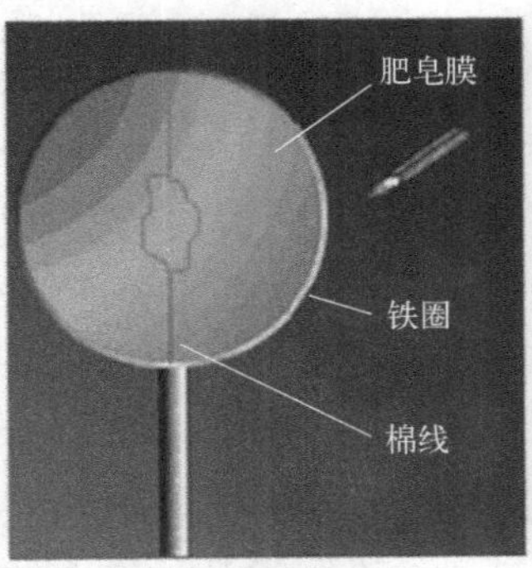

(a) 刺破线圈中央的液膜前

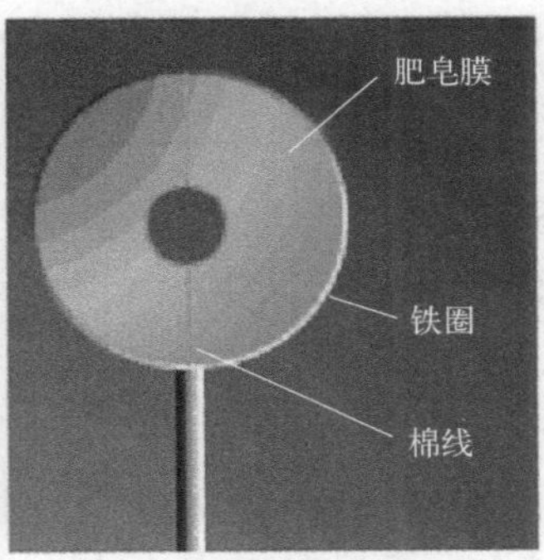

(b) 刺破线圈中央的液膜后

图5-8 表面张力的存在性实验

（2）表面张力的调控

表面张力属于物质自身的一种特性，其值的大小能通过施加可影响物质内部分子状态的条件来调节，与温度及界面性质等外界因素有关，因此改变微液滴的表面张力可以通过改变影响它的相关因素来实现。表面张力的变化会使得微液滴与其所处的固体表面的接触角的大小改变，所以在微液滴的固液界面产生一个表面张力的梯度就可改变固液交界面的局部润湿特性，使液滴的接触角发生改变，从而实现微液滴沿着该梯度方向的反方向运动。当前的研究中，根据原理不同，调控表面张力的方法主要分为了两类：主动式驱动和被动式驱动。

主动式驱动，主要包括热毛细管法、表面声波法、磁力驱动法、光驱动法、静电力驱动法、介电电泳驱动法以及介电润湿驱动法等。这些方法是通过外界施加的能量梯度改变接近固相表面的液体表面的活化分子浓度，从而构建液体表面的表面张力梯度，来改变固液表面的局部润湿性。

被动式驱动，主要指的是两相流或者多相流微流控芯片以及具有凹凸结构设计的数字微流控芯片，可以通过设计固体表面的特殊结构来产生一个表面张力梯度，从而改变固液界面的局部润湿性。

各驱动法的优缺点简单归纳如表5-2所示。

表5-2 改变表面张力的不同方法优缺点对比

驱动方法	优点	缺点
多相流法	能较为容易地对大量液滴进行操作	结构比较复杂，无法精确地操纵一个液滴
热毛细管法	液滴物理、电学性质不变，可对单个液滴进行精确操作	系统需要较大的温度梯度，液滴运动速度慢、液滴蒸发损失量较大
磁力驱动法	驱动力大，系统阻力较小	不易集成
光驱动法	纯光学方法，不需要辅助电路，易于操作多个液滴	不易集成，且驱动力小
介电电泳法	驱动能量低，外围结构简单	驱动电压过大，容易产生较大的焦耳热效应，不易于实现系统的进样
介电润湿法	驱动能量低，结构简单，反应速度快，可同时对多个液滴进行操控	容易出现接触角饱和，介质层被击穿
静电力驱动法	焦耳热效应小	所需外加电压较大
表面声波法	易于远程驱动	不易集成，驱动力较小
特殊结构法	初始接触角极大，疏水，驱动力较大	芯片结构复杂，不易对多液滴进行操控

被动式驱动的主要特点是能够快速地产生大量的微液滴，可以并行处理，在芯片的设计时，可以设计出高通量的结构。但是无论是多相流法还是特殊结构法，被动式驱动最大的弊端就是无法对单个液滴进行操控，单个液滴的可控性与可操作性较低，不适用于针对单个液滴进行操作的数字微流控芯片。主动式驱动方法中，表面声波法、光驱动法和热毛细管法的问题是驱动力较小，液滴的运动速度较慢；静电力驱动法和磁力驱动法的液体驱动力较大，但是其芯片的结构较复杂，难以设计成较小结构，不便于携带；介电电泳法结构简单，但是所需的电压通常较大，容易产生焦耳热；介电润湿法的驱动

电压较低、结构简单、反应迅速，而且可以对多个液滴进行操控，通过与其他方法的对比，介电润湿法是数字微流控芯片对液滴进行操控的最佳方式。

5.3.2　介电润湿

介电润湿效应是电控制表面张力的一种方法，它是从电润湿效应发展而来，是数字微流控技术的基本驱动原理。

（1）电润湿

电润湿（electrowetting, EW）是指微液滴位于电极上，当对微液滴通电以后会使得微液滴的润湿性发生变化的现象。电润湿原理是通过外加电压的正极接驱动电极单元，负极接入微液滴中，从而形成闭合回路。一开始固体表面与电解液直接接触，会形成一个极性的电双层（electrical double layer, EDL）过渡区，电双层的存在阻止了电荷的交换，随着外加电压的接入，等量的异种电荷聚集在电双层的两边，电荷密度增加，固液界面表面张力减小，导致接触角减小，润湿性增强，液滴会在固体表面上铺展开来，电润湿示意图如图5-9所示。

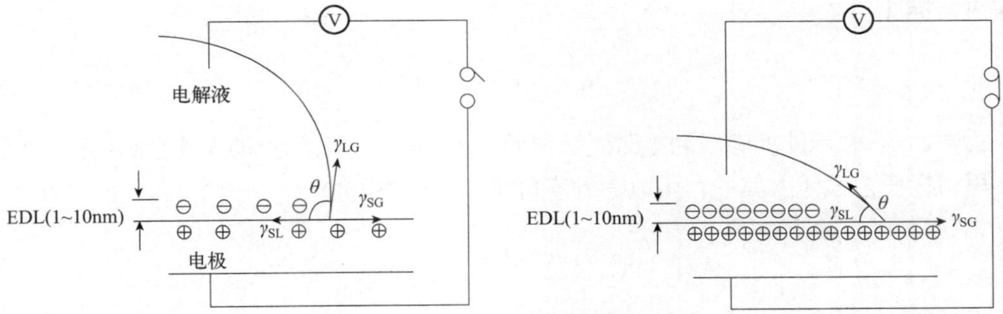

图5-9　电润湿示意图

电双层过渡区位于液体中，具有纳米级非常薄的厚度，因此它能够承受的电压非常小，以至于在液滴尚未获得较大的接触角变化的时候，电荷就已经越过电双层使电解液发生了水解，为了解决这个问题，人们提出了介电润湿理论。

（2）介电润湿现象

为了防止微液滴的电解，Berge提出了在导电基板和液体之间增加绝缘介质层，克服了直接接触时产生的问题，当给介质层施加电压的时候，微液滴在介质层表面的润湿特性一样会发生改变，这便是著名的介电润湿。因为添加的介质层在理想情况下可以阻止电荷的交换，在高电场强度的情况下，能够形成电荷的再分布，因此可以获得较大的接触角变化量，从而获得较大的驱动力。另外，介质层的加入隔开了电解液和金属电极，增加了介质层材料选择和器件设计的灵活性。

介电润湿现象如图5-10所示。首先将需要操控的液滴放置在疏水的介质层表面，外部电压通过插入液滴的电极来施加电场于微液滴和介质下衬底电极之间，此时固液界面和介质层可以等效为平行板电容，通过外加电场控制电荷的充放电。

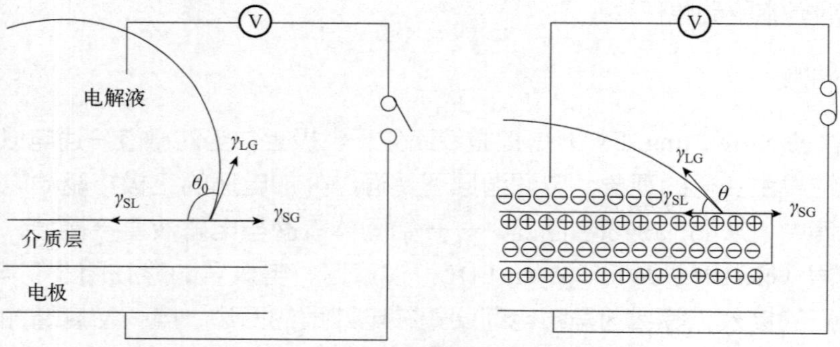

图5-10　介电润湿示意图

介电润湿现象中的外加电场的大小与固液界面上的表面张力的关系可以用李普曼方程来进行描述：

$$\gamma_{SL}=\gamma_{SL0}-\frac{\varepsilon_0\varepsilon_d}{2d}V^2 \tag{5-4}$$

式中，γ_{SL0}表示外加电压为零时固液界面上的张力；V表示外加电压；d表示介质层厚度。再将杨氏方程代入其中，可以得到李普曼-杨氏方程为：

$$\cos\theta=\cos\theta_0+\frac{\varepsilon_0\varepsilon_d}{2d\sigma_{LV}}V^2 \tag{5-5}$$

李普曼-杨氏方程表面接触角随着电场强度的增加而持续减小，该方程在一定的参数范围内符合实验现象，是基于热力学的介电润湿理论模型。但是研究人员发现李普曼-杨氏方程无法解释一些实验现象，如接触角饱和现象等。在之后的研究中人们还提出了基于电力学的介电润湿理论模型，与热力学模型相比，电力学模型更为精细地反映了接触线附近的电场信息，但是电力学模型要求解出细致的电场分布，因此仅能针对一些较简单的情况。

（3）介电材料

在介电润湿现象中介电材料的选择是十分重要的，如介质层是介电润湿中重要的一环，它的材质的好坏直接关系到工作电压的大小和器件的可靠性，介质层的材料需要具备以下优点：高介电常数、低本征电荷、良好的热稳定性和良好的耐久性。截至目前，所报道的应用于介电润湿的介电材料主要有聚合物介电材料和无机物介电材料两大类。

聚合物介电材料，如聚二甲基硅氧烷（polydimethylsiloxane, PDMS）作为一种热固性橡胶，其具有优良的弹性、可塑性和透光性，制膜工艺简单，通过简单的旋涂就可以制得厚度为微米级的薄膜，同时其具有良好的疏水性，能够满足介电润湿器件对大初始角和高介电常数的要求，是介电润湿器件制备时常用的材料。聚对二甲苯作为一种高结晶度的热塑性高分子材料，具有很好的绝缘性能、光学性能、稳定性等，聚对二甲苯在各类介电润湿材料中应用最为广泛，但是其疏水性较差，因此使用该材料时常常和其他疏水性较好的材料配合使用。

无机物介电材料，如二氧化硅薄膜具有良好的硬度、耐腐蚀性、透光性等性质，作为介电材料的二氧化硅薄膜为了弥补其疏水性上的不足，常在薄膜上涂覆一层具有优异疏水性的高分子聚合物薄膜。氧化铝薄膜具有透明性好、硬度高、耐久度好的特点，作为介电材料应用时具有结构紧密、黏附性强、介电常数高等优点，常用于数字微流控领域。其他常见的无机物介电材料还有如氧化钽、氮化硅等。表5-3总结了常用的聚合物有机介电材料和无机物介电材料的主要性能参数。

表5-3 应用于介电润湿器件中的介电材料及主要性能参数

介电材料类型	材料名称	相对介电常数	接触角（水）	制备方法
聚合物有机介电材料	聚二甲基硅氧烷	2.3 ～ 2.8	115°	旋涂法
	聚对二甲苯	2.65 ～ 3.15	96°	旋涂法
	SU-8	3.2 ～ 4.1	84°	旋涂法
	甲基丙烯酸甲酯	4	80°	旋涂法
	聚酰亚胺	3.4	72°	旋涂法
	P(VDF-TrFE)	7.6 ～ 11.6	100°	旋涂法
	聚四氟乙烯	2.0 ～ 2.1	120°	旋涂法
无机物介电材料	二氧化硅	4.5	46.7°	热氧化法
	氮化硅	7.5	30°	等离子体增强化学气相沉积法
	氧化铝	5.5 ～ 8.5	＜90°	磁控溅射法
	氧化钽	18.5 ～ 27.5	＜90°	磁控溅射法
	钛锶氧化物	225 ～ 265	41°	金属有机化合物气相沉积法

注：P(VDF-TrFE)指偏氟乙烯与三氟乙烯的共聚物。

5.4 数字微流控液滴操控

对液滴的基本操作包括液滴的生成、合并、分裂和运输。在基于介电润湿理论的数字微流控芯片上，这四种操作的原理都是通过施加外部电压，改变固体液滴接触面上的表面张力，使其作为操纵液滴的动力。如图5-11所示，微液滴处于两个电极之间，当两个电极都未通电时，微液滴的接触角在水平上各个方向相等，处于平衡状态。当对2号电极通电后，微液滴左侧的接触角保持不变，而右侧的接触角会减小，微液滴左右两侧表面曲率半径不一致，会在液滴内部产生压力差，这个压力差会迫使液滴有运动的趋势，继续寻找新的平衡状态。随着电压的增大，液滴内部的压力差会使得液滴向加电压的方向移动。因此，对按照一定频率施加电压就能够操控液滴的运动轨迹，实现对液滴的操纵与控制，从而满足实验要求。

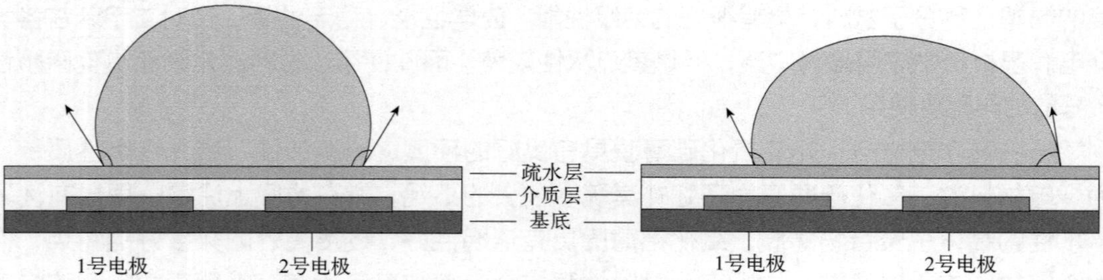

图5-11　微液滴操纵模型示意图

5.4.1　微液滴生成机理

微液滴的生成是指在微流控系统当中，从较大体积的液体上面分出较小体积的液滴的操作。一般的生成方法是将一个大液滴从储液池电极中生成指状水柱来控制液滴的形成。典型的微液滴生成过程如图5-12所示（书后另见彩图），首先将右侧池中电极打开，其他电极均接地，稳定后关闭右侧池电极，打开其他电极。根据介电润湿原理，在小电极单元阵列会形成一条长水柱。然后激活储水池电压，将液体向回拉，目的是能够拉断水柱，以便形成单个液滴。液滴生成的关键在于通过调制电极开关，能够形成足够的压力差。

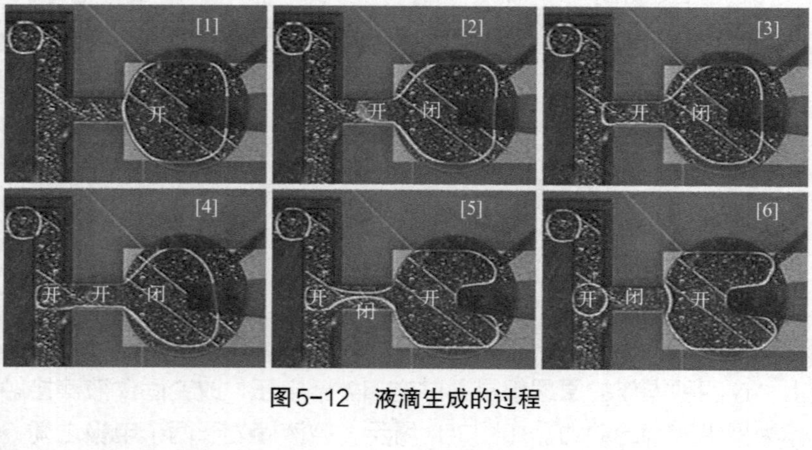

图5-12　液滴生成的过程

在实际的研究当中，液滴的生成过程不仅需要控制压力差，影响液滴生成的因素还包括电极的性质和参数、电极所施加电压幅值与频率、疏水表面性质等，关于微液滴生成的定量描述在未来还需要进一步研究。

5.4.2　微液滴合并与分裂

（1）微液滴的分裂

微液滴的分裂过程和微液滴生成过程比较类似，只是液滴的生成是将部分液体从大的储液池中分离出来，而液滴的分裂过程是将一个大液滴一分为二成为两个小液滴。为了实现液滴的分裂，至少需要三个电极来进行操控。首先，将三个相邻电极的中间电极上放置一个液滴，液滴的大部分覆盖在中间电极上，同时保持液滴两端与左右两侧相邻电极都有接触，然后对左右两端电极施加电压，而中间电极接地，这样左右两侧电极的表面张力会发生改变，因此液滴受到压力差的作用，会向左右两侧拉伸，沿着左右两侧轴向运动。而由于中间电极未通电，液滴的中心没有表面张力的改变将不会运动，所以液滴的具体情况表现为两端延伸中间变扁，随着液滴中间凹陷得越来越严重，最后大液滴会分裂为两个小液滴，实现液滴的分裂，具体的液滴分裂过程如图5-13所示。

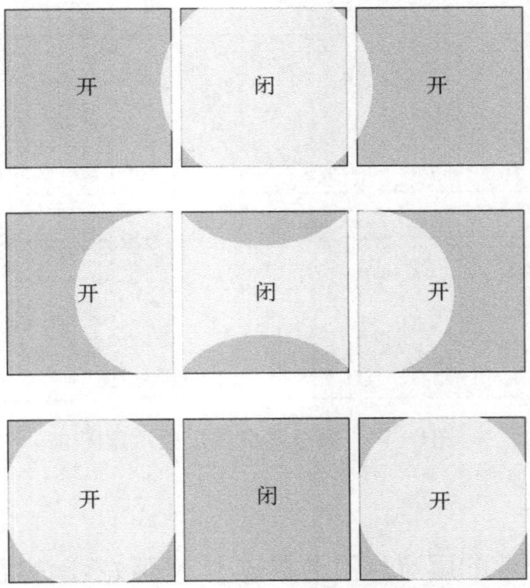

图5-13　微液滴分裂过程示意图

在操控液滴进行分裂的过程中，最常出现的问题是分裂出的两个小液滴大小不均等，微流控芯片的参数是液滴分裂能否成功的必要条件。有研究人员指出只有采用封闭型的微流控芯片才能实现液滴的分裂，通过微液滴分裂模型的建立，确定了液滴分裂的决定性条件是上下极板间距与驱动单元电极尺寸的比值不能超过0.22；且上下极板的间距越小，电极单元尺寸越大，大液滴分裂的效果就越好。他们还指出除电极尺寸与上下极板间距以外，电极的样式、液滴的表面张力、电极电压的大小、接触角饱和、加压时序和液滴分裂时左右两端是否对齐等都影响液滴的分裂效果。

（2）微液滴的合并

在微流控芯片实验室中，被测样品的前处理、稀释、生化反应或者培养液的供给等功能的实现，均需要液体的混合处理，因此实现微液滴的合并操作十分重要。液滴的合并与液滴的分裂是两个完全相反的过程，主要的方法是操控两个或者多个微液滴以一定速度输运到同一个芯片上面，再借助扩散作用实现多个微液滴的合并。具体的液滴合并过程如图5-14所示，同液滴的分裂一样，同样需要三个电极来进行控制。首先，将两个液滴分别置于左右两侧的电极上面，使其分别覆盖左右两个电极的同时与中间电极接触，然后对中间电极施加电压并且使中间电极接地，由于表面张力的改变，两液滴会受到压力差的作用，同时向中间电极运动，直到两个液滴能够合并为一个较大的液滴后停止。

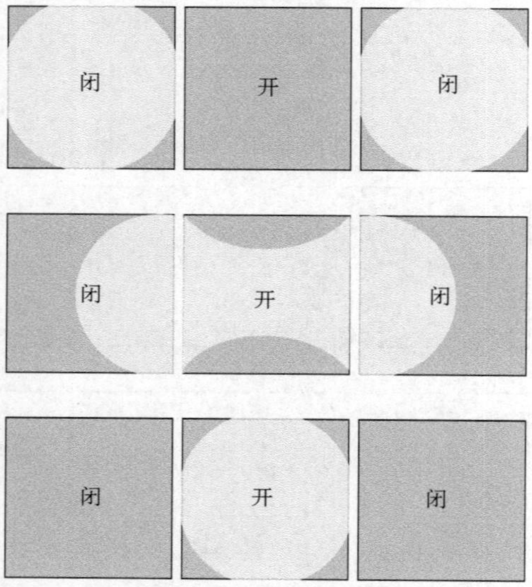

图5-14　微液滴合并过程示意图

液体的流动主要为低速的层流且雷诺数较小，导致液滴的混合难度较大，因此基于介电润湿法的数字微流控芯片在微米和纳米级的液滴合并中应用较为广泛。在液滴运动的边缘位置上，液滴内部液体的流速很高，液体不仅混合得快速同时混合得十分均匀，实验中为了提高液滴混合的均匀度，通常采用多次混合分裂再混合的办法，逐步提高液滴合并的均匀程度以达到实验要求。与上述液滴的分裂类似，上下极板的间距与驱动单元电极尺寸的比值、电极电压的大小、接触角饱和、电极的样式、液滴的表面张力、加压时序等，都是影响液滴合并效果好坏的重要因素。

5.4.3　微液滴运输

微液滴的运输是通过控制液滴的润湿性来实现的。当微液滴位于驱动电极和非驱动电极之间的边界上时，通电产生的电润湿现象使驱动电极上方的液滴在一侧形成表面张力梯度，这时由于压力差的作用，微液滴会开始移动，寻找新的平衡点。在实验操作时，通过调节电压大小、持续时间和频率等参数，液滴可在芯片上按照设定的顺序进行运输。图5-15为液滴移动时的受力分析图，在未施加电压的时候，上下极板间的接触角相等，在施加电压以后，液滴右侧与下方极板的接触角会变小。

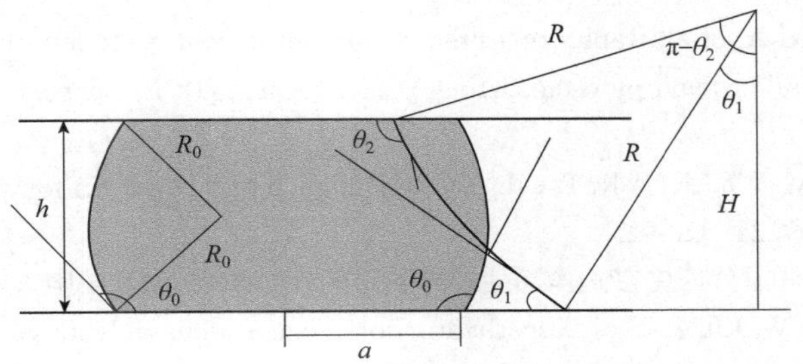

图5-15　液滴移动过程受力分析

为了减少运输过程中微液滴的蒸发，可采用双极板芯片或者将微液滴置于硅油介质的环境中，但是由于上极板的阻碍作用，在单极板系统中液滴的运输速度远大于双极板系统的运输速度。另外疏水层表面越光滑、微液滴越洁净（微液滴表面没有被灰尘等杂质污染），微液滴的运输速度就越大。除此之外，影响微液滴运输速度的因素还有接触角滞后、初始接触角大小、施加电压幅值与频率、施加电压时序等。目前，国内外各研究人员设计的数字微流控芯片都只能实现微液滴的一维运输，要实现微液滴的二维运输需要更加复杂的驱动电极单元阵列布局，上海的一家微流控芯片公司推出了一种可以对微液滴进行二维运输操作的数字微流控芯片。它们设计的芯片如图5-16所示，是由上下两层条形驱动电极相互垂直交叉所形成的双层结构的驱动电极阵列，通过对阵列中的一个或者多个电极按一定时序施加电压以及双层结构电极的互相配合，实现了微液滴的二维运输。

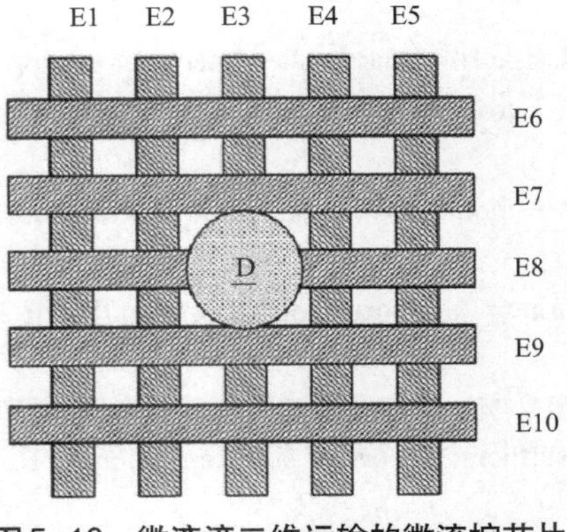

图5-16　微液滴二维运输的微流控芯片

参考文献

[1] Manz A, Graber N, Widmer H M. Miniaturized total chemical analysis systems: a novel concept for chemical sensing[J]. Sensors & Actuators B Chemical, 1990, 1(1-6): 244-248.

[2] Dittrich P S, Manz A. Lab-on-a-chip: Microfluidics in drug discovery[J]. Dressnature Reviews Drug Discovery, 2006, 5(3): 210-218.

[3] Choi K, Ng A H C, Fobel R, et al. Digital microfluidics[J]. Annual Review of Analytical Chemistry, 2012, 5(1): 413.

[4] Fz A, Qr A, Xl A, et al. Rapid, real-time chemiluminescent detection of DNA mutation based on digital microfluidics and pyrosequencing—ScienceDirect[J]. Biosensors and Bioelectronics, 2019, 126: 551-557.

[5] Abdelgawad M, Wheeler A R. The digital revolution: a new paradigm for microfluidics[J]. Advanced Materials, 2009, 21: 920-925.

[6] 刘启超. 介电润湿效应中接触角滞后现象的研究[D]. 南京：南京邮电大学, 2015.

[7] Zhang Y, Shu W, Liu F, et al. Superhydrophobic nanoporous polymers as efficient adsorbents for organic compounds[J]. Nano Today, 2009, 4(2): 135-142.

[8] 宋善鹏，于志家，刘兴华，等. 超疏水表面微通道内水的传热特性[J]. 化工学报, 2008, 59(10): 2465-2469.

[9] Carrillo L, Soriano J, Oritn J, et al. Interfacial instabilities of a fluid annulus in a rotating Hele-Shaw cell[J]. Physics of Fluids, 2000, 12(7): 1685-1698.

[10] Wang J Y, Betelu S, Law B M. Line tension approaching a first-order wetting transition: experimental results from contact angle measurements[J]. Physical Review E Statistical Nonlinear & Soft Matter Physics, 2001, 63(3): 031601.

[11] Wang Z Q, Zhao Y P, Huang Z P. The effects of surface tension on the elastic properties of nano structures[J]. International Journal of Engineering Science, 2010, 48(2): 140-150.

[12] Quilliet C, Berge B. Electrowetting: a recent outbreak[J]. Current Opinion in Colloid & Interface Science, 2001, 6(1): 34-39.

[13] Mugele F G, Baret J C. Electrowetting: from basics to applications[J]. Institute of Physics, 2005(28): R705-R714.

[14] Verheijen H, Prins M. Reversible electrowetting and trapping of charge: Model and experiments[J]. Langmuir, 1999, 15(20): 6616-6620.

[15] Shapiro B, Moon H, Garrell R L, et al. Equilibrium behavior of sessile drops under surface tension, applied external fields, and material variations[J]. Journal of Applied Physics, 2003, 93(9): 5794-5811.

[16] Vallet M, Vallade M, Berge B. Limiting phenomena for the spreading of water on polymer films by electrowetting[J]. The European Physical Journal B—Condensed Matter and Complex Systems, 1999, 11(4): 583-591.

[17] Joanny J F, Gennes P. A model for contact angle hysteresis[J]. The Journal of Chemical Physics, 1984, 81(1): 552-552.

[18] Guggenheim E. The principle of corresponding states[J]. The Journal of Chemical Physics, 1944, 13(7): 253-261.

[19] 覃昭君. 开放体系下电介质上的电润湿的研究[D]. 广州：暨南大学, 2011.

[20] Navascues G. Liquid surfaces: Theory of surface tension[J]. Reports on Progress in Physics, 1979, 42(7): 1131.

[21] Zdziennicka A, Jańczuk B. Adsorption of cetyltrimethylammonium bromide and propanol mixtures with regard to wettability of polytetrafluoroethylene. I. Adsorption at aqueous solution-air interface[J]. Journal of Colloid & Interface Science, 2008, 317(1): 44-53.

[22] 凌明祥. 基于介电润湿效应的微液滴操控研究[D]. 哈尔滨：哈尔滨工业大学，2011.

[23] Srinivasan V, Pamula V K, Fair R B. An integrated digital microfluidic lab-on-a-chip for clinical diagnostics on human physiological fluids[J]. Lab on A Chip, 2004, 4(4): 310-315.

[24] Mugele F, Baret J C. Mugele F G , Baret J C . Electrowetting: from basics to applications[J]. Institute of Physics, 2005(28): 1-7.

[25] Berge B. Electrocapillarity and wetting of insulator films by water[J]. Comptes Rendus del'Academie des Sciences, 1993, 317(2): 157-163.

[26] 赵平安. 基于介质上电润湿效应的数字微流控器件[D]. 上海：复旦大学，2009.

[27] Jones T B. An electromechanical interpretation of electrowetting[J]. Journal of Micromechanics & Microengineering, 2005, 15(6): 1184-1187.

[28] 王亮，段俊萍，王万军，等. 介电材料在介电润湿器件中的应用进展[J]. 材料导报，2016, 30(19): 70-76, 88.

[29] Schuhladen S, Banerjee K, Stürmer M, et al. Variable optofluidic slit aperture[J]. Light:Science & Applications, 2016, 5(1): 7.

[30] Blake T D, Clarke A, Stattersfield E H. An investigation of electrostatic assist in dynamic wetting[J]. Langmuir, 2000, 16(6): 2928-2935.

[31] Srinivasan V, Pamula V K, Paik P, et al. Protein stamping for MALDI mass spectrometry using an electrowetting-based microfluidic platform[J]. Proceedings of SPIE—The International Society for Optical Engineering, 2004, 5591: 26-32.

[32] Cho S K, Moon H, Kim C J. Creating, transporting, cutting, and merging liquid droplets by electrowetting-based actuation for digital microfluidic circuits[J]. Journal of Microelectromechanical Systems, 2003, 12(1): 70-80.

[33] Berthier J, Clementz P, Raccurt O, et al. Computer aided design of an EWOD microdevice[J]. Sensors & Actuators A Physical, 2006, 127(2): 283-294.

[34] Abdelgawad M, Park P, Wheeler A R. Optimization of device geometry in single-plate digital microfluidics[J]. Journal of Applied Physics, 2009, 105(9): 259.

第6章 微流控芯片在船舶海洋环境中的应用

6.1 概述

鉴于微流控芯片的技术优势，微流控芯片在细胞培养、操控、裂解、刺激、分析以及单细胞研究领域得到了广泛的应用；同时以细胞微流控芯片为基础，大量器官芯片被开发出来用以研究人类肝脏、肾脏、皮肤、脑组织、心脏等器官的工作机制及其药物反应等；同样为了满足微生物体系的发展需求，微生物芯片也发展迅速并在毒性测试、耐药性测试、微生物电池等方面得到广泛应用；面向全球的即时诊断需求，大量基于分子诊断和免疫分析的微流控芯片也正走向产业化。除此之外，微流控芯片的强大功能还受到了众多其他领域的关注，包括合成化学、食品安全、环境检测等。本章将对微流控芯片的应用领域进行简要补充，重点结合应用案例介绍微流控芯片在船舶、海洋环境监测、化学和药物合成以及食品安全领域的发展和应用。

6.2 微流控芯片在船舶压载水检测领域的应用

船舶在停泊或航行中，容易受到风浪等外力的干扰，船舶在外力矩的作用下将产生一定的倾斜角，船舶的平衡状态被打破，出现安全隐患。为了控制船舶的横倾、纵倾、吃水、浮态、稳性及应力，及时调整因运行发生的船载物品变化而带来的影响船舶稳定的问题，在船上加装一定量的压载水来使其保持适当的纵倾度和吃水深度，使船舶能够在浮力和自身重力的共同作用下产生复原力矩来抵消外力矩（图6-1，书后另见彩图）。目前船舶压载水的来源多为船舶的始发港或途经的沿岸水域。

国际海洋考察理事会（ICES）的数据表明，全球每年约有120亿吨船舶压载水在世界各地的港口排放，其中包含的生物种类达7000余种。94%的潜在有害水生物通过压载水跨区域传播，外来生物入侵已被全球环境基金列为海洋环境的四大危害之一。船舶压载水中携带的有害微藻在转移到地理上隔绝的另一片海域后，生存环境的变化可能会导致微藻暴发性急剧增殖，引发赤潮灾害，严重破坏当地海洋生态系统；携带的病原菌，例如有毒霍乱弧菌、肠道球菌和大肠埃希菌等可能引发全球范围的疫情或鱼病，给海产养殖业造成沉重冲击，严重危害人类健康。

为了防止船舶压载水引起的外来生物入侵，维护海洋生态系统的平衡与稳定，国

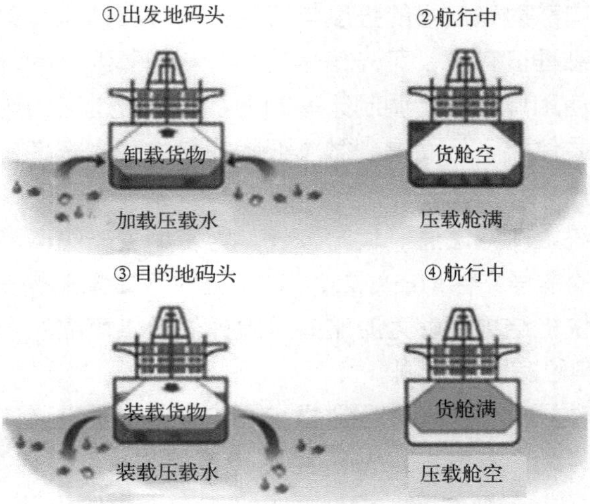

图6-1　船舶压载水的作用

际海事组织（IMO）于2004年制定了《国际船舶压载水和沉积物控制与管理公约》。该公约于2019年1月22日对我国正式生效，执行D-2排放标准，核心要求如下：最小尺寸大于等于50μm的可检出存活水生物浓度<10个/m^3；最小尺寸大于等于10μm且小于50μm的可检出存活水生物浓度<10个/mL（微藻是该范围内的主要生物）；有毒霍乱弧菌、肠道球菌和大肠埃希菌的可检出浓度分别为<1CFU/100mL、<100CFU/100mL和<250CFU/100mL。我国作为IMO的A类理事国，有责任和义务履行公约的相关要求，对进入管辖水域的船舶实施监督检查，防止船舶压载水中携带的有害水生物及细菌对海洋环境和国民健康带来威胁。

6.2.1　船舶压载水典型生物污染物——赤潮藻的检测

船舶压载水中微藻细胞的传统检测方法包括显微镜法、生物量测定法、细胞染色法、脱氢酶活性测定法、流式细胞术以及脉冲幅度调制荧光测定法。光学显微镜能够直接观察到微藻细胞的形态特征，例如颜色、鞭毛、轮廓以及细胞器的分布情况等，并根据胞体的完整性及细胞的运动能力来评估其活性状态；荧光显微镜能够根据微藻细胞发出的叶绿素荧光来评估其活性状态。生物量测定法通过检测一段时间内微藻群落的细胞密度、叶绿素含量、细胞干重等一系列指标的变化来评估微藻群落的活性状态。活性染色法根据活性染料（例如中性红、台盼蓝等）能否对细胞质与细胞核扩散性染色来判断细胞的活性，在活细胞中这些染料呈颗粒状积聚在细胞质或液泡中，当细胞受损或死亡时染料扩散到整个胞体中。细胞染色法利用两种细胞膜渗透性不同的染料［例如二乙酸荧光素（FDA）、碘化丙啶（PI）等］同时对细胞进行染色处理，根据荧光的颜色差异来判断细胞的活性状态。脱氢酶活性测定法通过测定微藻细胞能量代谢反应的催化剂——脱氢酶的活性水平来评估微藻细胞的生存状态。流式细胞术利用鞘液的约束使微藻细胞悬液在向前流动的过程中聚焦，使细胞排成单列并逐个受光激发，从而得到细胞的散射光信号和荧光信号，其中前向散射光信号的强度与细胞的尺寸和体积有关，侧向散射光信号的强度与胞体的结构复杂程度有关，荧光信号的强度与微藻细胞的叶绿素含量有关。脉冲振幅调制荧光测定法使用具有一定调制频率的测量光，通过饱和脉冲来消耗微藻细胞的光系统Ⅱ中氧化态的质体醌，从而得到微藻细胞的最大荧光产率，能够对微藻群落的活性状态进行定量评估。

船舶压载水的传统检测方法通常耗时较长，为了缩短船舶滞港时间，提升海关通关率及通流效益，IMO的指导文件MEPC.252（67）建议港口国船舶安全检查员应该对进港船舶进行快速检测。快检结果能够为船舶的风险评估提供可靠的依据，辅助判断该船舶是否需要进行详细的实验室标准检测。

微藻细胞属于自发荧光细胞，叶绿素分子在430nm附近有个较大的吸收峰，在680nm附近有个较大的荧光发射峰。Wang等将微流控芯片作为检测微平台，如图6-2所示，微通道在检测区域处逐渐收窄，迫使微藻细胞在微泵的驱动下逐个通过检测区域，通过激发光诱导叶绿素荧光来对微藻细胞进行检测。为了避免船舶压载水中的微塑料颗粒等杂质对检测结果的影响，Ding等研究了叶绿素荧光信号拟合曲线的波形变化规律，分析了微藻细胞叶绿素荧光增强和衰减的动力学特性与能量分配机制、光合电子传递的活化与抑制、质子的跨膜输运、受体池的消耗等生理调节过程的联系，基于拟合函数的参数分析，提出了叶绿素荧光信号特异性识别方法。当样本中包含多种微藻细胞时，很难通过一个固定的荧光产率标准来评估每个微藻细胞的活性状态，为了解决这个问题，Ding等提出了单微藻细胞活性定量表征方法，如图6-3所示（书后另见彩图），使用弱、强两级光依次作用于同一个微藻细胞，激发光的光量子通量密度介于暗适应水平与饱和光水平之间，两级光激发的荧光产率差额与强光激发的荧光产率的比值记作相对荧光产率，通过这种方式将数据归一化处理并映射到0 ～ 1范围内，减少了造成不同种类微藻细胞荧光产率差异的可变性因素的影响。

直流阻抗脉冲传感检测法基于库尔特原理，当悬浮在缓冲液中的微藻细胞随缓冲

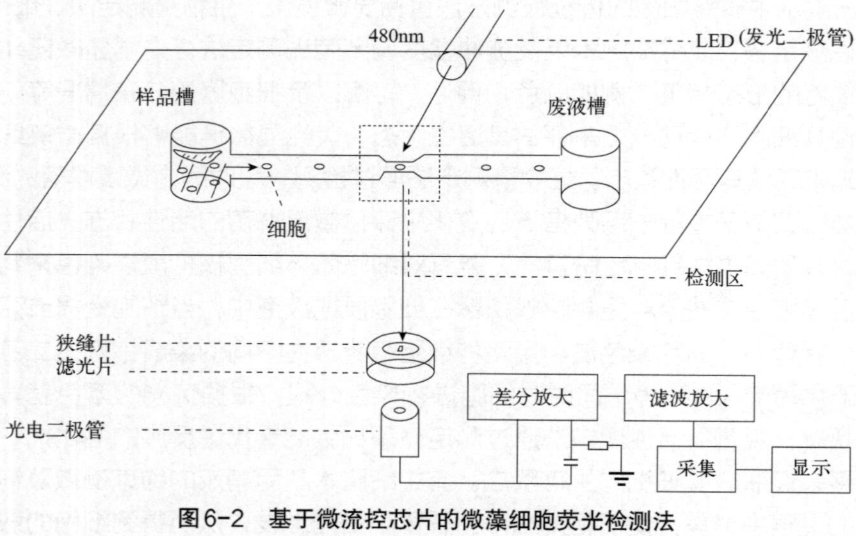

图6-2　基于微流控芯片的微藻细胞荧光检测法

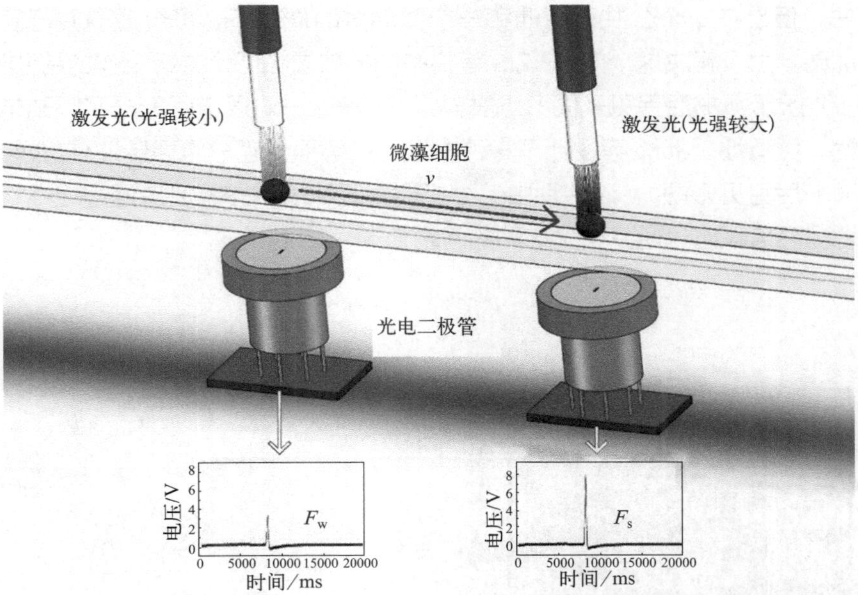

图6-3　强、弱两级光激发单微藻细胞活性定量表征方法

液通过检测区时，细胞会取代相同体积的缓冲液，在恒电流电压的供电条件下，细胞的到来会导致检测区左右两电极间电阻发生变化，进而产生电位脉冲。脉冲信号的大小和个数与细胞的尺寸和数量成正比。Wang等将激光诱导叶绿素荧光与直流阻抗脉冲传感技术相结合（如图6-4所示），能够快速判别样品中微藻细胞的活性状态，同时对细胞进行计数。提高检测通量的一种有效的手段是集成多个人工孔或者使用多个通道平行

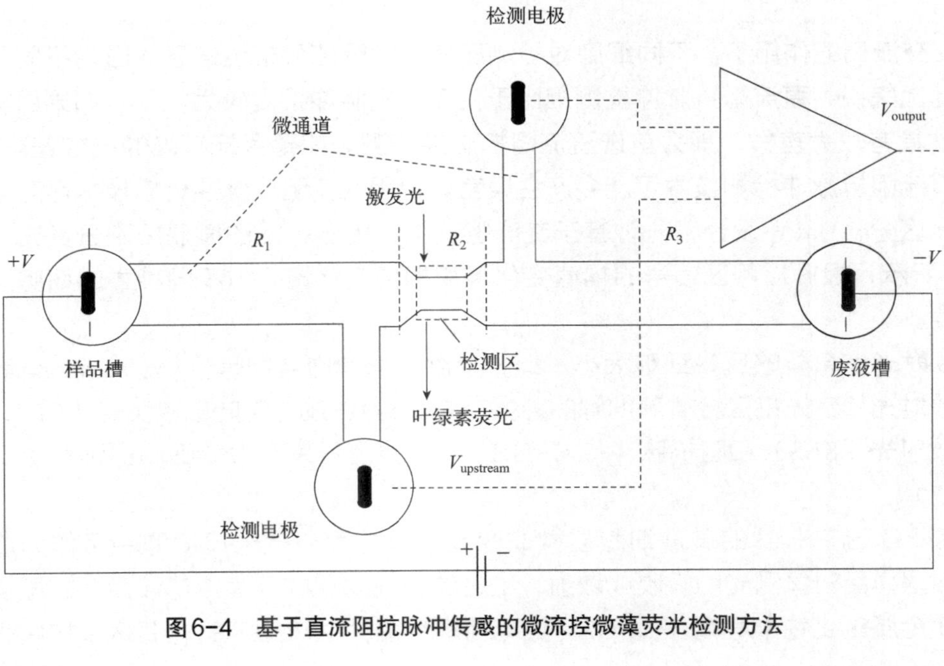

图6-4　基于直流阻抗脉冲传感的微流控微藻荧光检测方法

工作的方法，但是在一个公共蓄液池和一个驱动源的情况下，多个通道并行工作可能会产生交叉扰动。为了解决这个问题，Zhe等将微电极放置在四个并行工作的检测通道中间，如图6-5（a）所示（书后另见彩图），这样相当于在每一对通道间形成了隔离电阻，因此降低了串扰。类似地，Song等设计了一种发散型的高通量差分电阻脉冲传感器，如图6-5（b）所示（书后另见彩图），该芯片由七个检测通道和一个差分参考通道组成，这种设计可以极大地提高信噪比，避免交叉扰动的问题。

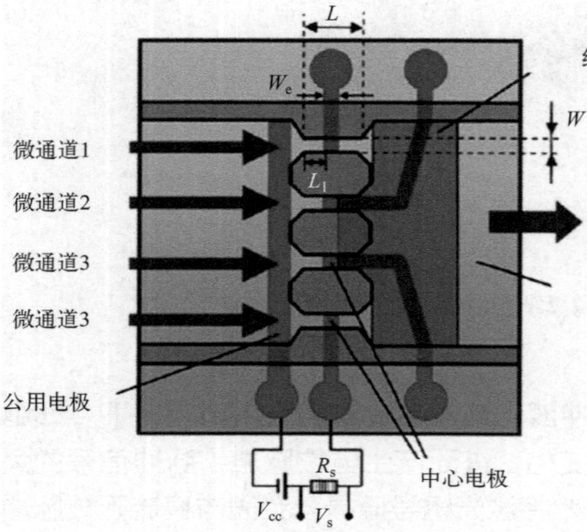

(a) 四通道并行高通量差分电阻脉冲传感器

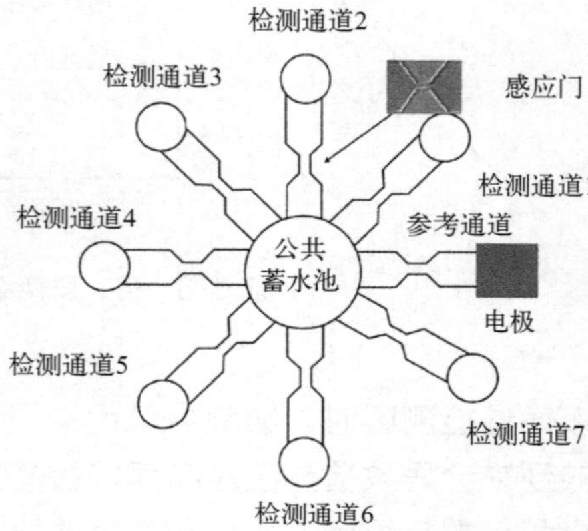

(b) 发散形高通量差分电阻脉冲传感器

图6-5　多通道并行的电阻抗脉冲传感检测方法

在交流场的作用下，不同细胞对检测区信号的幅值和相位信息的影响不同。从整体设计上来说，直流阻抗脉冲检测相比于交流阻抗脉冲检测较为简单，如果目标细胞的尺寸具有较大差异，那么首选直流阻抗脉冲检测；如果目标细胞的尺寸差异较小，这时直流阻抗脉冲检测技术可能会产生误差，但用交流阻抗脉冲传感技术可对其进行进一步区分。Dai等设计了一种基于交流阻抗脉冲传感技术的微藻细胞分类方法，如图6-6所示，根据检测区信号的幅值变化量和相位变化量，对不同种类的细胞进行检测分类。

散射光信息能够反映细胞大小、细胞密度、细胞内含物等特征。Hashemi等通过测定散射光和荧光来区分微藻细胞的种类。Wang等通过测定叶绿素荧光（CF）、正交侧向散射光（SLS）和阻抗脉冲传感（RPS）三种信号来对微藻细胞的种类进行区分（图6-7）。

基于微流控芯片的微藻细胞显微成像技术以芯片内微米尺度的平台作为成像视场，根据样品对探测光的吸收或散射，经过透镜或滤镜的放大或滤波后，由图像传感器互补金属氧化物半导体（CMOS）或电荷耦合器件（CCD）的有源像素接收光子的

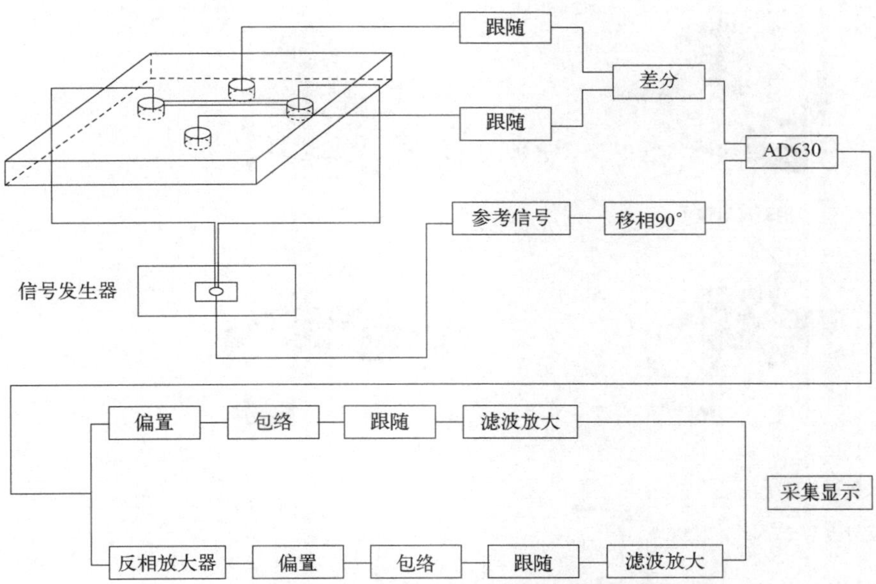

图6-6　基于交流阻抗脉冲的微藻细胞检测方法

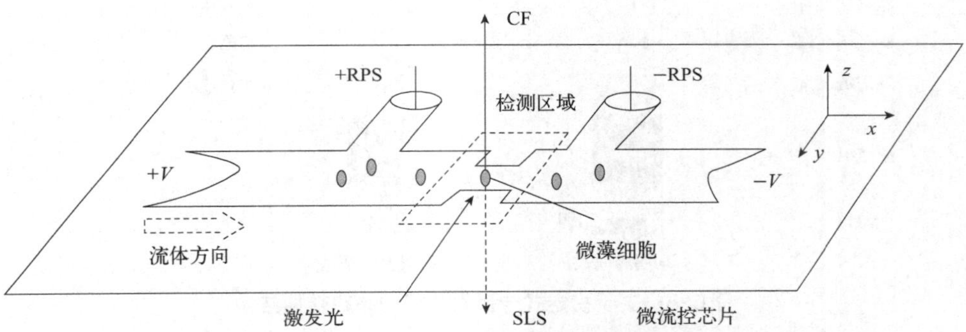

图6-7　CF、SLS和RPS相结合的微藻细胞检测方法

能量，基于光电效应量化感光数值，得到包含受检样品形状特征、空间关系特征等多维度信息的图像。Ding等提出了横走式全反射快门结构，如图6-8所示（书后另见彩图），通过透镜组与滤镜组的装配组合将明场光路和荧光场光路集成在一起，利用电子控制横走式快门联动反射角度不同的反光镜实现明场光路和荧光场光路的切换，使细胞能够在流动状态下进行明场及荧光场的双模式同步成像。Allison等采用飞秒激光在石英玻璃基底上刻上微通道以及弯曲的光波导通道，通过单模光纤和弯曲的光波导，将光定位在检测点上。如图6-9所示，当微藻通过检测点时，由于微藻的遮挡入射光路立刻被改变，光线通过透镜被聚焦到光电检测器上，这个光电检测器分为四个象限，每一个象限检测微藻细胞的不同属性，当光电检测器检测到有细胞通过（信号大于设定的门限）时就会启动拍照设备对微藻细胞进行拍摄，通过分析光信号的变化，结合拍摄的图像来鉴别微藻的种类。

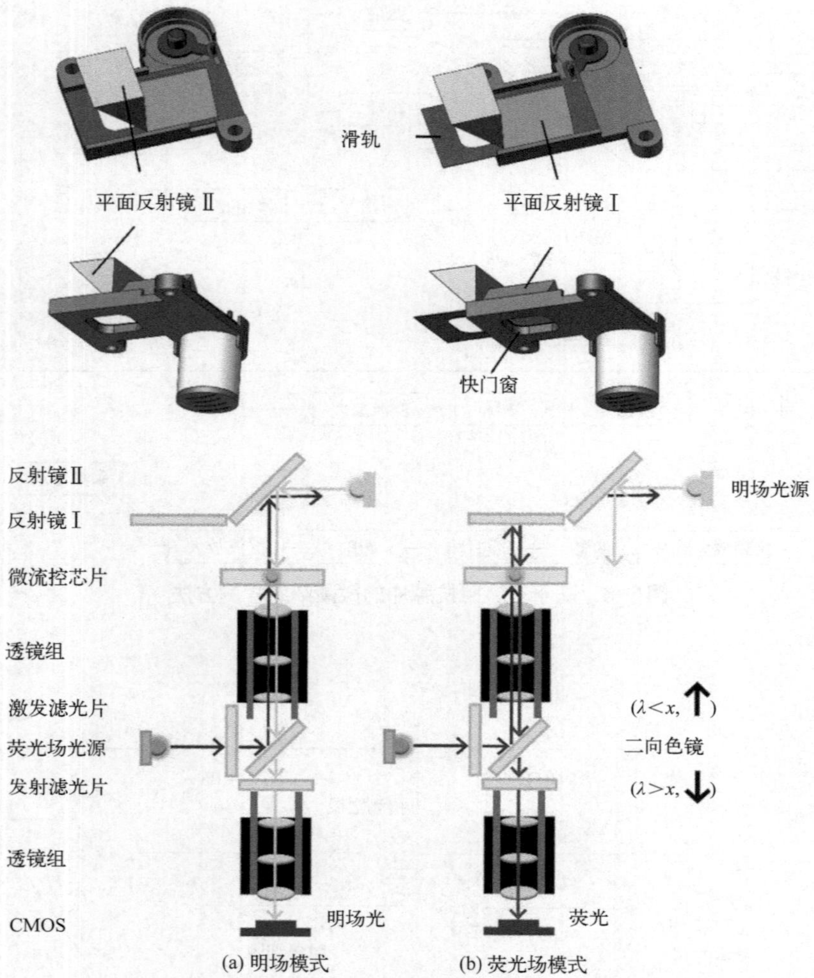

图6-8 基于横走式全反射快门的光路转换结构

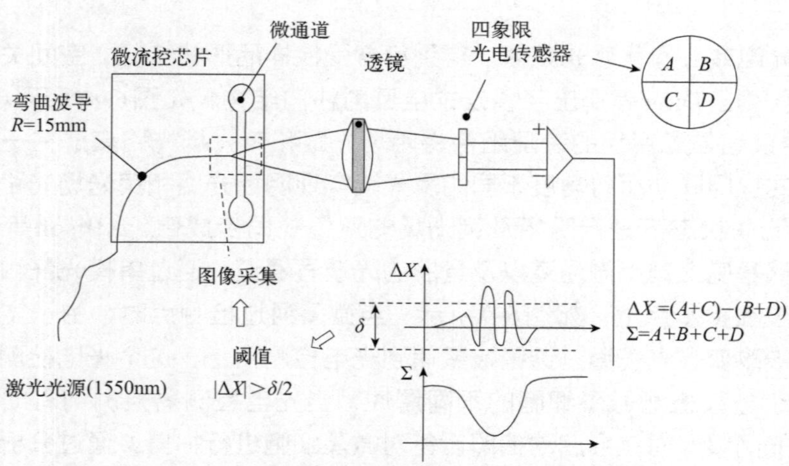

图6-9 微藻细胞显微成像四象限分类方法

6.2.2　船舶压载水典型生物污染物——病原菌的检测

船舶压载水中病原菌的传统检测方法包括涂片镜检、分离培养和生化反应。病原微生物大多呈现无色半透明状，染色后借助显微镜观察其大小、形态、排列等。培养基能够提供有利于目的菌株生长的条件，通过观察微生物的同化作用类别来判断病原菌的种类。生化反应检测法根据微生物的代谢特点，借助指示剂或化学药品来分辨其种类。这些方法耗时较长，并且对检测人员的专业性要求较高，检测结果的主观性较强。

船舶压载水中病原菌的即时检测方法包括胶体金法、免疫荧光层析法、时间分辨荧光免疫层析法、酶联免疫吸附测定法、化学发光免疫分析法和微流控图像流式分析法。

（1）胶体金法

氯金酸（$HAuCl_4$）在还原剂（例如白磷、抗坏血酸、枸橼酸钠、鞣酸等）作用下，其中的金离子还原后聚合成金颗粒，由一个基础的晶核（11个金原子形成的二十面体）和包围在外的双离子层构成（内层为负离子层$AuCl_2^-$，外层是带正电荷的H^+）。在静电作用下，金颗粒之间相互排斥，形成分散相粒子直径在1～150nm之间的带负电的疏水金溶胶，属于多相不均匀体系，颜色呈橘红色到紫红色，即为胶体金。胶体金具有高电子密度，能与多种生物大分子结合，已成为继荧光素、放射性同位素和酶之后，在免疫标记技术中较常用的一种非放射性示踪剂。

胶体金法将胶体状的纳米级金颗粒——胶体金作为示踪标记物，根据抗原与抗体特异性结合的性质，基于层析工艺进行快速检测。胶体金试纸条的结构如图6-10所示，以双抗体夹心法为例，待测抗原的一个配对抗体与胶体金通过静电吸附作用偶联在金垫上，另一个配对抗体被固定在硝酸纤维素膜（NC膜）的条带状检测线（T线）上，能与金标抗体特异性结合的二抗被固定在NC膜的控制线（C线）上。将受检样品滴加到样本垫上，样品将会在毛细作用下向前移动，在与金标试剂反应后，结合物继续前移，然后与固定在T线上的抗体发生特异性结合，并聚集在检测线上使之显色，多余的金标试剂继续前移并与C线处的二抗结合使之显色。这种方法无需特殊仪器辅助，操作简单快捷，30min内即可得出检测结果。然而，这种方法只能用于定性判断，无法用于定量检测。另外，胶体金与抗体的静电偶联效果容易受到样品基质的pH值影响导致试纸条失效，在抗

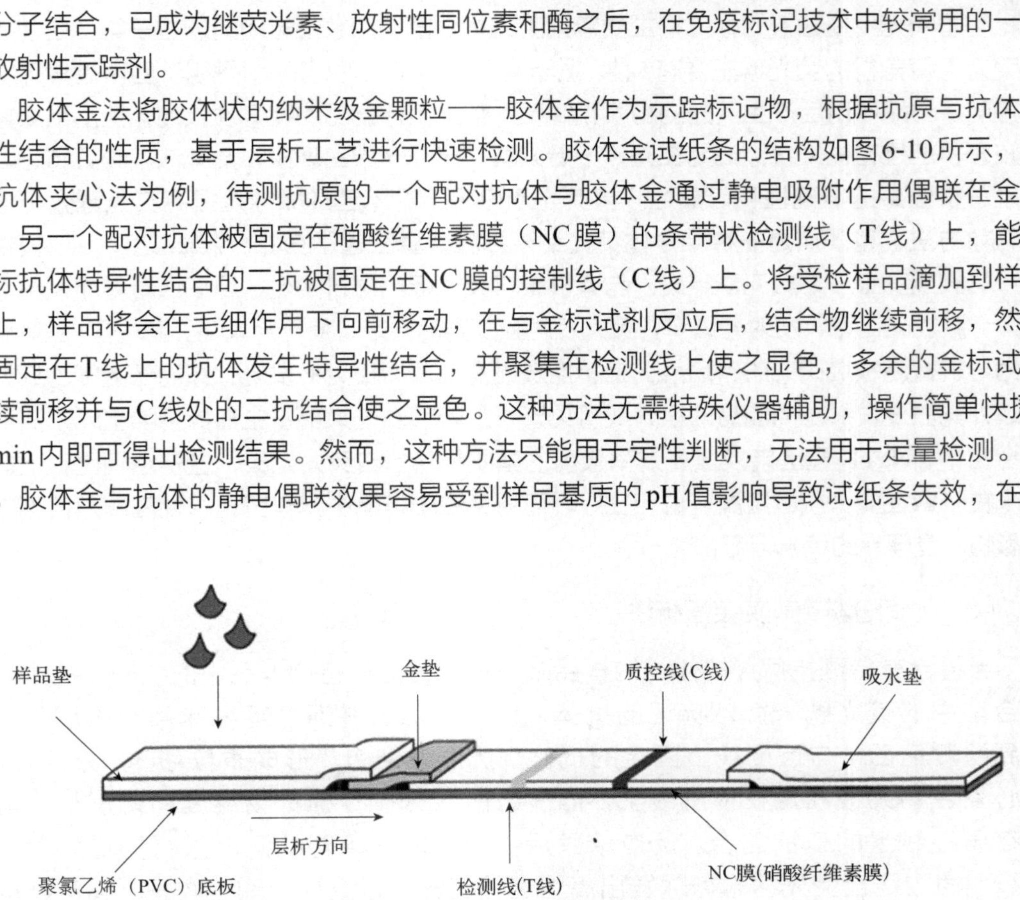

图6-10　胶体金试纸条

原和抗体比例不合适的情况下还会出现钩状效应，导致假阴性的结果。

（2）免疫荧光层析法

免疫荧光层析法的原理类似于胶体金法，以固定有检测线（包被抗体或包被抗原）和质控线的条状纤维层析材料为固定相，测试液为流动相，荧光标记抗体或抗原固定于连接垫，通过毛细作用使待分析物在层析条上移动，区别在于免疫荧光层析法将荧光蛋白、荧光微球等荧光物质作为示踪标志物与抗体化学偶联在金垫上，通过光源激发荧光物质产生荧光信号进行检测。免疫荧光层析法的操作步骤比胶体金法烦琐，但由于荧光的稳定性较好，并且化学偶联的分子作用力较强，因此受样品基质的pH值影响较小，检测灵敏度较高，可同时实现多指标的定量检测。

对于带有多个抗原决定簇的大分子抗原（蛋白、病毒、致病菌等），通常采用“三明治”型双抗夹心免疫层析方法，即待测物在流动相作用下先与荧光标记抗体结合，当到达检测线时再与包被抗体结合形成双抗夹心的“三明治”型。对于只具有单一抗原表位的小分子抗原（农兽药、违禁药物等），待测小分子抗原与荧光标记抗体结合后，由于空间位阻作用难以再与检测线上的包被抗体结合，所以具有单一抗原表位的小分子待测物多采用竞争免疫层析法检测。

用于荧光免疫分析的标记物主要包括荧光素、量子点、上转换纳米粒子等。目前应用于荧光免疫分析的荧光素主要有5种：异硫氰酸荧光素、四乙基罗丹明、四甲基异硫氰酸罗丹明、与酶作用后产生荧光的物质和镧系。荧光素标记物的特异性较高，检测结果重现性较好，但是有机染料标记物在光照下易分解，出现光漂白现象，具有浓度猝灭特征，影响了分析结果的准确性和可靠性，将荧光素包裹于聚苯乙烯微球是提高荧光素分析性能的有效方法。量子点是一种半导体荧光纳米颗粒，直径通常在1～20nm之间，一般由第Ⅱ～Ⅵ族或第Ⅲ～Ⅴ族元素组成。与有机染料荧光标记材料相比，量子点具有斯托克斯位移大，激发光谱宽、发射光谱窄，荧光发射强度强而稳定，量子产率高，耐光漂白等特点，成为分析检测领域研究的新热点。上转换发光是指反斯托克斯发光，即用低能量的红外或近红外光激发发射出高能量的紫外或可见光。上转换发光大都发生在掺杂稀土元素离子的化合物中，$NaYF_4$是上转换发光效率最高的基质材料。与荧光染料、量子点相比，上转换纳米粒子毒性低，灵敏度高，稳定性好，可避免由于样品中具有荧光特性基质对检测结果的影响，是理想的荧光标记物之一。

（3）时间分辨荧光免疫层析法

当将含有待测抗原（抗体）的样品滴在加样区时，待测样品中的抗原（抗体）与结合垫中的荧光纳米微球标记的抗体（抗原）结合并通过毛细作用向前层析，当达到检测区后，与检测线上固定的抗体（抗原）结合，形成微粒-抗体-抗原-抗体夹心复合物并被固定在检测线上，而多余的荧光微球标记物继续向前层析，与固定在质控线上的二抗结合。反应结束后，用激发光源对检测区进行扫描检测，检测线和质控线上荧光纳米微球发出高强度的荧光，且衰变时间也较长。利用延缓测量时间，待样品基质中自然发生的短寿命荧光（1～10ns）全部衰变后，再测量稀土元素的特异性荧光，这样就可以完全排除特异本底荧光的干扰。通过检测线和质控线荧光强度的强弱及其比值，即可分析出样品中待测物的浓度。其检测原理如图6-11所示（书后另见彩图）。

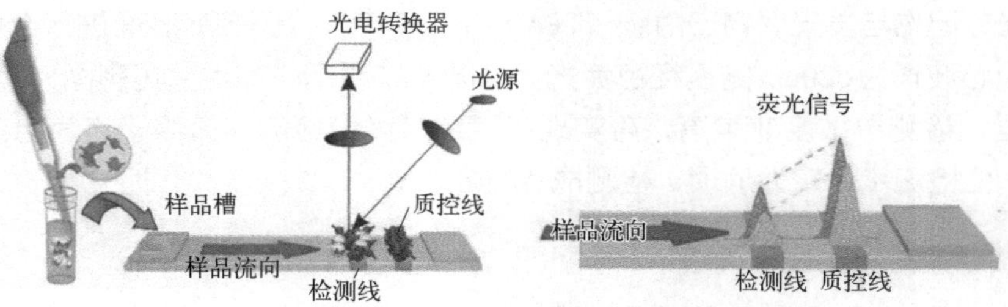

图6-11　时间分辨荧光免疫层析法的检测原理

（4）酶联免疫吸附测定法

酶联免疫吸附测定法将已知抗原或抗体包被在固相载体上，并与受检样品以及酶标抗原或抗体反应，经过洗涤后加入酶反应的底物，底物会被酶催化为有色产物，可通过比色来定性或定量分析液相中的未知抗体或抗原。这种方法的成本较低、操作简单，但灵敏度偏低，适用于疾病的初期定性诊断。

（5）化学发光免疫分析法

化学发光免疫分析法使用化学发光剂直接标记抗原或抗体，并与受检样品经过一系列的免疫反应和理化步骤，根据待测物浓度与化学发光强度在一定条件下的线性相关关系，通过光子计数来定量评估液相中的未知抗体或抗原。包括直接化学发光免疫分析、酶促化学发光免疫分析、电化学发光免疫分析。

直接化学发光免疫分析法通常使用吖啶酯类化学发光剂来标记抗体，受检样品中的待测抗原分别与反应体系中的标记抗体和固相载体发生特异性免疫反应，形成固相包被抗体-待测抗原-化学发光剂标记抗体复合物，在含有氧化剂过氧化氢（H_2O_2）的碱性环境中，吖啶酯化合物将分解成不稳定的二氧乙烷，继而分解为激发态的*N*-甲基吖啶酮，当其回到基态时会发出中心波长为430nm的荧光，可根据荧光产量从标准曲线推算出待测抗原的含量。

酶促化学发光免疫分析法通常使用辣根过氧化物酶（HRP）或碱性磷酸酶（ALP）作为标记酶，受检样品中的待测抗原分别与反应体系中的酶标记抗体和固相载体发生特异性免疫反应，形成固相包被抗体-待测抗原-酶标记抗体复合物，经洗涤后加入底物（发光剂）、启动发光剂（H_2O_2与NaOH）和化学发光增强剂，底物将在酶的催化下分解发光。HRP的常用发光底物是鲁米诺及其衍生物，在碱性环境中鲁米诺在酶的催化下被H_2O_2氧化成3-氨基邻苯二酸的激发态中间体，当其回到基态时会发出中心波长为425nm的紫色荧光。ALP的常用发光底物是1,2-二氧环乙烷衍生物（AMPPD），在碱性环境中

AMPPD在酶的催化下将脱去磷酸根基团，形成不稳定的中间体AMP-D阴离子，发出中心波长为470nm的蓝色荧光。

电化学发光免疫分析法将生物素化的一抗和钌复合物（[$Ru(bpy)_3]^{2+}$）标记的二抗一起孵育，形成抗原-抗体夹心复合物，然后利用生物素和链霉亲和素的特异性亲和作用使抗原-抗体夹心复合物结合到链霉亲和素包被的磁珠上，将游离组分磁性分离后，施加电压，使发光标记物与发光底物三丙胺（TPA）在工作电极（阳极）表面进行电化学发光反应，发出中心波长为620nm的橙红色荧光，如图6-12所示（书后另见彩图）。这种方法的特异性较强，检测灵敏度非常高，可实现皮克级的微量检测，适用于疾病治疗过程中的动态观测，但检测步骤较为烦琐，检测成本较高。

（6）微流控图像流式分析法

微流控图像流式分析法集合了传统流式细胞仪的单细胞识别、高通量、高分析速度和显微镜细胞分析方法的图像数据采集于一体，有效对细菌的形态学特征和光电学特性进行分析，能够快速准确地分析复杂的细胞群体。便携式流式细胞仪显微成像的方法主要有两大类，一类是无透镜显微成像，这类显微成像又可以分为光流控显微成像和数字全息计算显微成像；另一类是使用微型透镜成像，这类技术是借助各种小型透镜进行光学放大成像。

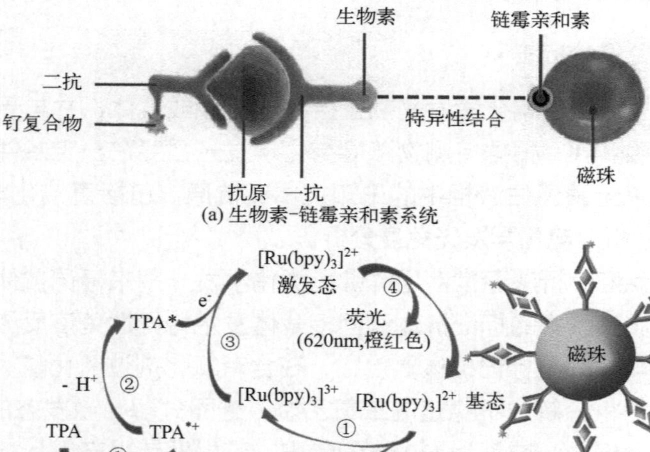

(a) 生物素-链霉亲和素系统

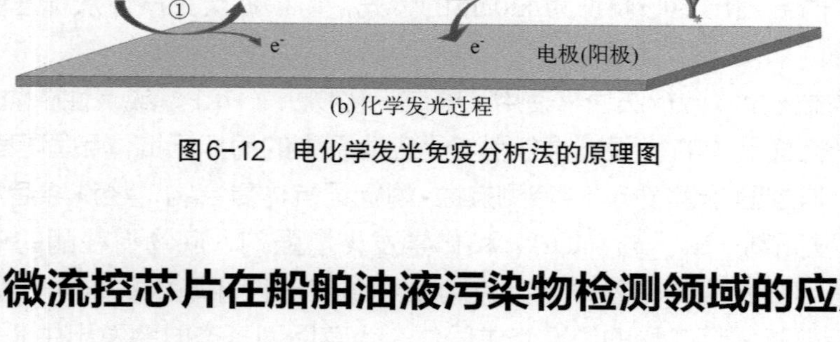

(b) 化学发光过程

图6-12　电化学发光免疫分析法的原理图

6.3　微流控芯片在船舶油液污染物检测领域的应用

船舶的推进系统、传动系统、减摇机构、甲板机械设备、舵机及调距桨等装置的工作都离不开液压系统，液压油作为液压系统的血液，具有传递液压能、对液压系统进行冷却、减振并且延长机械设备的使用寿命等作用。油液污染是导致船舶液压系统故障的重要原因之一（图6-13，书后另见彩图），其中，在机械结构运行过程中由于摩擦而产生的纳米到微米级别的油磨微粒是主要的污染物。在机械结构正常工作状态下，油液中固体颗粒污染物的浓度及尺寸都保持在一个较低的、恒定的范围内，颗粒尺寸通常为10～20μm；当机械结构的元件出现异常磨损时，颗粒的浓度将会增加，同时粒径分布情况也会出现变化，如图6-14所示。腐蚀磨损、微动磨损和化学磨损将会产生粒径较小的固体颗粒，当这三种磨损持续发生的时候，机械系统将会出现其他形式的磨损形式，例如切削磨损和磨料磨损，这两种磨损将会产生粒径较大的固体颗粒。在实际工作情况中，机械系统的磨损包含了多种磨损机理，当机械运行参数或外部环境发生变化时，某些磨损形式将会起到主导作用。

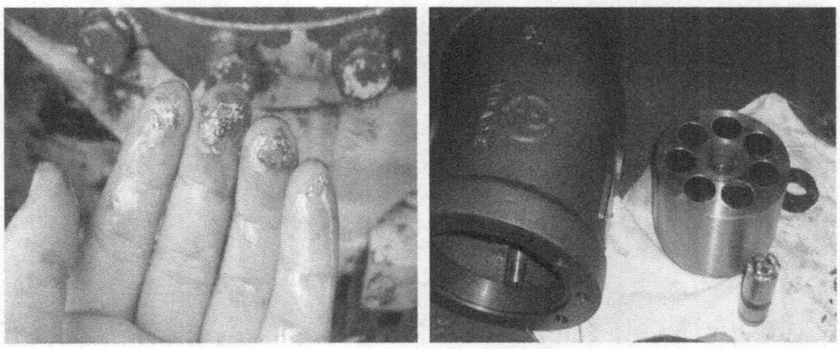

图6-13　液压泵的油液污染

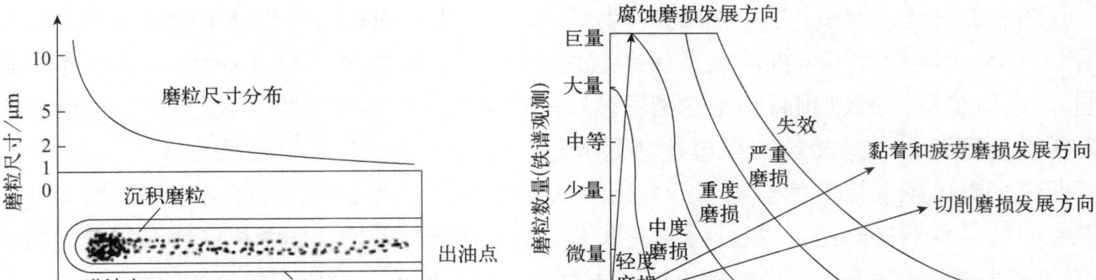

图6-14　粒度分布与磨损的关系

国际上制定并颁布了油液污染检测标准，例如NAS 1638、ISO 4406和GJB 420A，这些标准中明确了油液中不同尺寸的颗粒、不同数量的颗粒所代表的污染等级。对液压油内各个不同尺度上固体颗粒数量的监控，保持油液内颗粒尺度在正常水平范围内是对液压系统进行预防性维修的关键环节。

船舶油液污染物的传统检测方法包括油品常规理化性能分析法、显微镜分析法、滤网阻尼法、铁谱分析法、光谱分析法。油品常规理化性能分析法的检测项目主要包括运动黏度、水分含量、闪点、凝点和倾点、硫含量、密度、馏程、酸值、碱值、色度、残炭含量、灰分含量、热值、机械杂质（石油醚不溶物）含量、不溶物含量、泡沫特性等，以及油品内在的质量检测，如润滑油中磨损元素、污染元素和添加剂元素的含量，油品的有机和无机成分的确定，油品污染度等级的确定。油品常规理化性能分析法能够对油液的组分及理化状态性质进行全面的检测分析，但是这种方法依赖于实验室中的多种仪器设备，难以实现油液污染的实时在线检测。显微镜分析法通过人工或图像处理软件对所含特定粒径尺寸段的固体颗粒进行数量统计，从而确定油液污染度等级，这种方法能够直接观察到固体颗粒的大小和形貌，但是人工计数的时间较长，结果的准确性受主观性影响较大。滤网阻尼法通过滤网阻隔油液中的固体颗粒污染物，根据滤网内外压差或油液流量的变化来评估油液的污染程度，这种方法能够得出油液中颗粒污染物的粒径分布状态，不受油液内气泡、水分含量以及油液颜色等因素的影响，但是高精度滤网寿命较短（大约200次），检测成本较高，结果易受系统压力波动和颗粒尺寸分布的影响。铁谱分析法通过高梯度的强磁场使金属磨粒按照粒径大小依次沉积到铁谱基片上，通过显微镜进行观察来获得金属磨粒的大小、形貌和数量等信息，这种方法可直接观测颗粒形貌并推断颗粒成因，谱片可长时间保存，但是对非铁磁性磨粒的检测结果误差较大。光谱分析法根据对原子的吸收或者发射光谱进行分析来获得油液中金属颗粒的成分和数量等信息，这种方法的灵敏度高，能够得到油液中多种元素的含量、添加剂的状况，但是检测成本较高，仅对10μm以下颗粒有效，且无法给出油磨微粒的粒径分布。

油液中微颗粒污染物的快速检测对于设备运行状况评估以及故障诊断来说具有重要价值，能否对微颗粒污染物进行快速精确地区分检测与计数，已经成为制约船机设备真正实现在线状态监测的关键问题。

油液的透光性会受到污染物的影响，可以通过测量油液的光透性来检测金属颗粒的污染。Kwon等设计了一种测量金属颗粒污染物的传感器，如图6-15所示（书后另见彩图），通过测量光透过润滑油后的密度衰减来检测金属颗粒污染物。光阻/光散射法基于米氏散射理论，油磨微粒在经过检测区域时，会散射掉部分照射在检测区域的激发光，可通过光电传感器接收信号强度的变化及数量来得出油磨微粒的粒径分布和数量，适用于检测粒径小于30μm的颗粒。衍射法基于夫琅禾费衍射理论，如图6-16所示，通过对接收的衍射光的强度进行分析处理，推断出颗粒尺寸和数量，适用于检测粒径大于30μm的颗粒。光学检测法不需要接触待检样品，可实现实时检测，但是需要借助复杂的光电子元器件，检测成本较高，检测范围有限，此外这种方法的检测精度受到油液清洁度、颗粒表面反射系数以及油液中的气泡等因素的影响。

声学检测法利用声波遇到金属颗粒后因散射导致的波形变化及振幅衰减来得出颗粒的种类及尺寸。如图6-17所示，利用超声波换能器充当超声波的发射与接收装置，反射回的声波波形变化规律与金属颗粒的种类有关，声波振幅衰减程度与金属颗粒的粒径有关。为了区分气泡和金属颗粒引起的超声波衰减，Edmonds等使用回音壁配合超声波换能器，如图6-18所示，超声波遇到金属颗粒后产生回波并由后壁反射，固体颗粒反射回的

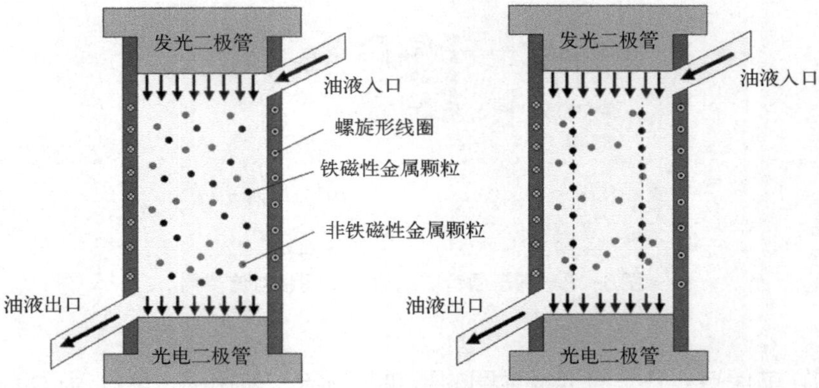

图6-15　基于光透射原理的油液金属颗粒传感器示意图

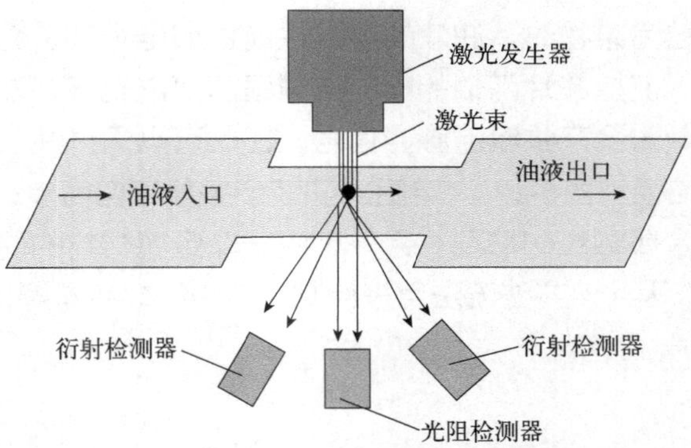

图6-16　基于衍射原理的油磨微粒光学检测法

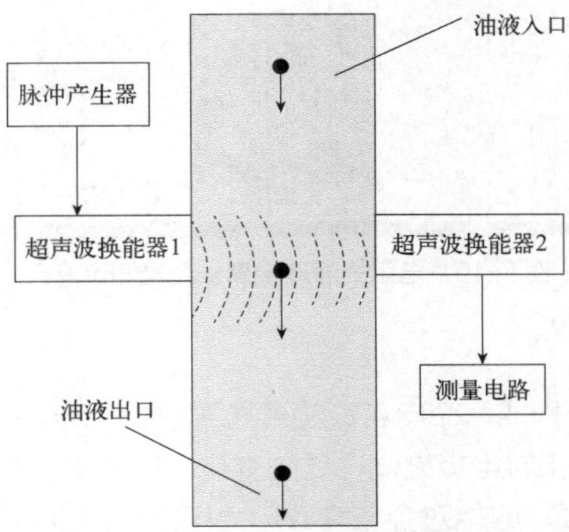

图6-17　基于声学的颗粒检测法

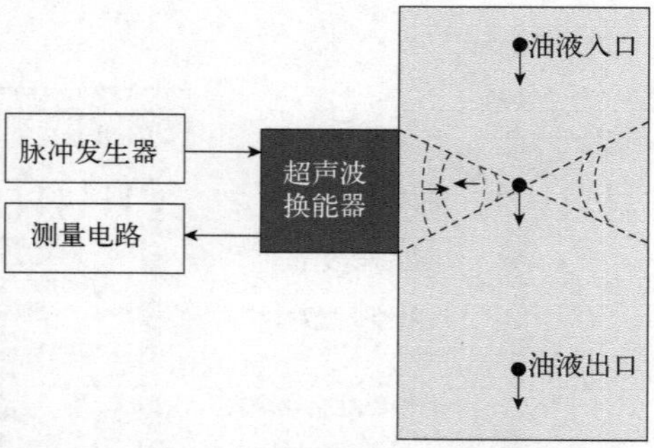

图6-18　基于回音壁的油液金属颗粒传感器

脉冲方向与之前保持一致，气泡反射回的脉冲方向与之前相反，可以通过反射回的超声波脉冲极性来区分金属颗粒和气泡。基于声学的颗粒检测法不受油液色变影响，可区分固体颗粒和气泡，但是容易受到环境温度、振动及背景噪声的影响，对尺寸小于30μm的金属微粒检测灵敏度较低。

当油液中存在颗粒污染物时，油液的电学性能例如电导率、介电常数和磁导率会受到影响而产生变化。微流控芯片两端的电极接通恒压直流电源，油磨微粒的电导率高于油液，在经过检测区域时会产生电流脉冲信号，因此可以通过油液的阻抗变化来检测其中油磨微粒的含量及粒径（图6-19）。电阻式油液传感器结构简单，易于使用，但是只适用于油液中含有大量金属颗粒的情况。另外，由于非金属材料的油磨微粒的电阻率与油液的电阻率差异较小，因此该方法无法用来检测油液中的非金属颗粒。

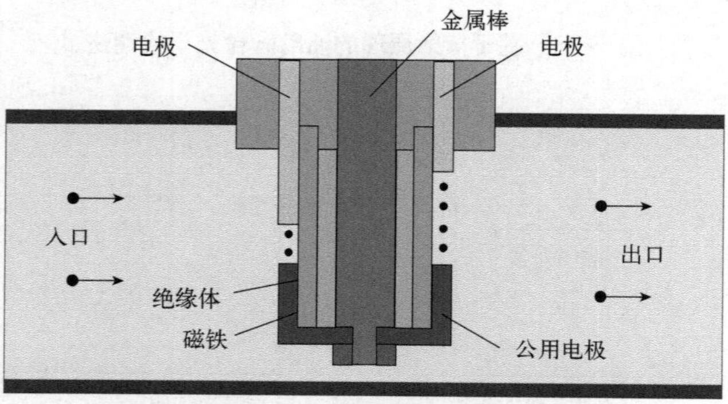

图6-19　电阻式油液金属颗粒检测示意图

两个距离很近的电极构成一个电容，当颗粒经过两个电极之间时，由于颗粒污染物与油液的介电常数差异，引起电极之间电场的变化。空气的相对介电常数为1，油液的相对介电常数为2.6，金属颗粒的相对介电常数远大于空气以及油液，因此当油磨微粒通过检测区域时，电容传感器将会产生正的脉冲信号，颗粒的体积可以通过脉冲的持续时间来判断，当油液中的气泡经过检测区域时，电容传感器会产生负的脉冲信号。基于电容的金属颗粒检测方法（图6-20）的检测精度较高，但由于金属颗粒的介电常数都比较相近，所以无法识别金属颗粒的属性，并且受油液总酸值和含水率的影响较大。

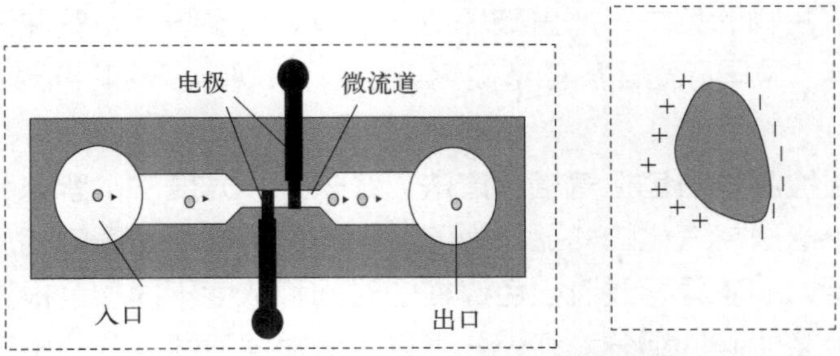

图6-20　微流控电容式金属颗粒检测芯片

船机设备的摩擦副表面通常覆有非铁磁性金属涂层，因此油液污染中，除了常规的铁磁性金属颗粒外，还有非铁磁性金属颗粒，上述检测方法均无法对金属颗粒的属性进行区分，电感检测法可以实现此功能。电感线圈通上高频交流电时将产生磁场，将金属颗粒磁化，被磁化的颗粒引起外部原有磁场的变化，被加载交变电流的电感线圈捕捉而引起线圈电感的变化，通过监测随电感线圈电感值变化的脉冲信号的方向和大小可以对铁磁性和非铁磁性金属颗粒进行计数和区分检测。Du等提出了一种微流控电感式油液金属颗粒检测芯片，如图6-21所示（书后另见彩图），绕制微平面电感线圈，在线圈上面放置玻璃毛细管当作微流体通道，实现了铜颗粒和铁颗粒的检测。Wu等提出了一种通过电导率的差异来区分检测不同材质非铁磁性金属颗粒的方法，基于非铁磁性金属颗粒检测的数理模型，建立了线圈电感变化率与金属颗粒电导率间的关联函数，实现了不同材质非铁磁性金属颗粒的区分。

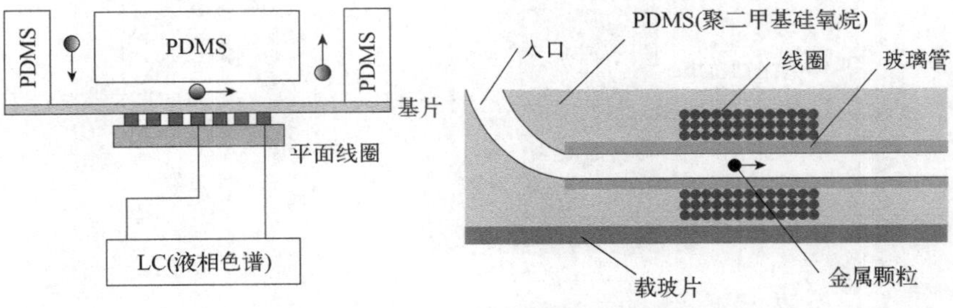

图6-21　微流控电感式油液金属颗粒检测芯片

6.4　微流控芯片在船舶油污水检测领域的应用

船舶油污水包括轮机运行过程中产生的含油机舱水、燃油舱或油轮产生的含油压载水以及清洗船舱产生的含油洗舱水。船舶油污水的密度小于水的密度，排放后将在重力、惯性力、摩擦力和表面张力的作用下，在海洋表面迅速扩展成薄膜，继而在风浪和海流作用下被分割成大小不等的块状或带状油膜，随风漂移扩散，随后经过一系列蒸发、溶解、乳化、光化学氧化、微生物氧化等过程形成油相微液滴，降低水体的溶解氧含量，导致水质恶化及水生物的死亡，严重破坏海洋环境。为了防止船舶油污水导致的海洋环境污染，IMO制定了《国际防止船舶造成污染公约》，规定了船舶机器处油污水排放限值为15mg/L。

油污水的常用检测方法包括气相色谱法、红外分光光度法、紫外荧光法、非分散红外吸收法。气相色谱法将汽化的样品作为流动相与色谱柱中的固定相反应，不同组分之间由于分子间作用力的差异导致流出色谱柱的时间和浓度不同，可根据记录这些信息的色谱图来定量分析微油滴的组分。红外分光光度法根据不同组分分子产生振动及能级跃迁所需要的能量差异导致吸收谱带波段及强度的不同，来对水体中微油滴的含量、组分以及分子结构（键长、键角和立体构型等）进行测定。紫外荧光法通过检测各种烃类化合物在特定波长的光线照射下发射的荧光波长（荧光发射波长与芳烃化合物的环数呈正相关关系）及荧光强度来判断水体中烃类化合物的组分及浓度。非分散红外吸收法通过将油滴吸收特定波长的红外辐射产生的热效应变化转化为可测量的电流信号来对其进行定量检测。

基于微流控芯片的全息成像油污水检测法基于无透镜数字全息显微成像技术，部分参考光在穿过油滴时由于折射率的变化形成散射光，当参考光和穿过油滴的散射光叠加时，光强在检测平面上的不均匀分布就形成了一系列明暗交替的环状干涉条纹，并由图像传感器记录为全息图。参考光通过油滴时的相移与油滴的折射率呈负相关关系，全息图的特征参数与微油滴的碳原子数、碳氢键数及尺寸有关。Wang等设计了一种基于无透镜全息的微流控油滴检测系统，根据油滴全息图中央亮斑面积、一级暗条纹面积以及灰度差来对船舶油污水进行检测（图6-22）。

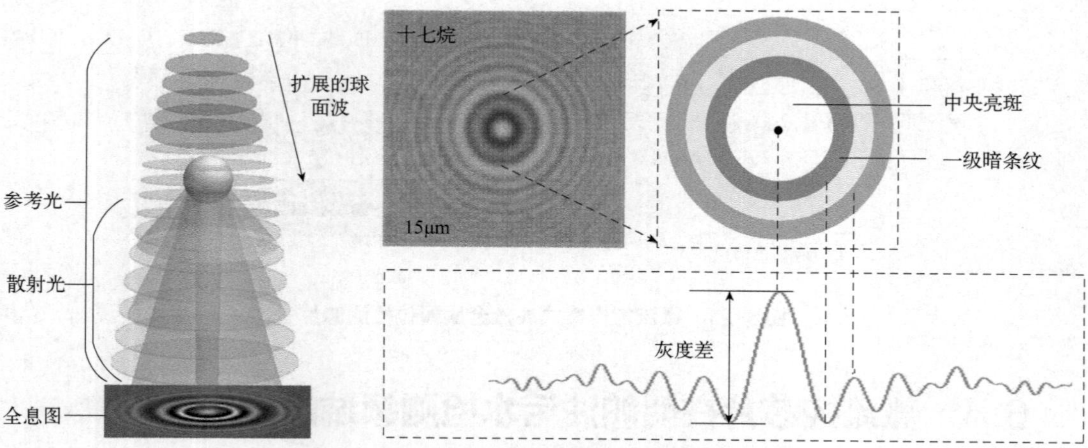

图6-22　基于无透镜全息的微流控油滴检测方法

6.5　微流控芯片在海洋微塑料检测领域的应用

全球每年生产的塑料制品超过3亿吨，其中，约有10%的塑料将会进入海洋，塑料的化学性质稳定、难以降解，是主要的海洋污染物之一。微塑料是一种直径在毫米及以下的塑料颗粒（一般<5mm），可分为初级微塑料和次级微塑料两大类（图6-23，书后另见彩图）。初级微塑料是指以微颗粒形式被直接排放到环境中的塑料，来源于一些专门设计成微尺寸以实现特定功能的塑料，或是大块塑料在制造、使用以及保存过程中的磨损。次级微塑料是指原本较大的塑料垃圾在排入水体后经过物理、化学或生物作用形成的体积较小的微塑料颗粒。

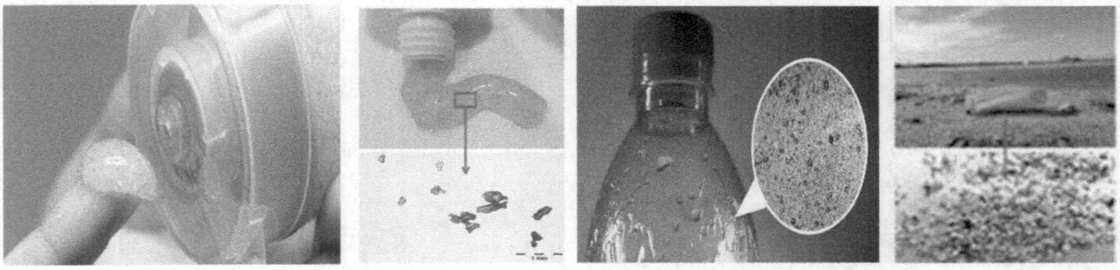

图6-23　初级微塑料和次级微塑料

微塑料体积较小，这意味着更高的比表面积以及污染物吸附能力，成为水体中多氯联苯、双酚A等持久性有机污染物的载体。游荡的微塑料颗粒很容易被贻贝、浮游动物等低端食物链生物误食，特别是具有沉积物滤食特征的底栖动物，更容易摄入微塑料。一些病毒、细菌等可以在微塑料表面形成生物膜，将微塑料作为栖息地和聚集场所，随微塑料进入生物体内后感染宿主。另外，微塑料无法被消化掉，将会累积在生物体的组织、循环系统和大脑中，造成慢性生物效应，从而引起化学效应（例如炎症、肝脏压力和生长减缓）和物理效应（例如运动障碍和消化道阻塞）。食物链具有“富集”效应，处于食物链顶层的人类体内将会累积大量的微塑料，进而会诱导或增强免疫反应，严重影响人体健康（图6-24，书后另见彩图）。

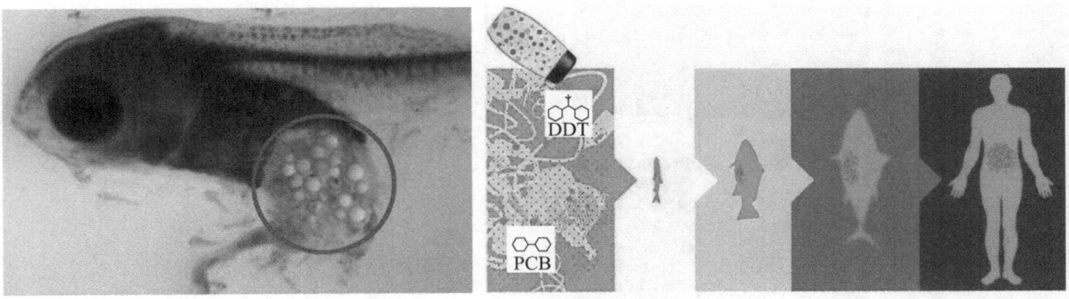

图6-24　微塑料的危害

微塑料颗粒的分离方法可分为主动分离和被动分离，主动分离方式根据不同大小、种类的微塑料颗粒的不同特性，对其施加外加力场来实现分离，施加的力场必须与溶质充分相互作用以形成良好的压缩层；被动分离方式利用流道中的微结构或微流体，根据微粒特性的差异来施加力使其分离，主要包括微结构过滤、确定性横向位移和惯性分离、流体动力过滤、静电筛分和细菌趋化性分离，具有高通量、无需外力的特点。

声波分离法通过超声波在通道截面产生驻波，粒子受声波辐射力作用移动到节点或者波腹的位置，从而实现粒子的分离。Ung等将声波分离技术与多层结构芯片相结合，如图6-25所示，利用声波的垂直分量及非对称流体促使细胞发生偏转。声波分离法的通量较大，不需要直接接触细胞，但是对设备有较高的精度要求。

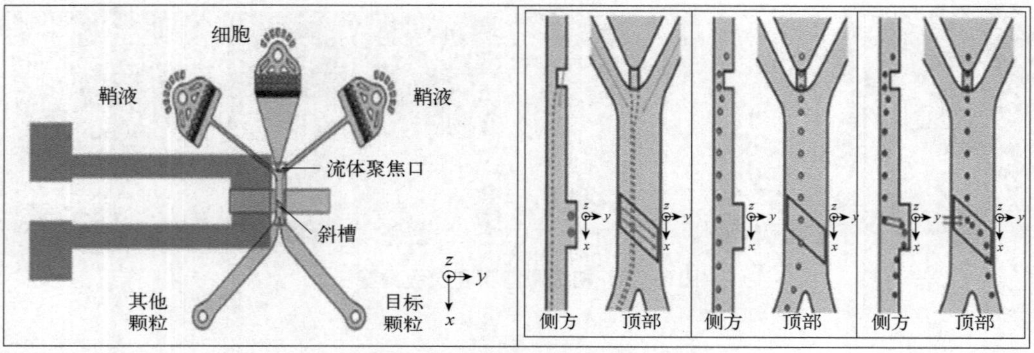

图6-25　声波分离法示意图

光分离法利用微粒间不同的光学特性，在光照情况下操控粒子产生不同轨迹的运动。Chen等利用光诱导电泳实现低光强下的高分辨率，如图6-26所示（书后另见彩图）。光分离法能够较为灵活地操控细胞移动，但是可操控细胞的数量有限。

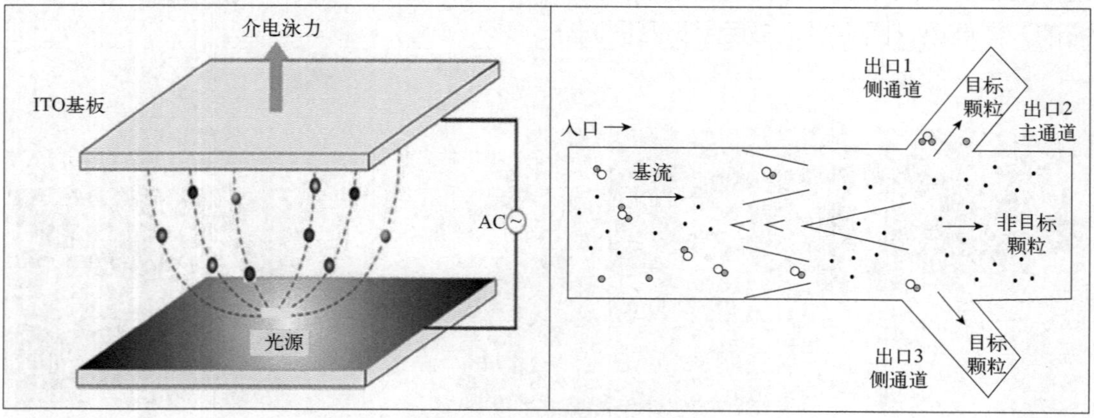

图6-26　光分离法示意图

微结构过滤法利用微粒物理特性之间的差异来进行分离，主要有微柱式、薄膜式，根据微粒尺寸不同分离结构则不同，该方法通量大，操作简便，但是容易堵塞，需反复冲洗。

惯性分离法利用不同物理特性的微粒在惯性通道中会受到不同大小、方向的惯性力，惯性力驱使粒子进入不同的通道。Fan等利用缩扩式惯性分离结构，将微通道内产生的惯性升力和尖角产生的离心力相结合（如图6-27所示，书后另见彩图），实现不同尺寸微粒的分离。惯性分离操作简单，通量大，但是分离效率相对其他结构较低。

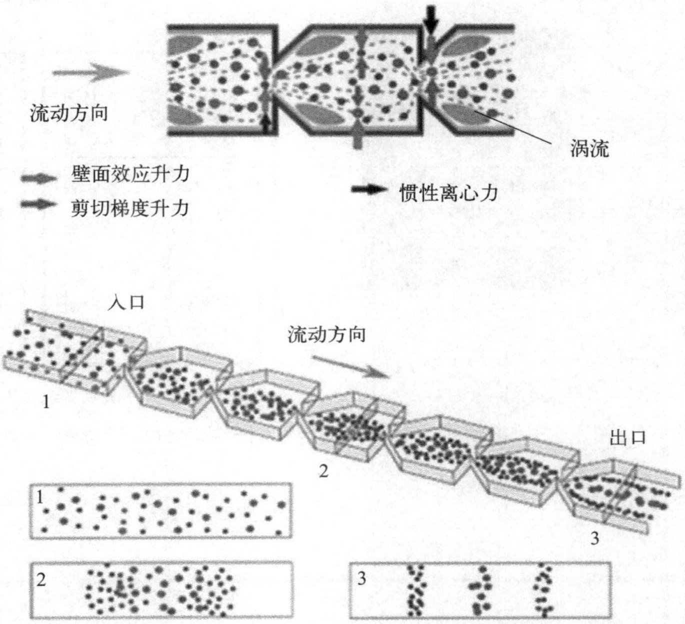

图6-27 惯性分离法——缩扩式结构

确定性侧向位移分离法基于微粒的尺寸、硬度、结构等物理特征存在差异的特性，通过在微通道内设计不同尺寸、不同形状的微柱阵列［例如圆形微柱阵列、三角形微柱阵列、菱形微柱结构、不规则多边形微柱结构，如图6-28所示（书后另见彩图）］，得到不同的分离临界值，当粒子直径大于临界值时，粒子与微柱碰撞后运动轨迹发生改变，会侧向位移，若直径小于临界值，则粒子与微柱碰撞后不产生侧移，保持原流向流动，基于此实现不同微粒的分离。确定性侧向位移分离法相比其他被动式分离方法，具有通量大、分离纯度高的特点，但物理特性过于接近的微粒不易分离。

场流分馏法是一种流体辅助动力学分选方法，微塑料颗粒流过扁平通道时同时受到水平和垂直方向的流场作用，如图6-29所示，尺寸相对较小的分子受垂直方向的作用力较小而向扁平通道中心平移扩散，尺寸相对较大的分子受垂直方向的作用力较大而更靠近聚集壁，在垂直方向形成尺寸梯度，同时通道内靠近中心的流速较快，边缘的流速较慢，从而实现不同粒径微塑料颗粒的分离。

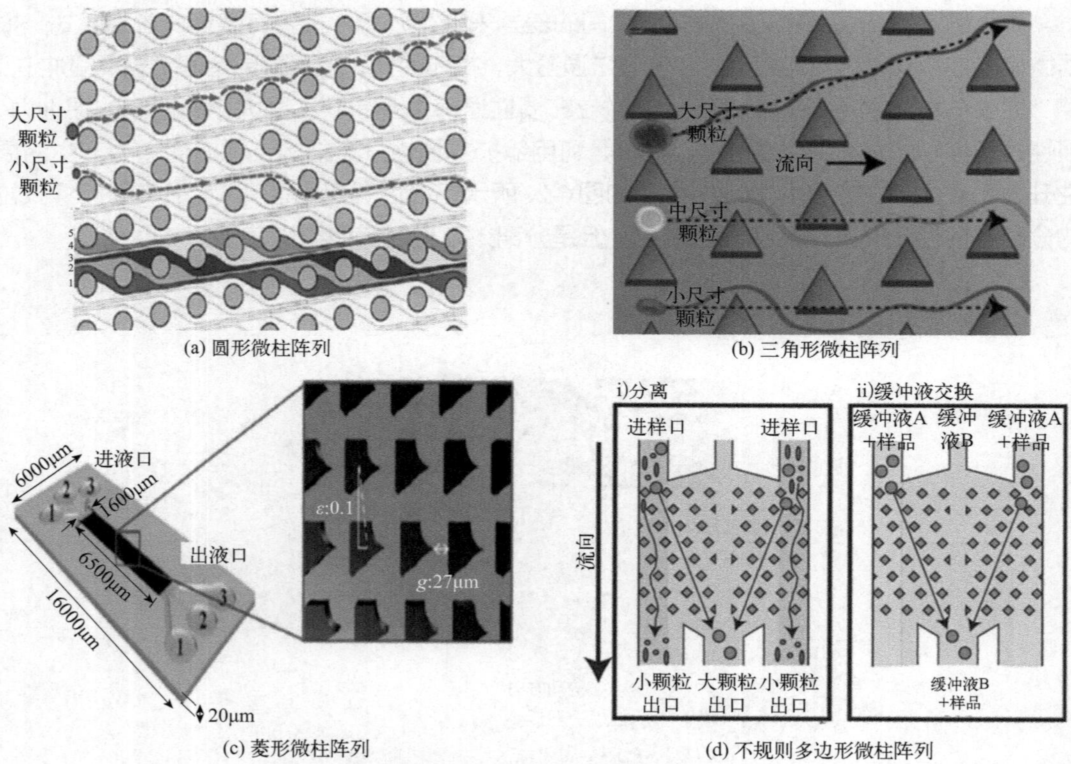

图6-28　被动式分离——确定性侧向位移分离示意图

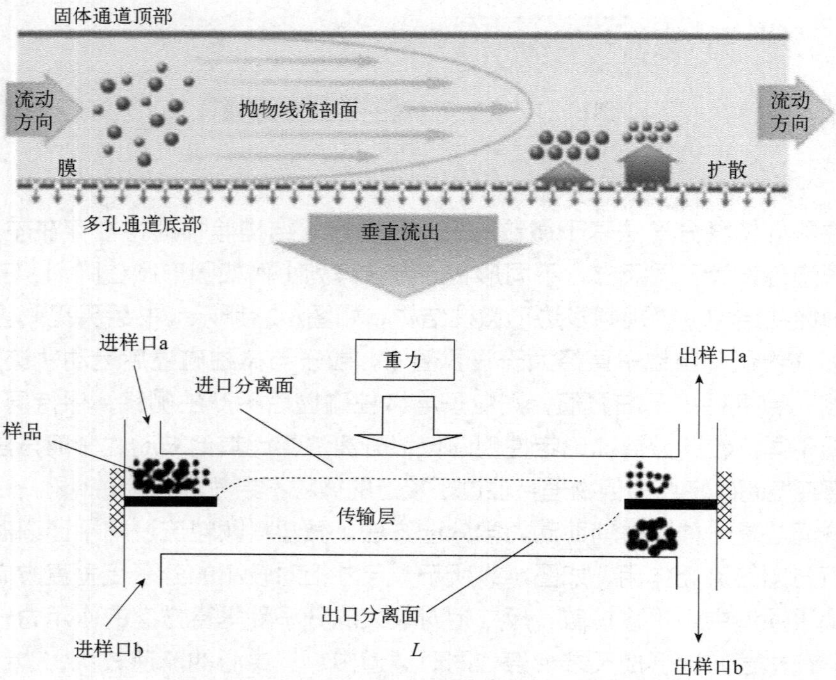

图6-29　外场不对称场流分馏法示意图

介电电泳法利用非均匀电场中的中性粒子在介电极化作用下的运动特性差异来分离不同材质、尺寸的微塑料颗粒。介电泳力的方向由微塑料颗粒及悬浮介质的极化率决定，介电泳力的大小与粒子的直径和非均匀电场的梯度成正比。Weirauch等通过包含绝缘柱阵列的微流体通道诱导介电泳效应（图6-30，书后另见彩图）。Pesch等证明了绝缘体的几何形状和材料对介电电泳分离系统捕获效率的影响。Zhao等设计了一种基于非对称孔的交流式介电电泳芯片，测量了微粒随施加电场频率变化产生的横向迁移量以找到相应的临界值，为表征具有各种介电特性的目标粒子提供了一种基于交流式介电电泳芯片的微流控系统。介电电泳分离法能够实现精确操控，但通量较低，并且需要对粒子的介电特性进行测量后才能进行针对性的分离操作。

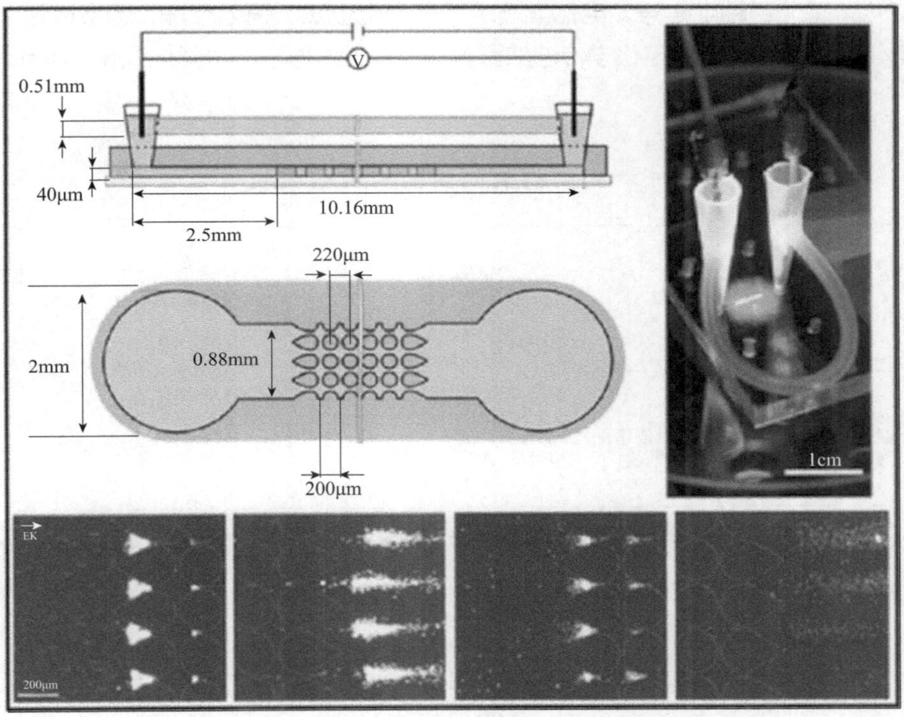

图6-30　具有绝缘柱阵列的微流体通道诱导介电电泳效应

6.6　微流控芯片在海洋重金属离子检测领域的应用

重金属一般是指密度大于4.5g/cm^{3}的金属。重金属离子对环境造成的污染具有持续性、持久性、非生物降解性、生物富集性等特性，对海洋生态平衡和生物多样性构成了严重的威胁。一些重金属离子，包括铅离子、汞离子、砷离子、铬离子和镉离子，即使在痕量水平也会对人体的神经、免疫、生殖和消化系统产生长期的影响，严重危害人类的生命健康。世界卫生组织、联合国粮食及农业组织、疾病控制中心和欧盟等多个国际组织已将重金属列为优先考虑的物质，根据环境质量标准（EQS）对其在水中的浓度进行监测并设定了一定的允许限值。

重金属离子测量的常规方法包括原子吸收光谱法、电感耦合等离子体质谱法、电感耦合等离子体原子发射光谱法、紫外-可见光谱法等。原子吸收光谱、电感耦合等离子体质谱法、X射线荧光光谱法、中子活化分析和电感耦合等离子体原子发射光谱法用于检测复杂基质中的重金属，这些技术在飞摩尔范围内提供非常低的检测限，但检测成本较高，并且对操作人员的专业度要求较高。此外，这些技术仅适用于定量分析，需要与其他色谱技术相结合以进行金属离子形态分析。

重金属离子的电化学传感涉及使用生物传感电极，该电极用于将电流传递到水溶液中，并产生一些有用的和可测量的电信号，这些电信号对应于溶液中由于金属离子的存在而发生的电化学反应，界面的存在会引起电流、电压、电化学阻抗、电荷和电致发光等各种电参数的变化。基于各种电信号，电化学技术可分为电位法、恒电位法、恒电流法、阻抗测试法、电化学发光法。基于电化学传感的重金属离子检测方法的分类如图6-31所示。

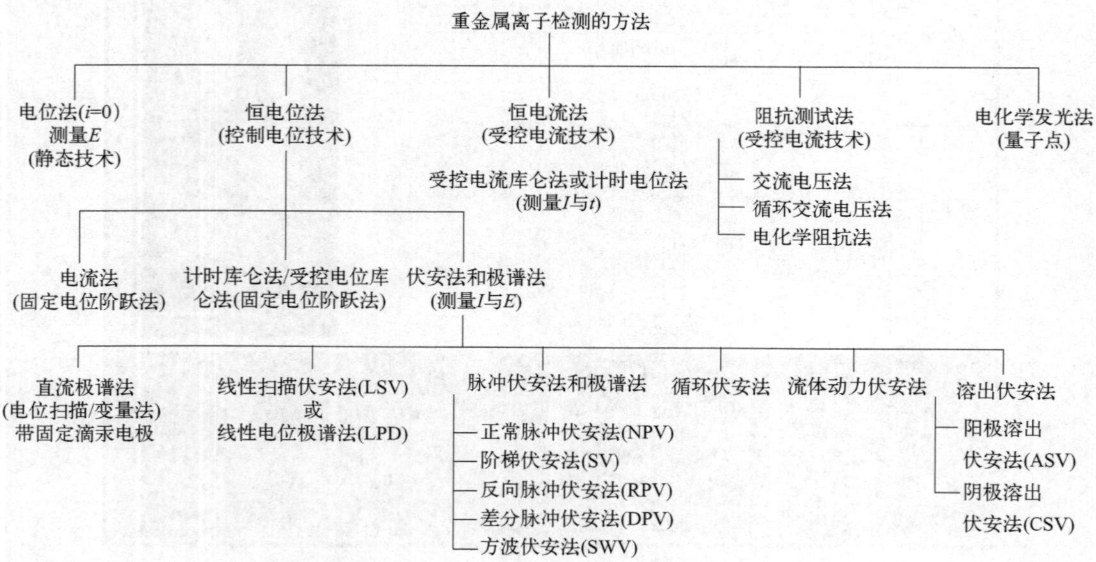

图6-31 基于电化学传感的重金属离子检测方法

电位法主要使用选择性电极对溶液中的离子进行定量分析，检测复杂环境基质中的重金属离子。将碳纳米管和金属纳米粒子作为工作电极的界面材料，在各种环境基质中实现了重金属离子的较低检测限。电位测量技术中使用的材料主要有两类：离子选择电极（IES）和场效应晶体管（FET）。

恒电位法涉及使用恒电位仪来控制其参比电极和对电极之间的电位，以保持参比电极和工作电极之间的电位差，相应地测量和记录产生的电流以预测分析物。恒电位技术的三个基本子类别是：电流法、计时库仑法/受控电位库仑法、伏安法/极谱法。表6-1展示了使用这些技术进行重金属离子检测的一些工作。

表6-1 重金属离子检测的各种电化学技术列表

电化学平台	技术	分析物（重金属离子）	检测限	检测范围	参考文献
nano-CB SPE	电流测量法	Hg^{2+}	5nmol/L	$(0.05\sim14.77)\times10^{-6}$（体积分数）	（Arduini et al., 2011）
SbF-CPE	SWASV	Cd^{2+}和Pb^{2+}	0.8μg/L和0.2μg/L	4.0～150.0μg/L	（Tesarova et al., 2009）
Cu_2O@NCs	EIS	Hg^{2+}	0.15nmol/L	1～100 nmol/L	（Liu et al., 2015）
Bi-C纳米复合材料	SWASV	Pb^{2+}和Cd^{2+}	0.65μg/L和0.81μg/L	$(1\sim100)\times10^{-9}$（体积分数）	（Niu et al., 2015）
	SWAdSV	Ni^{2+}	5.47μg/L	$(10\sim150)\times10^{-9}$（体积分数）	
AuNPs/CNFs	SWASV	Cd^{2+}、Pb^{2+}和Cu^{2+}	0.1μmol/L	0.1～1.0μmol/L	（Zhang et al., 2016）
SiNWs-SH/GCE	SWASV	Cd^{2+}和Pb^{2+}	0.04mA・L/nmol和0.074μA・L/nmol	5～250nmol/L	（Guo et al., 2016b）
UME蔗糖生物传感器	CV	Hg^{2+}	5×10^{-10}mol/L	$(5\sim12.5)\times10^{-10}$ mol/L	（Kestwal et al., 2008）
化学修饰CPE	SWASV	Cd^{2+}、Cu^{2+}和Hg^{2+}	0.3ng/mL、0.1ng/mL和0.05ng/mL	Cd^{2+}:1.5～1000ng/mL; Cu^{2+}: 0.6～1100ng/mL	（Afkhami et al., 2013c）
Gr和OPFP-IL修饰的CPE	SWASV和CV	Ti^{+}、Pb^{2+}和Hg^{2+}	3.57×10^{-10}mol/L、4.50×10^{-10}mol/L和3.86×10^{-10}mol/L	$1.25\times10^{-9}\sim2.00\times10^{-7}$mol/L	（Bagheri et al., 2015）
BDD-TFE	SI-ASV	Hg^{2+}	0.04ng/mL	0.1～30.0ng/mL和5.0～60.0ng/mL	（Chaiyo et al., 2014）
N/IL/G/SPCE	SWASV	Zn^{2+}、Cd^{2+}和Pb^{2+}	0.09ng/mL、0.06ng/mL和0.08ng/mL	0.1～100.0ng/L	（Chaiyo et al., 2016）
GO/DTT	CC溶出法	Cd^{2+}、Pb^{2+}、Cu^{2+}和Hg^{2+}	(1.9±0.4)ng/mL、(2.8±0.6)ng/mL、(0.8±0.2)ng/mL、(2.6±0.9)ng/mL	1ng/mL～10μg/mL	（Choi et al., 2015）
	CC沉积法		(2.6±0.2)ng/mL、(0.5±0.1)ng/mL、(1.8±0.3)ng/mL、(3.2±0.3)ng/mL	1ng/mL～10μg/mL	
	SWASV		(7.1±0.9)ng/mL、(1.9±0.3)ng/mL、(0.4±0.1)ng/mL、(0.7±0.1)ng/mL	1ng/mL～2.5μg/mL	
GO-MWCNT	ASV	Pb^{2+}和Cd^{2+}	0.2μg/L和0.1μg/L	0.5～30μg/L	（Huang et al., 2014）
Y-DNA	CV	Hg^{2+}	0.094nmol/L	1nmol/L～5μmol/L	（Jia et al., 2016）
GCE	ASV	Cd^{2+}和Pb^{2+}	3.2μg/L和1.9μg/L	50～250μg/L和5～200μg/L	—
NH_3-pn-MWCNTs	SWASV	Zn^{2+}、Cd^{2+}、Cu^{2+}和Hg^{2+}	0.314nmol/L、0.0272nmol/L、0.2263nmol/L和0.1439nmol/L	0.2～2.8mol/L、0.0025～0.0225mol/L、0.2～2.8mol/L和0.02～0.6mol/L	（Wei et al., 2012a）
$MgSiO_3$修饰的GCEs	SWASV	Cd^{2+}、Pb^{2+}、Cu^{2+}和Hg^{2+}	0.186nmol/L、0.247nmol/L、0.169nmol/L和0.375nmol/L	Cd^{2+}、Pb^{2+}和Cu^{2+}: 0.1～1.0mol/L; Hg^{2+}: 0.8～2.0mol/L	（Xu et al., 2013）
3MT和3TA CPE	SWASV	Cu^{2+}	0.1～10μmol/L	0.1～10μmol/L	（Lin et al., 2009）

续表

电化学平台	技术	分析物（重金属离子）	检测限	检测范围	参考文献
HMDE	DPASV	Zn^{2+}和Pb^{2+}	2.91nmol/L和0.03nmol/L	12.4 ～ 23.2nmol/L和1.7 ～ 3.2nmol/L	（Magnier et al., 2011）
	DPCSV	Cu^{2+}	0.6nmol/L	4.9 ～ 7.6nmol/L	
HgFE	SCP	Sb^{2+}	70pmol/L	—	（Tanguy et al., 2010）
HMDE	AGNES-SCP	Zn^{2+}、Cd^{2+}和Pb^{2+}	4nmol/L、2.9nmol/L和4.1nmol/L	25 ～ 100nmol/L	（Parat et al., 2011a）
汞膜SPE	SSCP	Cd^{2+}	2.2nmol/L	—	（Parat et al., 2011b）
	SWASV	Cd^{2+}	1.78nmol/L	0.2 ～ 20μg/L	（Zaouak et al., 2010）
石墨毡	LSASV	Zn^{2+}	50nmol/L	10^{-6} ～ 10^{-4}mol/L	（Feier et al., 2012）
掺硼DLC	SWASV	Cd^{2+}、Pb^{2+}、Ni^{2+}和Hg^{2+}	4.83nmol/L、8.9nmol/L、34.1nmol/L和4.99nmol/L	2 ～ 25μg/L	（Khadro et al., 2011）
BDD	SWASV	Pb^{2+}	19.3nmol/L	(20 ～ 100) × 10^{-9}（体积分数）	（Le et al., 2012）
	DPASV	Cd^{2+}、Pb^{2+}、Ni^{2+}和Hg^{2+}	3.29nmol/L、26.5nmol/L、116nmol/L和11.5 nmol/L	35nmol/L、48nmol/L、97nmol/L和5nmol/L	（Sbartai et al., 2012）
硫醇功能化黏土修饰的CPE	SWASV	Pb^{2+}	60nmol/L	3 × 10^{-7} ～ 10^{-5}mol/L	（Tonle et al., 2011）
β-酮亚胺杯芳烃ITO					
TETRAM修饰的石墨毡电极	EIS	Hg^{2+}	0.1nmol/L	—	（Rouis et al., 2013）
复合聚合物薄膜	LSASV	Pb^{2+}	25nmol/L	—	（Nasraoui et al., 2010）
	SWASV	Pb^{2+}、Cu^{2+}、Hg^{2+}和Cd^{2+}	0.5nmol/L、5nmol/L、100nmol/L和500nmol/L	10^{-8} ～ 10^{-6}、2.5 × 10^{-8} ～ 2.5 × 10^{-7}、5 × 10^{-8} ～ 5 × 10^{-6}和10^{-7} ～ 10^{-5}	（Pereira et al., 2011）
GC/PEDOT:PSS	CA	Pb^{2+}	0.19nmol/L	2nmol/L ～ 0.1μmol/L	（Yasri et al., 2011）
Au/MPS-(PDDA-AuNPs)	DPASV	As^{3+}	0.48μmol/L	20 ～ 100μmol/L	（Ottakam Thotiyl et al., 2012）
碱性磷酸酶	电导测定法	Cd^{2+}	10^{-20}mol/L	—	（Tekaya et al., 2013）
转化酶、变位酶、葡萄糖氧化酶	电导测定法	Hg^{2+}	25nmol/L	0.1 ～ 100μmol/L	（Soldatkin et al., 2012）
基于GCE的MWCNT塔	SWASV	Pb^{2+}、Cd^{2+}、Cu^{2+}和Zn^{2+}	12nmol/L、25nmol/L、44nmol/L和67nmol/L	Cu^{2+}、Pb^{2+}、Cd^{2+}：2 ～ 8μmol/L; Zn^{2+}：4.2 ～ 16.8μmol/L	（Guo et al., 2011）
碳NPsSPE	SWASV	Pb^{2+}、Cd^{2+}、Cu^{2+}和Hg^{2+}	4.8nmol/L、4.4nmol/L、7.9nmol/L和5nmol/L	Cd^{2+}、Pb^{2+}和Cu^{2+}：5 ～ 100μg/L; Hg^{2+}：1 ～ 10μg/L	（Aragay et al., 2011b）
石墨烯NS	SWASV	Pb^{2+}, Cd^{2+}, Cu^{2+}	10^{-11}mol/L、10^{-7}mol/L和10^{-8}mol/L	—	（Wang et al., 2011）

续表

电化学平台	技术	分析物（重金属离子）	检测限	检测范围	参考文献
AuNPs扩增DNA-金电极	DPV	Hg^{2+}	0.5nmol/L	1～100nmol/L	（Kong et al., 2009）
长条状HAP	SWASV	Pb^{2+}和Cd^{2+}	0.00423nmol/L和0.027nmol/L	0.01～10nmol/L	（Zhang et al., 2011）
纳米阵列膜	DPV	Cu^{2+}	0.4μmol/L	1.3～35.2μmol/L和35.2～98μmol/L	（Zhuo et al., 2010）
纳米结构MIP	DPV	Pb^{2+}	0.6nmol/L	1.0×10^{-9}～8.1×10^{-7}mol/L	（Alizadeh 和 Amjadi, 2011）
RGO/Bi纳米复合材料	ASV	Cd^{2+}、Pb^{2+}、Zn^{2+}和Cu^{2+}	2.8μg/L、0.55μg/L、17μg/L和26μg/L	20～120mg/L	（Sahoo et al., 2013）
多孔MgO纳米粉	SWASV	Pb^{2+}和Cd^{2+}	2.1pmol/L和81pmol/L	3.3～22nmol/L和40～140nmol/L	（Wei et al., 2012b）
AuNPs-CNT	SWASV	Pb^{2+}和Cu^{2+}	0.546μg/L和0.613μg/L	(3.31～22.29)×10^{-9}（体积分数）	（Bui et al., 2012）
SnO_2/RGO纳米复合材料	SWASV	Cd^{2+}、Pb^{2+}、Cu^{2+}和Hg^{2+}	0.1nmol/L、0.18nmol/L、0.23nmol/L和0.28nmol/L	0～1.3μmol/L	（Wei et al., 2012c）
C_3N_4修饰的GCE	—	Hg^{2+}	0.09nmol/L	1×10^{-9}～1×10^{-10}mol/L和 1×10^{-6}～1×10^{-9}mol/L	（Sadhukhan和Barman, 2013）
DSP-AuNPs	DPV和DSV	Cu^{2+}	0.48nmol/L	1.0～1000nmol/L	（Cui et al., 2014）
MB标签	电流测量法	Hg^{2+}	0.2nmol/L	0～80nmol/L	（Xuan et al., 2013）
DNA连接的鲁米诺AuNPs	ECL	Hg^{2+}	1.05×10^{-10}mol/L	2～1000pmol/L	（Gao et al., 2013）
CdS QDs 修饰的ssDNA	SWASV	Pb^{2+}	7.8pmol/L	0.01nmol/L～1.0μmol/L	（Tang et al., 2013）
HRP-PANI	CV	Pb^{2+}	0.5nmol/L	1.0×10^{-5}～10.0ng/mL	（Li et al., 2013）
PET-SPE	EIS	Pb^{2+}和Cd^{2+}	1nmol/L和1nmol/L	50μmol/L～1mmol/L、0～50μmol/L	（Avuthu et al., 2014）
基于碳电极的D-LMF	GSC	Cd^{2+}、Pb^{2+}和Cu^{2+}	0.02μg/L、0.02μg/L和0.06μg/L	0.07μg/L、0.42μg/L、0.06～0.36μg/L、 2.0～6.0μg/L	（Szłyk 和Czerniak, 2004）
SPCNTE	SIA-ASV	Pb^{2+}、Cd^{2+}和Zn^{2+}	0.2μg/L、0.8μg/L和11μg/L	Pb^{2+}和Cd^{2+}：2～100μg/L； Zn^{2+}: 12～100μg/L	（Injang et al., 2010）
BiNPs	SWASV	Pb^{2+}和Cd^{2+}	2μg/L和5μg/L	—	（Cadevall et al., 2015）
nano-Bi	SWASV	Zn^{2+}、Cd^{2+}和Pb^{2+}	4.20μg/L、2.54μg/L和1.97μg/L	—	（Lee et al., 2010）

注：nano-CB—纳米炭黑；SPE—丝网印刷电极；SbF—锑膜；CPE—碳糊电极；Cu_2O—氧化亚铜；Bi-C—铋碳；AuNPs/CNFs—碳纳米纤维上的金纳米粒子；SiNWs-SH—硫醇硅纳米线；GCE—玻碳电极；UME—超微电极；Gr—石墨烯；OPFP-IL—1-硝基六氟磷酸吡啶；BDD—掺硼金刚石；TFE—薄膜电极；N/IL/G/SPCE—Nafion/离子液体/石墨烯复合改性丝网印刷碳电极；GO—氧化石墨烯；DTT—掺杂二氨基对噻吩；MWCNT—多壁碳纳米管；Y-DNA—Y形DNA；NH_3 pn—NH_3等离子体处理；$MgSiO_3$—硅酸镁空心球；3MT—3-甲基噻吩；3TA—3-噻吩乙酸；HMDE—悬挂汞滴电极；HgFE—汞膜电极；DLC—类金刚石碳；ITO—氧化铟锡；TETRAM—1, 4, 8-三(氨甲酰甲基)氢碘化物；GC—石墨电极涂层；PEDOT—3,4-聚(亚乙基二氧噻吩)；PSS—聚(苯乙烯-磺酸钠)；Au/MPS-(PDDA AuNPs)—聚(二烯丙基二甲基氯化铵)和柠檬酸盐包覆的金纳米粒子多层；NS—纳米片；HAP—羟基磷灰石；MIP—分子印迹聚合物；RGO/Bi—还原石墨烯氧化物铋纳米粒子；MgO—氧化镁；CNT—碳纳米管；SnO_2—氧化锡；C_3N_4—石墨碳氮化物；DSP-AuNPs—硫苷酶(琥珀酰亚胺丙酸盐)封装的AuNPs；QDs—量子点；HRP—辣根过氧化物酶；PANI—聚苯胺；PET—聚对苯二甲酸乙二醇酯；D-LMF—经汞膜修饰的碳电极；SPCNTE—丝网印刷碳纳米管电极；BiNPs—铋纳米粒子；nano-Bi—铋纳米粉末电极；SWASV—方波阳极溶出伏安法；EIS—电化学阻抗谱；SWAdSV—方波吸附溶出伏安法；CV—循环伏安法；SI-ASV—顺序注入阳极溶出伏安法；CC—计时库仑法；ASV—阳极溶出电压法；DPASV—差分脉冲阳极溶出法；DPCSV—微分脉冲阴极溶出伏安法；SCP—溶出计时电位法；SSCP—扫描沉积电位下的溶出计时电压法；LSASV—线性扫描阳极溶出伏安法；CA—计时电流法；DPV—差分脉冲伏安法；ECL—电化学发光法；GSC—恒电流溶出计时电流法。

电流法使用无汞工作电极在固定电位下控制和测量非常小的电流。该方法用于检测在含有电活性物质的溶液中参比电极与工作电极之间的电位阶跃信号，在电极表面产生的还原导致非常大的电流流动，该电流与电极表面的浓度梯度成正比。由于工作电极的电位是固定的，因此只能从电化学还原的物质中检测一种特定的成分。与其他电流测量技术相比，电流法具有更短的时间尺度（毫秒和秒），不受其他金属离子的干扰，检测灵敏度较高。

计时库仑法是在提供受控电位后测量通过的电荷量，该受控电位是通过对电流与时间或电压进行积分来计算的。这种方法主要用于进行详尽的电解以进行定量分析，但提供的分析物类型信息非常少。尽管该方法具有高精度、检测效率高等优点，但由于需要高电流效率，因此并未广泛用于进行电化学分析。

伏安法采用电流-电压曲线中的各个电位点测量电流，在各种复杂环境基质中重金属离子的测定和测量中应用最为广泛。伏安法因其高精度和灵敏度而被广泛用于痕量金属形态分析，能够用于其他电分析技术难以分析的浑浊和有色溶液。在伏安测量中使用具有不同形状和幅度的电压信号脉冲的概念称为脉冲伏安法，可进一步细分为：正常脉冲伏安法（NPV）或正常脉冲极谱法（NPP）、阶梯伏安法或Tast极谱法、反向脉冲伏安法或极谱法（RPV）、差分脉冲伏安法或极谱法（DPV）和方波伏安法（SWV）。

恒电流法通常使用恒电流器来控制工作电极和对电极之间的电流，并在工作电极和参考电极之间测量产生的电位。与恒电位技术相比，恒电流法涉及的设备较为简单，不需要来自参考电极的反馈，但是这种方法的缺点是在检测过程中容易出现双层充电效应。

确定水溶液中分析物浓度的一些最广泛使用的阻抗测量技术是电化学阻抗谱法和交流伏安法。电化学阻抗谱法广泛用于研究改性电极的界面特性，尤其是多层薄膜。在电解池中发生的电化学反应用等效电路表示，由于电化学反应而在带电界面中流动的电流会导致电荷沿带电界面转移，通过确定等效电路的阻抗参数和阻容参数，可以预测电解液中的金属离子浓度。

表面等离子共振现象源于贵金属中的自由传导电子与入射电磁辐射共振的集体振荡，例如水溶液中尺寸在20nm的单分散AuNPs在吸收光谱中表现出强烈的表面等离子共振峰，水相溶液呈现“酒红”色，当AuNPs聚集到一定程度时，由于SPR峰的偏移，溶液的颜色会发生变化。在此基础上，构建了用于检测各种分析物的比色传感器，对分析物进行直接、直观和快速的检测，从而最大限度地降低成本。Hupp等开发了用于重金属检测的比色传感器来检测各种重金属，例如Hg^{2+}、Pb^{2+}、Cu^{2+}和As^{3+}。比色检测法简单快速，但其检测限相对较高，若检测痕量金属则需要进行预浓缩处理。

表面增强拉曼散射（surface-enhanced Raman scattering, SERS）技术可以提供分析物的光谱指纹特征，SERS传感器（图6-32，书后另见彩图）已广泛用于化学和生物传感以及医学诊断，但是SERS无法直接检测重金属离子，解决这个问题的方法是用与重金属离子特异性结合的有机配体功能化等离子体纳米结构。如上所述，AuNPs的聚集可用于比色检测，此外，AuNPs的聚集可导致相邻NPs的等离子体场耦合，形成SERS增强的“热点”。基于这一原理，Chen等开发了一种用于检测As^{3+}的SERS传感器，使用4-巯基吡啶

（4-MPY）作为拉曼报告分子，通过As—O键的选择性结合、As^{3+}与谷胱甘肽的结合诱导了AgNPs的聚集，增强了4-MPY的SERS信号。这种SERS传感器具有很高的灵敏度，对各种金属离子具有出色的选择性，且检测限较低。

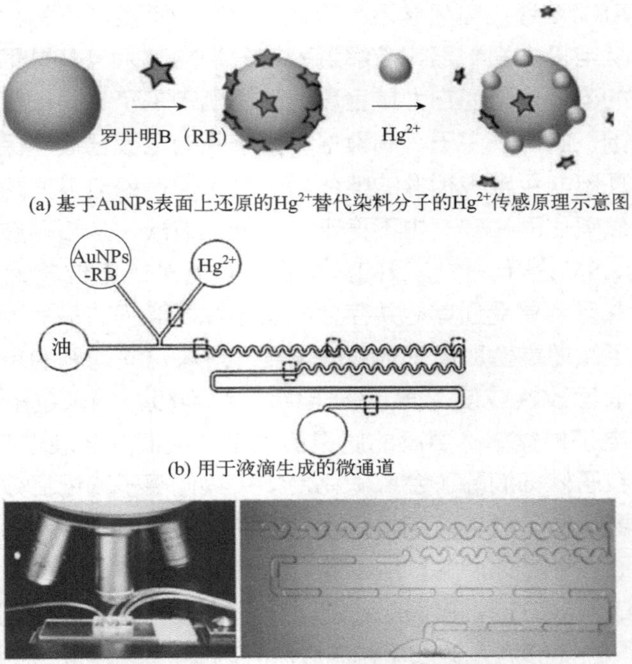

(a) 基于AuNPs表面上还原的Hg^{2+}替代染料分子的Hg^{2+}传感原理示意图

(b) 用于液滴生成的微通道

(c) 微流控芯片　(d) 显微镜下的微流控芯片结构

图6-32　SERS传感器

具有三个传感器阵列的微流控芯片如图6-33所示（书后另见彩图）。

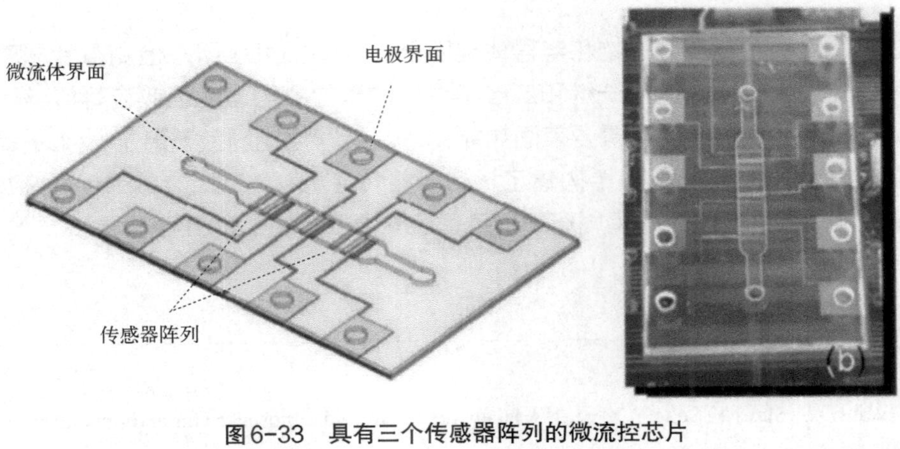

图6-33　具有三个传感器阵列的微流控芯片

与光学传感器相比，电化学传感器的传感信号是通过导线而不是光学探测器来收集的。因此，电化学传感器可以很容易地装入一个紧凑的系统中。此外，由于重金属具有确定的氧化还原电位，因此可以通过裸电极实现对特定重金属离子的选择性，而无需分子识别探针。电化学传感中采用了多种技术，包括伏安法、电流法、电位法、阻抗法和电导法。其中，阳极溶出伏安法（anodic stripping voltammetry, ASV）较为容易调节以测定重金属离子。ASV法通过电化学沉积或重金属在恒定电位下的积累将分析物预浓缩到电极表面，然后从电极表面剥离或溶解沉积的分析物。汞电极是第一个在重金属电化学检测中受到关注的电极，因为它为重金属离子检测带来了高灵敏度、良好的重现性和较宽的阴极电位范围。然而，由于其高毒性，基于汞的电极已被环保的铋电极取代，该电极在许多方面表现出与汞电极相似的电化学行为，但是铋电极的阴极电位范围相对较窄，并且由于其自然氧化而在空气中不稳定。此外，玻碳、金和硼掺杂金刚石电极也被用于重金属离子的ASV分析。体电极的分析物沉积所需的电位较大，分析物检测所需的剥离电位较高，并且容易受到其他共存金属及电解质离子的干扰，因此体电极的检测限和灵敏度不能满足微量重金属离子检测的需要。解决这些问题的有效方法是使用纳米颗粒对体电极进行表面改性或使用微/纳米电极修饰电极。纳米粒子修饰电极具有更高的表面积、更高的电子传输率、更高的质量传输率、更低的溶液电阻和更高的信噪比。玻碳电极的金纳米粒子修饰消除了金属间化合物中其他离子的记忆效应和干扰，AuNPs修饰的玻碳电极显著降低了对Hg^{2+}的检测限。此外，具有比表面积大、尺寸小、电子转移能力强、易于表面修饰等优点的碳纳米管、碳纳米纤维和石墨烯等碳纳米材料也可作为检测重金属离子的电极材料，它们能够同时预浓缩和检测多种重金属离子。

由于痕量重金属也能够对人类健康构成威胁，因此对传感器的检测下限提出了要求。提高电化学传感器检测限和灵敏度的有效方法是使用微电极阵列（MEA）和纳米电极阵列（NEA）。MEA-NEA是指微电极和纳米电极的集合，具有高信噪比、不需要对流传质、小电流及分析物沉积和剥离所需的电势小等优点。电化学传感器其中的三个电极（参比电极、计数电极和工作电极）可以集成到单个微流体腔室中，从而通过电化学技术执行整个分析过程。微流控电化学装置具有显著的优势，包括装置的小型化、所需样品/试剂的体积较小、能够在芯片上制备样品和预浓缩分析物，以及可并联检测、分析时间较短等。

场效应管传感器利用分析物和半导体电阻器之间的相互作用来检测重金属离子的含量。具有较高表面积体积比的一维和二维半导体纳米材料构建的场效应管传感器表现出较高的灵敏度。纳米材料通常需要表面功能化才能特异性检测金属离子。Chen等使用巯基乙酸功能化的还原氧化石墨烯构建了场效应管传感器，实现了2.5×10^{-8}mol/L的检测限，传感性能的提升归因于重金属离子与巯基乙酸中羧基的螯合相互作用。

参考文献

[1] Wang J S, Sun J Y, Song Y X, et al. A label-free microfluidic biosensor for activity detection of single

microalgae cells based on chlorophyll fluorescence[J]. Sensors, 2013, 13: 16075-16089.
[2] 丁格格. 基于 LOC 的船舶典型水污染物检测技术研究[D]. 大连：大连海事大学，2022.
[3] Ding G G, Wang J S, Wang L L, et al. Quantitative viability detection for a single microalgae cell by two-level photoexcitation[J]. Analyst, 2020, 145 (11): 3931-3938.
[4] Wang J S, Song Y N, Maw M, et al. Detection of size spectrum of microalgae cells in an integratedunderwater microfluidic device[J]. Journal of Experimental Marine Biology and Ecology, 2015 (473): 129-137.
[5] 代博文. 基于阻抗脉冲及荧光传感的细胞检测技术研究[D]. 大连：大连海事大学，2022.
[6] Hashemi N, Erickson J S, Golden J P, et al. Optofluidic characterization of marine algae using a microflow cytometer[J]. Biomicrofluidics, 2011, 5(3):32009-320099.
[7] Wang J S, Zhao J S, Wang J P, et al. A classification microfludic chip of microalgae cells by simultaneous analysis of CF, OLS and RPS[C]. 2016年大连国际微流控和芯片实验室大会，2016.
[8] Ding G G, Wang J S, Tian P T, et al. A novel handheld high-throughput device for rapid detection of phytoplankton in ship's ballast water[J]. IEEE Transactions on Instrumentation and Measurement, 2021, 70: 1-13.
[9] Schaap A, Rohrlack T, Bellouard Y. Optical classification of algae species with a glass lab-on-a-chip[J]. Lab on A Chip, 2012, 12(8):1527-1532.
[10] Chaturvedi A, Gorthi S S. Automated blood sample preparation unit (ABSPU) for portable microfluidic flow cytometry[J]. SLAS TECHNOLOGY: Translating Life Sciences Innovation, 2017, 22(1): 73-80.
[11] Tok S, Haan K D, Tseng D, et al. Early detection of E. coli and total coliform using an automated, colorimetric and fluorometric fiber optics-based device[J]. Lab on a Chip, 2019, 19(17):2925-2935.
[12] Kwon O K, Kong H S, Han H G, et al. On-line measurement of contaminant level in lubricating oil: US6151108[P], 2000-03-08.
[13] Srivastava R M. Effect of sequence of measurement on particle count and size measurements using a light blockage (HIAC) particle counter[J]. Water Research, 1993, 27(5): 939-942.
[14] Boer G B J D, Weerd C D, Thoenes D, et al. Laser diffraction spectrometry: fraunhofer diffraction versus mie scattering[J]. Particle & Particle Systems Characterization, 2010, 4(1-4): 14-19。
[15] Ishii T, Nakamura K, Ueha S, et al. A wear evaluation chart of friction materials used for ultrasonic motors[J]. Ultrasonics Symposium, 1998, 1: 699-702.
[16] 明廷锋，朴甲哲，张永祥. 基于超声波测量技术的颗粒尺寸分布模型的研究[J]. 应用声学，2005, 24(2): 103-107.
[17] Edmonds J, Resner M S, Shkarlet K. Detection of precursor wear debris in lubrication systems[C]. 2000 IEEE Aerosp Conf Proc Big Sky, 2000.
[18] Itomi S. Oil check sensor: JP2002286697[P]. 2002-10-03.
[19] Murali S, Xia X, Jagtiani A V, et al. Capacitive Coulter counting: detection of metal wear particles in lubricant using a microfluidic device[J]. Smart Materials and Structures, 2009, 18(3): 037001.
[20] Du L, Zhe J, Carletta J, et al. Real-time monitoring of wear debris in lubrication oil using a microfluidic inductive coulter counting device[J]. Microfluidics and Nanofluidics, 2010, 9(6): 1241-1245.
[21] Ding G G, Wang J S, Zou J, et al. A novel method based on optofluidic lensless-holography for detecting the composition of oil droplets[J]. IEEE Sensors Journal, 2020, 20 (13): 6928-6936.
[22] Ung L, Mutafopulos K, Spink P, et al. Enhanced Surface Acoustic Wave Cell Sorting by 3D microfluidic chip design[J]. Lab on a Chip, 2017, 17(23):4059-4069.
[23] Chen H H, Lin M W, Tien W T, et al. High-purity separation of cancer cells by optically induced dielectrophoresis[J]. Journal of Biomedical Optics, 2014, 19(4):45002-45012.

[24] Fan L L, He X K, Han Y, et al. Continuous size-based separation of microparticles in a microchannel with symmetric sharp corner structures[J]. Biomicrofluidics, 2014, 8(2):3043-3055.

[25] Morton K J, Loutherback K, Inglis D W, et al. Hydrodynamic metamaterials: microfabricated arrays to steer, refract, and focus streams of biomaterials[J]. Proceedings of the National Academy of Sciences, 2008, 105(21):7434-7438.

[26] Loutherback K, Dsilva J, Liu L, et al. Deterministic separation of cancer cells from blood at 10 mL/min[J]. AIP Advances, 2012, 2(4): 42107-42113.

[27] Hyun J C, Hyun J, Wang S, et al. Improved pillar shape for deterministic lateral displacement separation method to maintain separation efficiency over a long period of time[J]. Separation and Purification Technology, 2017, 172: 258-267.

[28] Campos-Gonzalez R, Skelley A M, Gandhi K, et al. Deterministic lateral displacement: the next-generation CAR T-cell processing?[J]. SLAS TECHNOLOGY: Translating Life Sciences Innovation, 2018,23(4): 338-351.

[29] Weirauch L, Lorenz M, Hill N, et al. Material-selective separation of mixed microparticles via insulator-based dielectrophoresis[J]. Biomicrofluidics,2019(13): 1-12.

[30] Pesch G R, Du F, Baune M, et al. Influence of geometry and material of insulating posts on particle trapping using positive dielectrophoresis[J]. J Chromatogr A 2017, 1483: 127-137.

[31] Zhao K, Larasati L, Duncker B P, et al. Continuous cell characterization and separation by microfluidic alternating current dielectrophoresis[J]. Anal Chem, 2019(91): 6304-6314.

[32] ZhaoK, Li D. Tunable droplet manipulation and characterization by ac-DEP[J]. ACS Appl Mater Interfaces, 2018(10): 36572-36581.

[33] Rubio-Martinez M, Avci-Camur C, Maspoch D, et al. New synthetic routes towards MOF production at scale[J]. Chemical Society Reviews, 2017, 46: 3453-3480.

[34] Sarkar J, Ghosh P, Adil A. A review on hybrid nano fluids: Recent research, development and applications[J]. Renewable and Sustainable Energy Reviews, 2015, 43: 164-177.

[35] Dendukuri D, Doyle P S. The synthesis and assembly of polymeric microparticles using microfluidics[J]. Advanced Materials, 2009, 21(41): 4071-4086.

[36] Yang H, Luan W, Wan Z, et al. Continuous synthesis of full-color emitting core/shell quantum dots via microreaction[J]. Crystal Growth and Design, 2009, 9(11): 4807-4813.

[37] Watt J, Hance B G, Anderson R S, et al. Effect of seed age on gold nanorod formation: A microfluidic, real-time investigation[J]. Chemistry of Materials, 2015, 27(18): 6442-6449.

[38] Lignos I, Stavrakis S, Nedelcu G, et al. Synthesis of cesium lead halide perovskite nanocrystals in a droplet-based microfluidic platform: fast parametric space mapping[J]. Nano Letters, 2016, 16(3): 1869-1877.

[39] Baek J, Shen Y, Lignos I, et al. Multistage microfluidic platform for the continuous synthesis of Ⅲ－Ⅴ core/shell quantum dots[J]. Angewandte Chemie(International Edition), 2018, 57(34): 10915-10918.

[40] Jiao M, Zeng J, Jing L, et al. Flow synthesis of biocompatible Fe_3O_4 nanoparticles: insight into the effects of residence time, fluid velocity, and tube reactor dimension on particle size distribution[J]. Chemistry of Materials, 2015, 27(4): 1299-1305.

[41] Yang C H, Huang K S, Wang C Y, et al. Microfluidic-assisted synthesis of hemispherical and discoidal chitosan microparticles at an oil/water interface[J]. Electrophoresis, 2012, 33(21): 3173-3180.

[42] Yoshida J I, Kim H, Nagaki A. Green and sustainable chemical synthesis using flow microreactors[J]. ChemSusChem, 2011, 4(3): 331-340.

[43] Winkless L. Microfluidic synthesis of Janus beads[J]. Biochemical Pharmacology, 2015, 18 (2): 61-62.

[44] Hu Y, Wang S, Abbaspourrad A, et al. Fabrication of shape controllable Janus alginate/pNIPAAm microgels via microfluidics technique and off-chip ionic cross-linking[J]. Langmuir, 2015, 31(6): 1885-1891.

[45] Ge X H, Huang J P, Xu J H, et al. Water-oil Janus emulsions: Microfluidic synthesis and morphology design[J]. Soft Matter, 2016, 12(14): 3425-3430.

[46] Choi J R, Yong K W, Choi J Y, et al. Emerging point-of-care technologies for food safety analysis[J]. Sensors (Switzerland), 2019, 19(4): 1-31.

[47] Pang B, Zhao C, Li L, et al. Development of a low-cost paper-based ELISA method for rapid Escherichia coli O157:H7 detection[M]. Analytical Biochemistry, 2018.

[48] Shih C M, Chang C L, Hsu M Y, et al. Talanta Paper-based ELISA to rapidly detect Escherichia coli[J]. Talanta, 2015, 145: 2-5.

[49] Chen Y, Cheng N, Xu Y, et al. Biosensors and bioelectronics point-of-care and visual detection of P. aeruginosa and its toxin genes by multiple LAMP and lateral fl ow nucleic acid biosensor[J]. Biosensors and Bioelectronic, 2016, 81: 317-323.

[50] Choi J R, Hu J, Tang R, et al. An integrated paper-based sample-to-answer biosensor for nucleic acid testing at the point of care[J]. Lab on a Chip, 2016, 16(3): 611-621.

[51] Tang R, Yang H, Gong Y, et al. A fully disposable and integrated paper-based device for nucleic acid extraction, amplification and detection[J]. Lab on a Chip, 2017, 17(7): 1270-1279.

[52] Li B, Zhang Z, Qi J, et al. Quantum dot-based molecularly imprinted polymers on three-dimensional origami paper microfluidic chip for fluorescence detection of phycocyanin[J]. ACS Sensors, 2017, 2(2): 243-250.

[53] Morales-Narváez E, Naghdi T, Zor E, et al. Photoluminescent lateral-flow immunoassay revealed by graphene oxide: highly sensitive paper-based pathogen detection[J]. Analytical Chemistry, 2015, 87(16): 8573-8577.

[54] Fronczek C F, Park T S, Harshman D K, et al. Paper microfluidic extraction and direct smartphone-based identification of pathogenic nucleic acids from field and clinical samples[J]. RSC Advances, 2014, 4(22): 11103-11110.

[55] Cinti S, Basso M, Moscone D, et al. A paper-based nanomodified electrochemical biosensor for ethanol detection in beers[J]. Analytica Chimica Acta, 2017, 960: 123-130.

[56] Jin S Q, Guo S M, Zuo P, et al. A cost-effective Z-folding controlled liquid handling microfluidic paper analysis device for pathogen detection via ATP quantification[J]. Biosensors and Bioelectronics, 2015, 63: 379-383.

[57] Ma Y, Wang Y, Luo Y, et al. Rapid and sensitive on-site detection of pesticide residues in fruits and vegetables using screen-printed paper-based SERS swabs[J]. Analytical Methods, 2018, 10(38): 4655-4664.

[58] Lee M, Oh K, Choi H K, et al. Subnanomolar sensitivity of filter paper-based SERS sensor for pesticide detection by hydrophobicity change of paper surface[J]. ACS Sensors, 2018, 3(1): 151-159.

[59] Li X, Yang F, Wong J X H, et al. Integrated smartphone-app-chip system for on-site parts-per-billion-level colorimetric quantitation of aflatoxins[J]. Analytical Chemistry, 2017, 89(17): 8908-8916.

[60] Meng X, Schultz C W, Cui C, et al. On-site chip-based colorimetric quantitation of organophosphorus pesticides using an office scanner[J]. Sensors and Actuators, B: Chemical, 2015,

215: 577-583.

[61] Chen A, Wang R, Bever C R S, et al. Smartphone-interfaced lab-on-a-chip devices for field-deployable enzyme-linked immunosorbent assay[J]. Biomicrofluidics, 2014, 8(6): 064101.

[62] Pang B, Fu K, Liu Y, et al. Development of a self-priming PDMS/paper hybrid microfluidic chip using mixed-dye-loaded loop-mediated isothermal amplification assay for multiplex foodborne pathogens detection[J]. Analytica Chimica Acta, 2018, 1040: 81-89.

[63] Ludwig S K J, Tokarski C, Lang S N, et al. Calling biomarkers in milk using a protein microarray on your smartphone[J]. PLoS ONE, 2015, 10(8): 1-13.

[64] Malic L, Zhang X, Brassard D, et al. Polymer-based microfluidic chip for rapid and efficient immunomagnetic capture and release of Listeria monocytogenes[J]. Lab on a Chip, 2015, 15(20): 3994-4007.

[65] Chen C, Liu P, Zhao X, et al. A self-contained microfluidic in-gel loop-mediated isothermal amplification for multiplexed pathogen detection[J]. Sensors & Actuators, B: Chemical, 2017, 239: 1-8.

[66] Kim M, Jung T, Kim Y, et al. A microfluidic device for label-free detection of Escherichia coli in drinking water using positive dielectrophoretic focusing, capturing, and impedance measurement[J]. Biosensors and Bioelectronics, 2015, 74: 1011-1015.

[67] Yao L, Wang L, Huang F, et al. microfluidic impedance biosensor based on immunomagnetic separation and urease catalysis for continuous-flow detection of E. coli[J]. Sensors & Actuators: B. Chemical, 2018, 259: 1013-1021.

[68] Zhu Z, Feng M, Zuo L, et al. An aptamer based surface plasmon resonance biosensor for the detection of ochratoxin A in wine and peanut oil[J]. Biosensors and Bioelectronic, 2015, 65: 320-326.

[69] Sayad A, Ibrahim F, Mukim S, et al. A microdevice for rapid, monoplex and colorimetric detection of foodborne pathogens using a centrifugal micro fluidic platform[J]. Biosensors and Bioelectronic, 2018, 100: 96-104.

[70] Ru J, Nilghaz A, Chen L, et al. Modification of thread-based microfluidic device with polysiloxanes for the development of a sensitive and selective immunoassay[J]. Sensors & Actuators: B. Chemical, 2018, 260: 1043-1051.

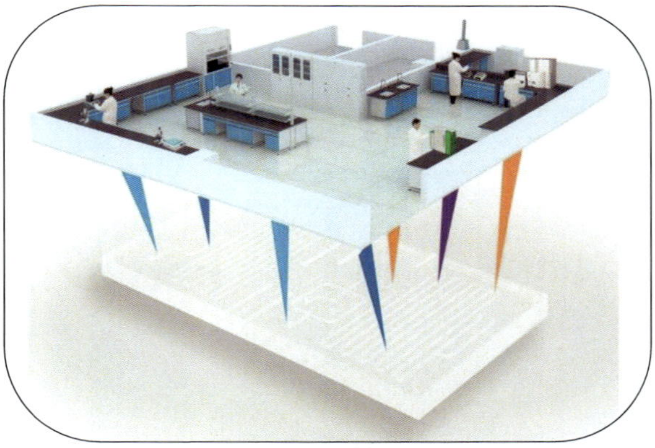

图 1-1　微流控芯片的集成化示意图

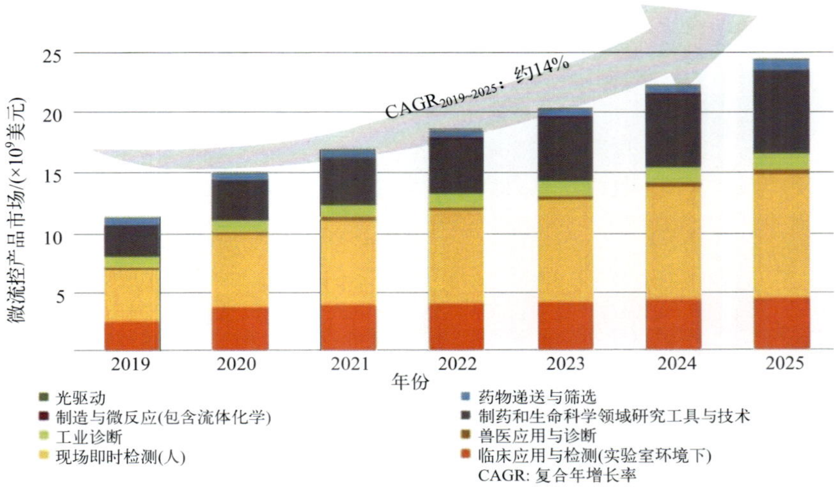

图 1-4　2019 ~ 2025 年微流控产品市场价值预测

（数据来源：《2020 年微流控行业现状报告》，Yole Dévelpppement，法国）

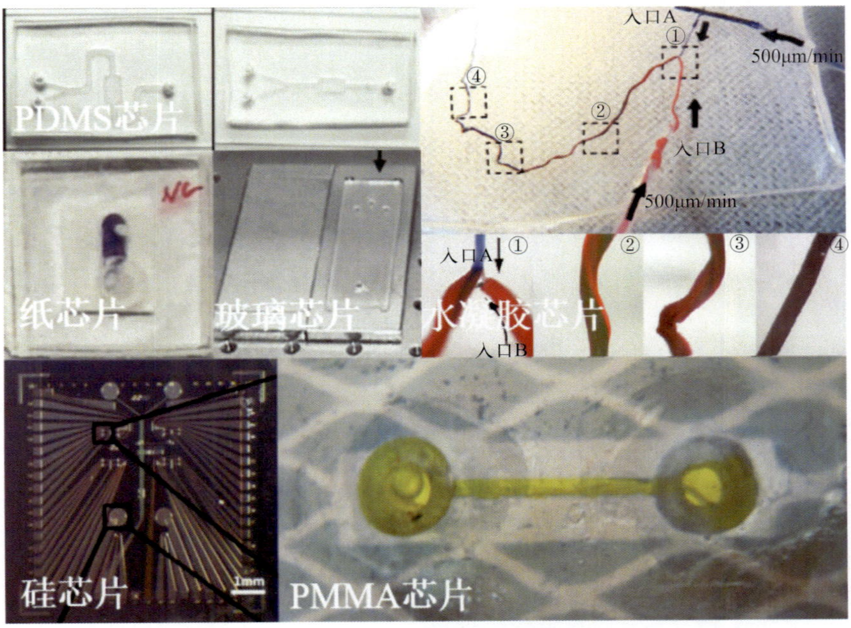

图 3-1　使用不同材料制成的微流控芯片

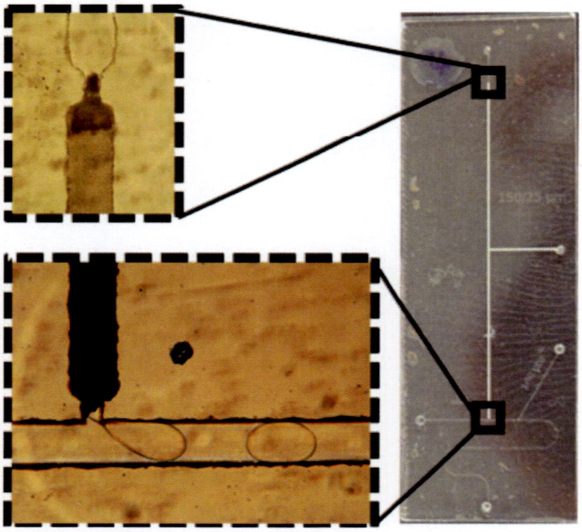

图3-2　耐压液滴玻璃微流控芯片

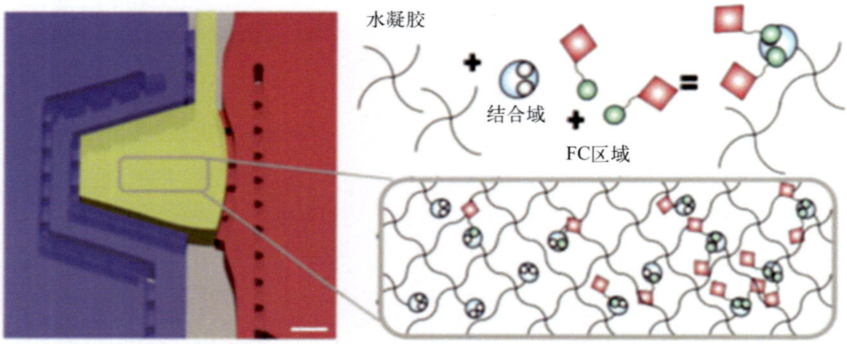

图3-5　水凝胶室中的生物分子梯度

FC—标记分子

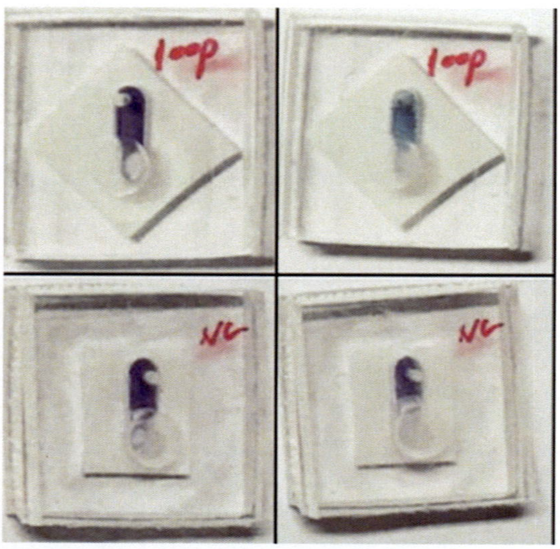

图3-7　芯片中试液反应——环介导等温扩增反应

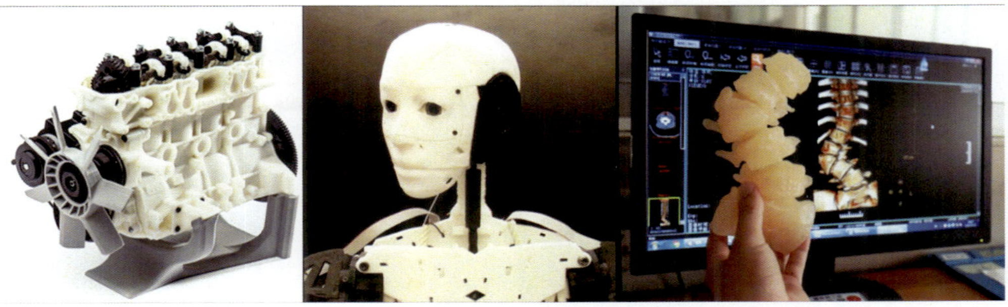

图3-15　利用3D打印技术制作的产品图

(a) 传递窗　　(b) 紫外灭菌灯　　(c) 安全传感器

图3-37　传递窗、紫外灭菌灯和安全传感器

(a) MJB4型紫外曝光机　　(b) 高分辨率电子束曝光机

图3-38　MJB4型紫外曝光机和高分辨率电子束曝光机

图3-39　金属有机物化学气相沉积系统

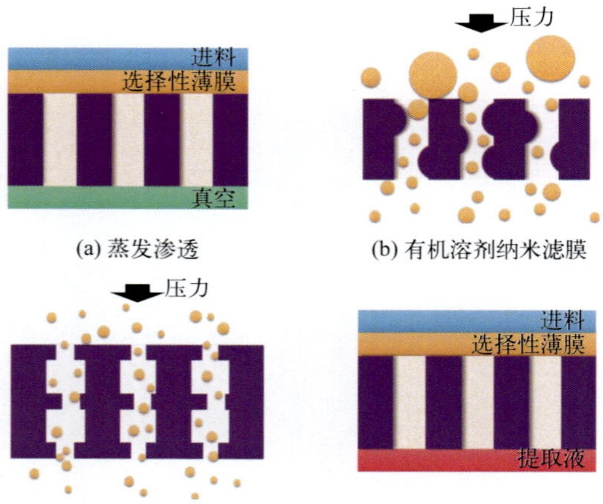

(a) 蒸发渗透　(b) 有机溶剂纳米滤膜

(c) 有机溶剂反渗透　(d) 有机溶剂正渗透

图 4-1　渗透膜分离

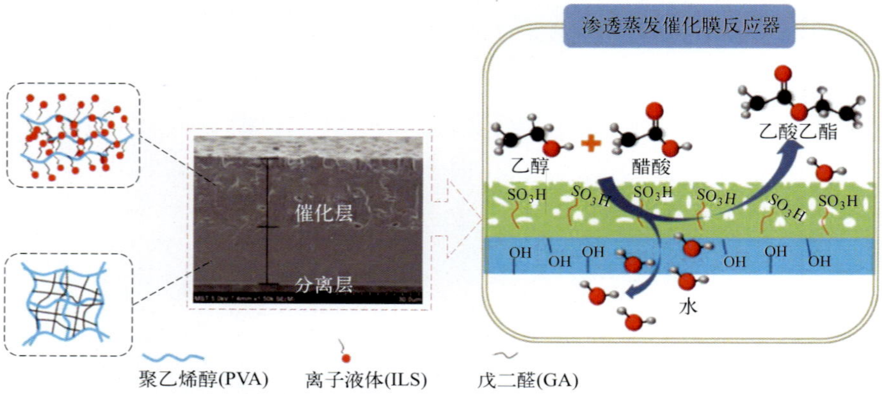

图 4-2　水性聚乙烯醇(PVA)基催化膜工艺强化

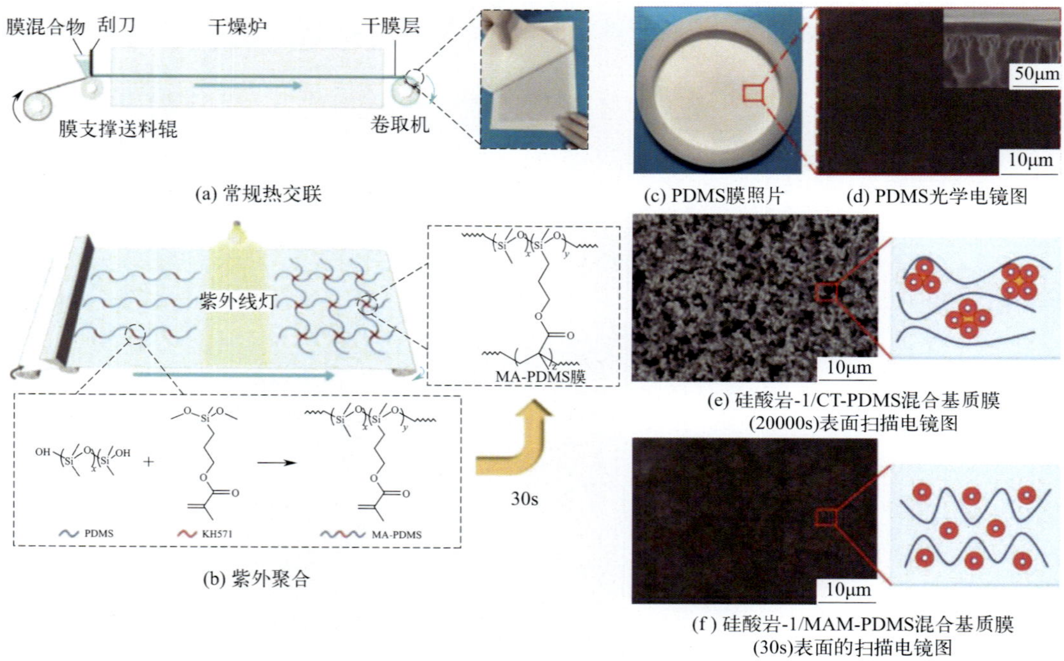

(a) 常规热交联　(c) PDMS膜照片　(d) PDMS光学电镜图

(b) 紫外聚合

(e) 硅酸岩-1/CT-PDMS混合基质膜(20000s)表面扫描电镜图

(f) 硅酸岩-1/MAM-PDMS混合基质膜(30s)表面的扫描电镜图

图 4-3　PDMS膜及其制备流程

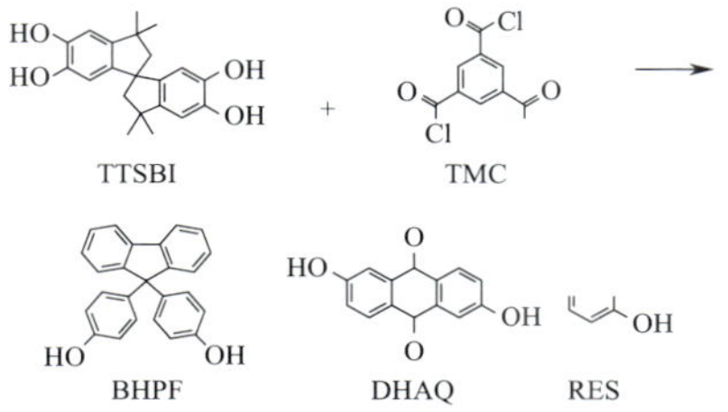

(a) 界面聚合合成芳香族聚酯
(聚芳基酸酯)纳米膜

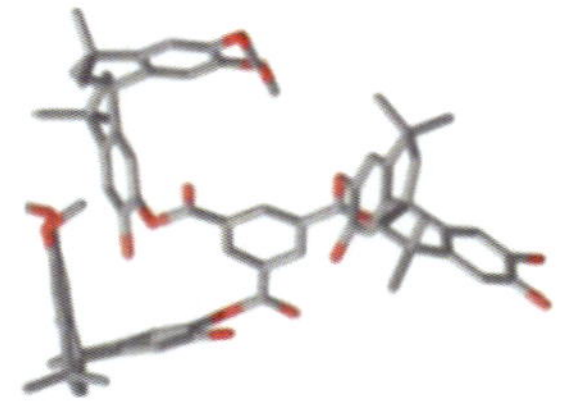

(b) 含有TTSBI螺旋扭曲单体的
聚芳基酸网络片段的分子模型

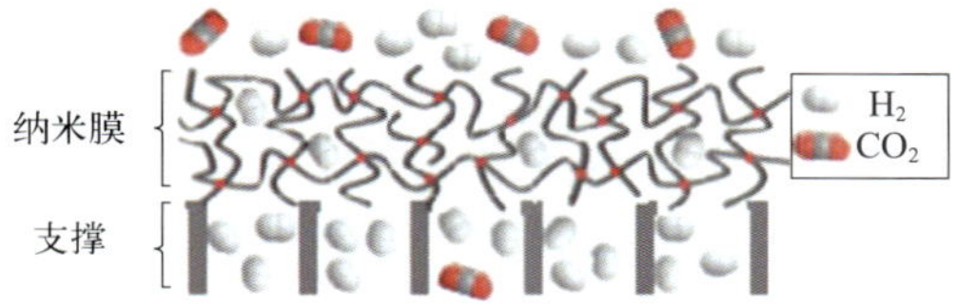

(c) 用于气体分离的选择性膜的
聚芳酸纳米复合膜示意图

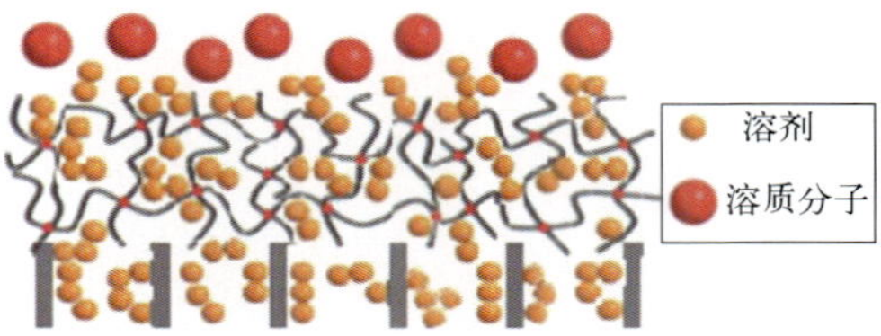

(d) 聚芳基酸纳米膜复合膜作为OSN的溶剂稳定选择膜
(允许快速溶剂转运的同时排斥大的溶质分子)

图4-5　聚芳酸纳米膜的界面合成

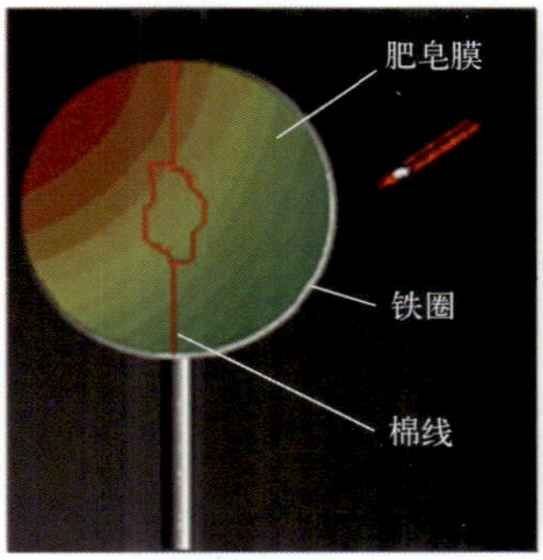

(a) 刺破线圈中央的液膜前

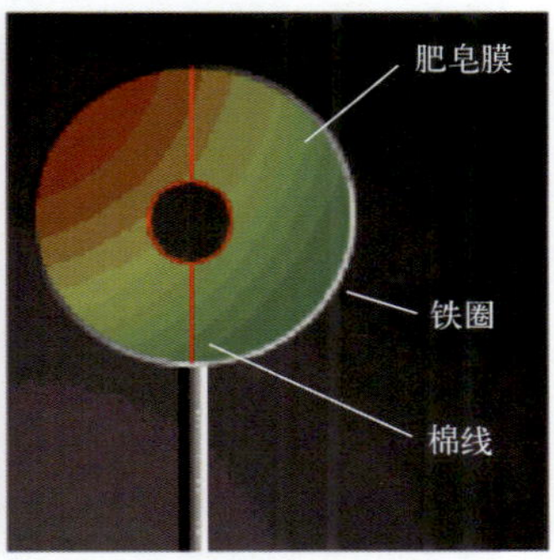

(b) 刺破线圈中央的液膜后

图5-8　表面张力的存在性实验

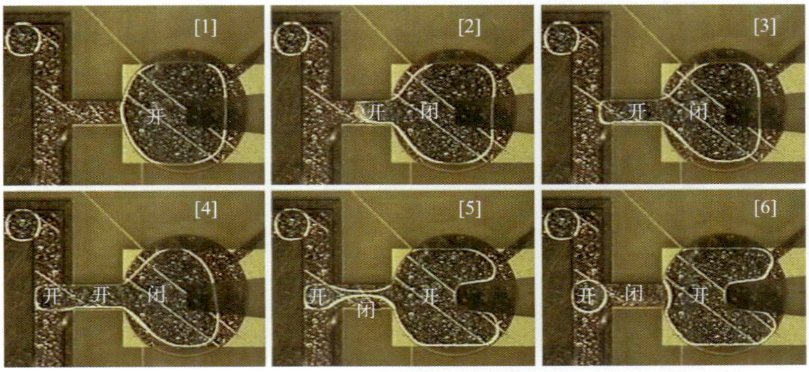

图5-12　液滴生成的过程

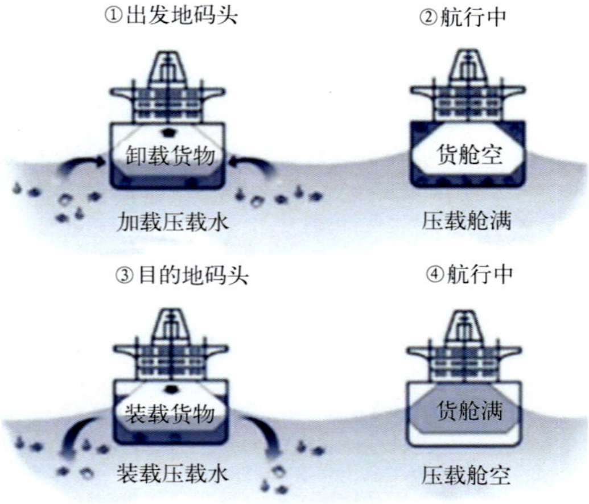

图6-1 船舶压载水的作用

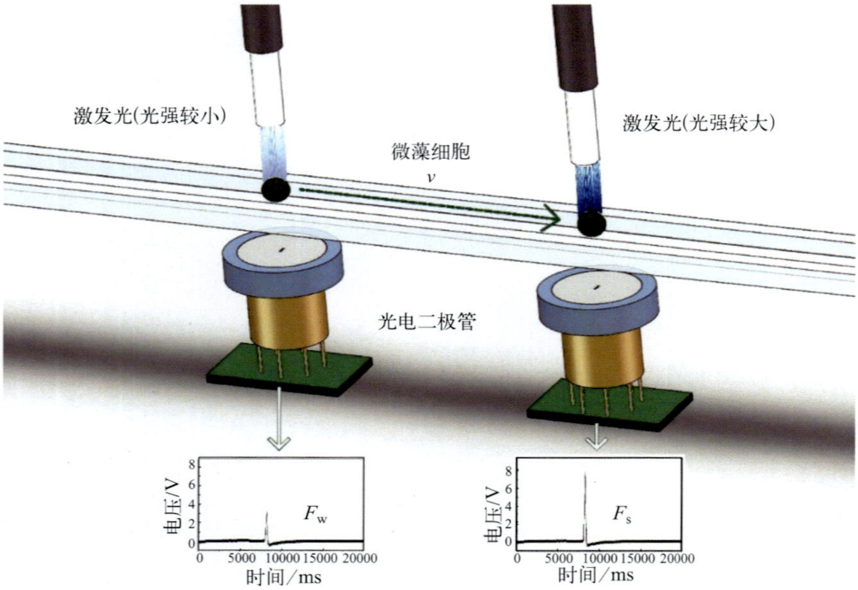

图6-3 强、弱两级光激发单微藻细胞活性定量表征方法

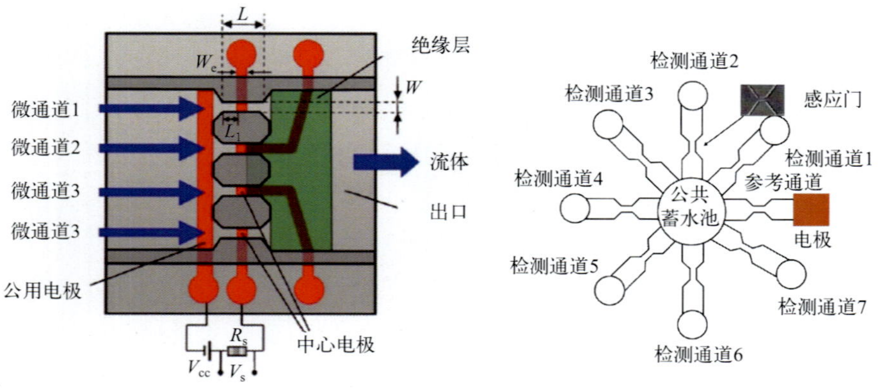

(a) 四通道并行高通量差分电阻脉冲传感器 (b) 发散形高通量差分电阻脉冲传感器

图6-5 多通道并行的电阻抗脉冲传感检测方法

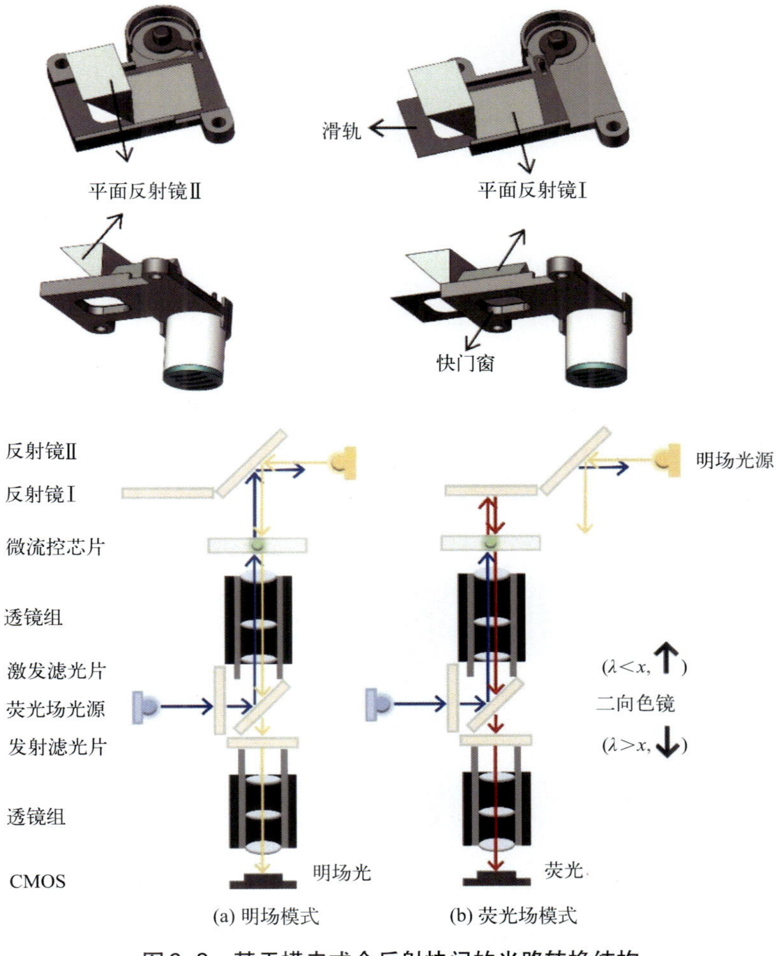

图6-8　基于横走式全反射快门的光路转换结构

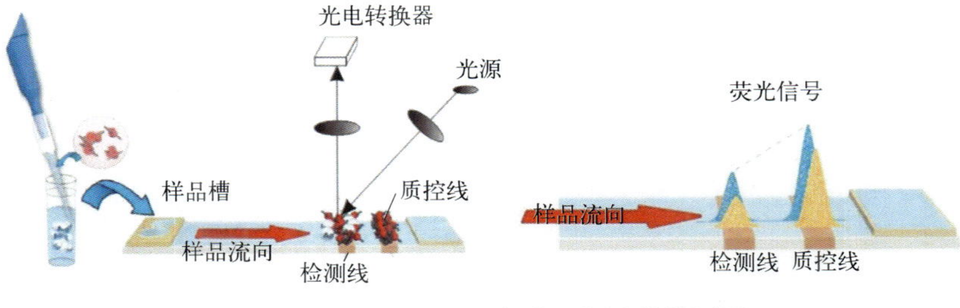

图6-11　时间分辨荧光免疫层析法的检测原理

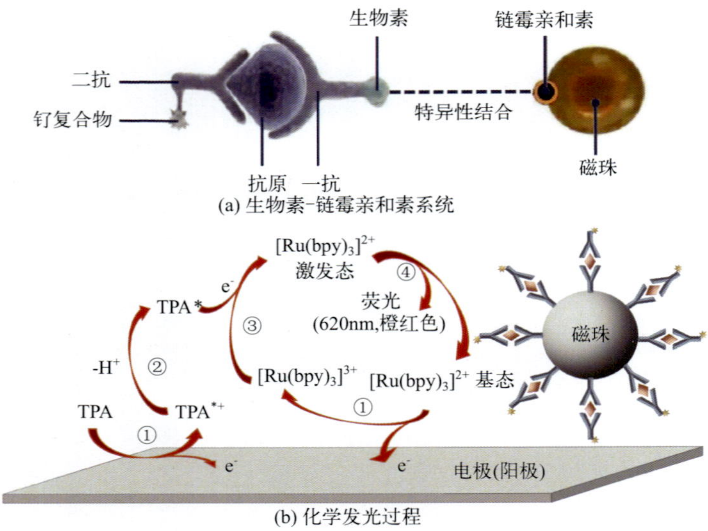

图6-12　电化学发光免疫分析法的原理图

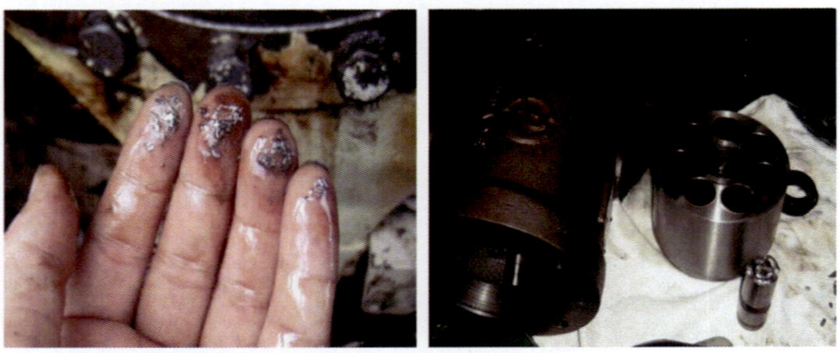

图6-13　液压泵的油液污染

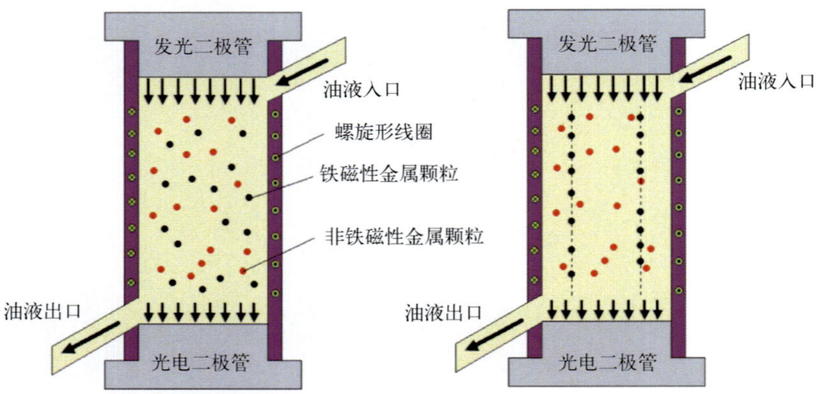

图6-15　基于光透射原理的油液金属颗粒传感器示意图

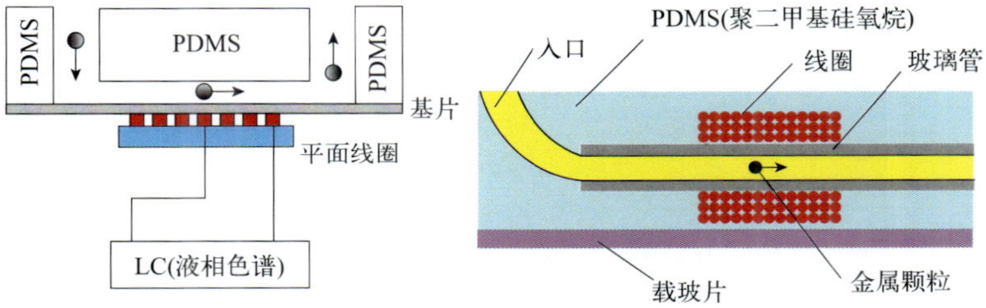

图6-21　微流控电感式油液金属颗粒检测芯片

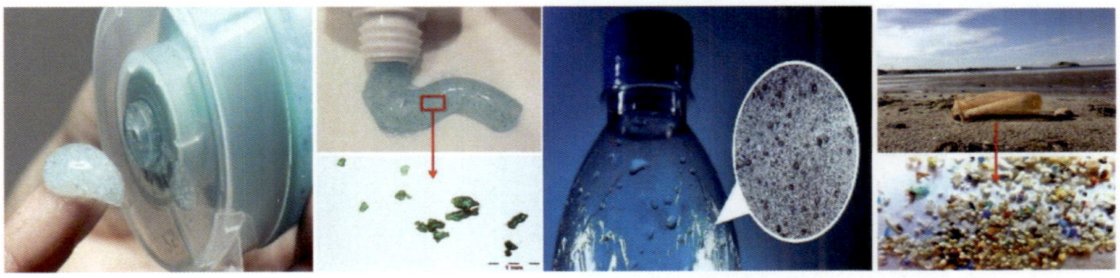

图6-23　初级微塑料和次级微塑料

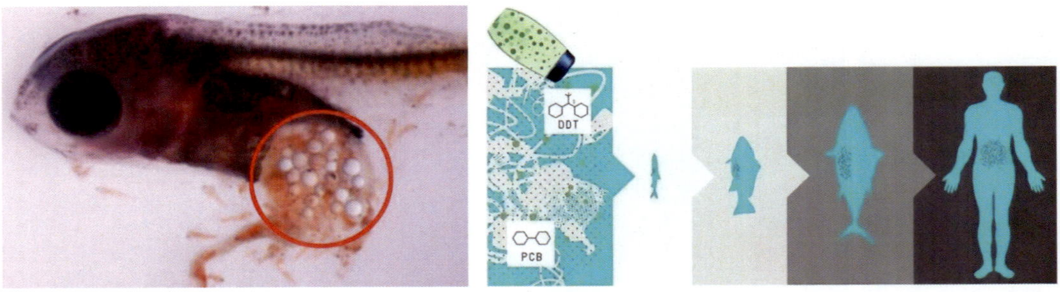

图6-24　微塑料的危害

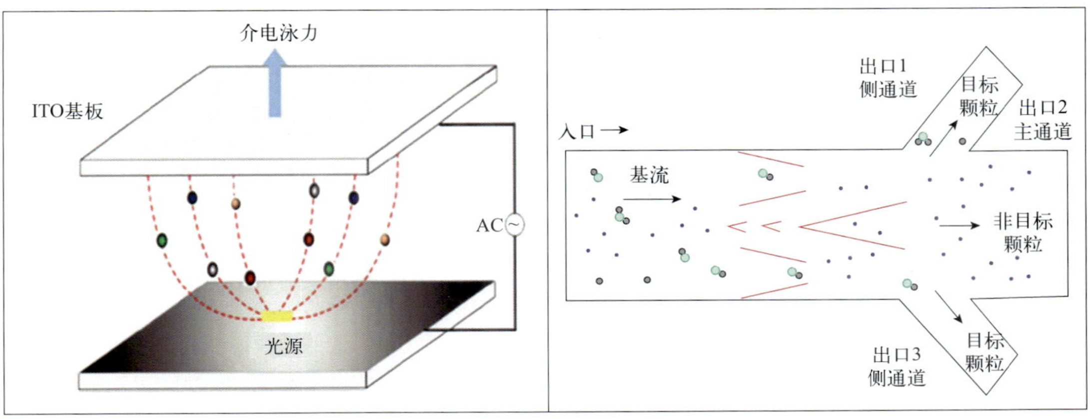

图6-26　光分离法示意图

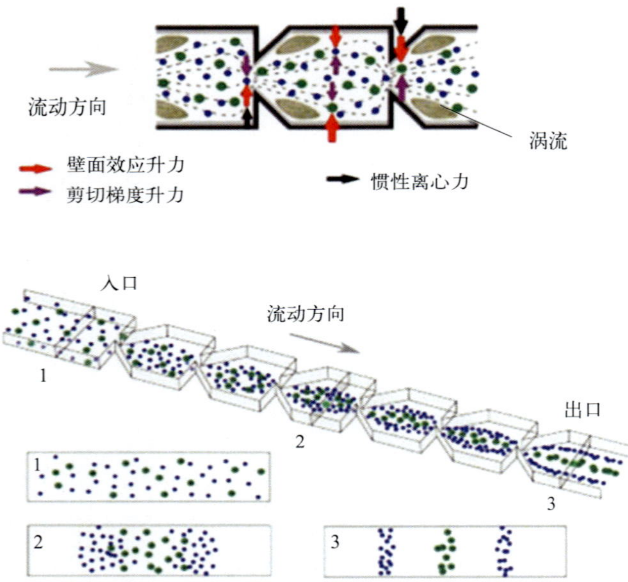

图6-27　惯性分离法——缩扩式结构

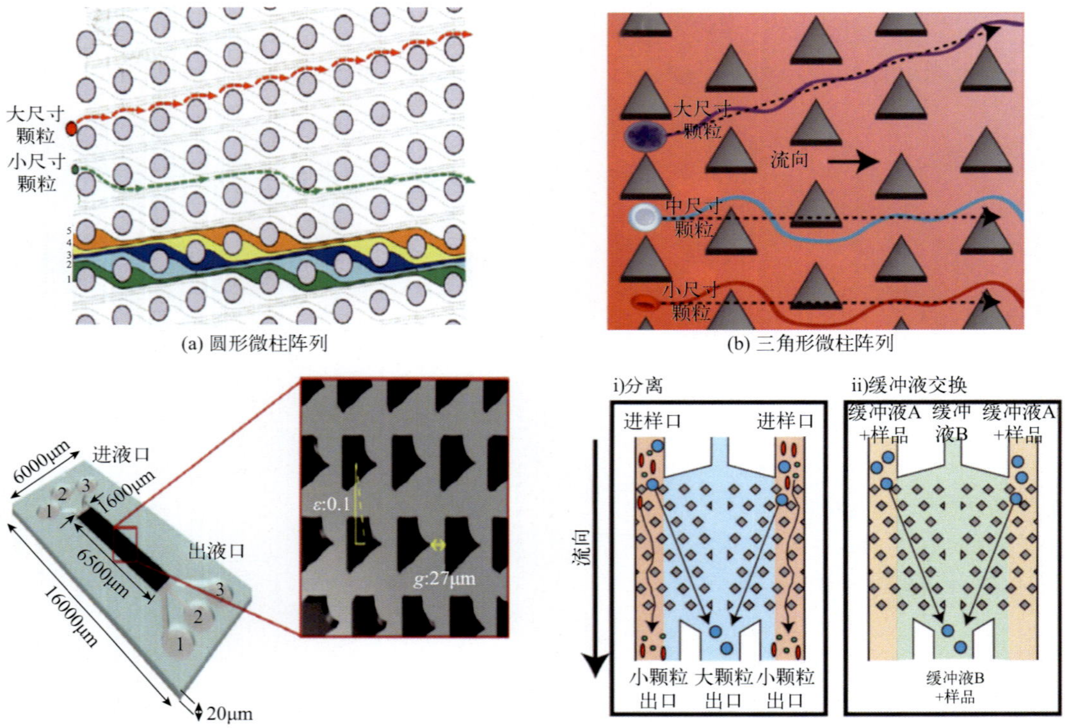

(a) 圆形微柱阵列　(b) 三角形微柱阵列

(c) 菱形微柱阵列　(d) 不规则多边形微柱阵列

图6-28　被动式分离——确定性侧向位移分离示意图

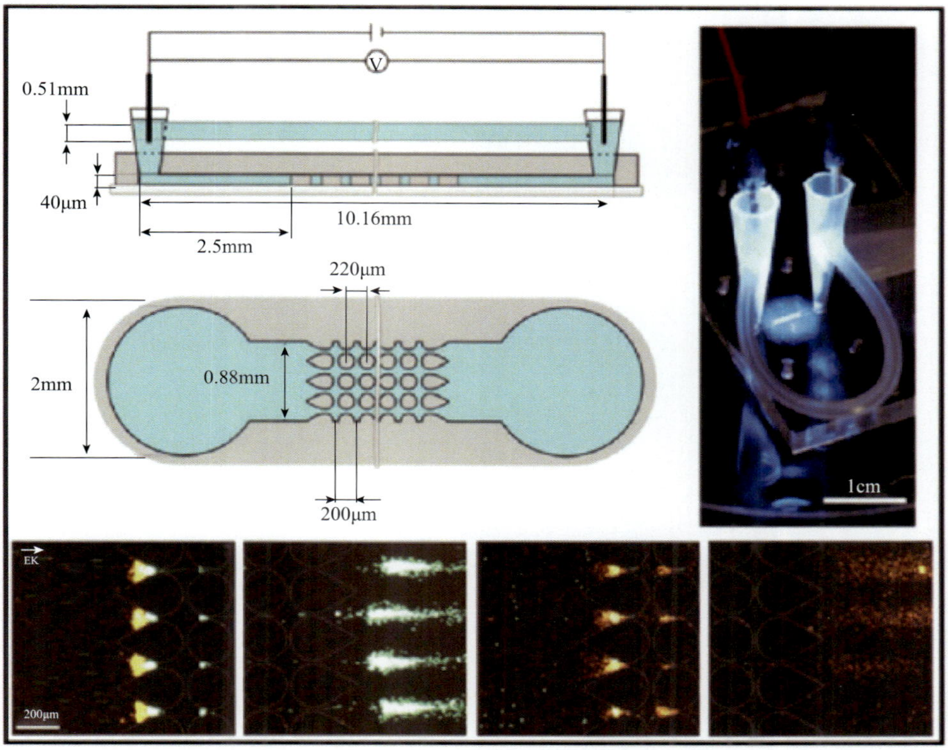

图6-30 具有绝缘柱阵列的微流体通道诱导介电电泳效应

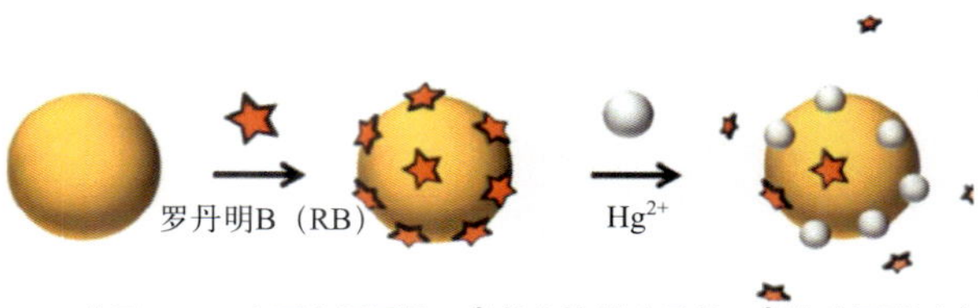

(a) 基于AuNPs表面上还原的Hg^{2+}替代染料分子的Hg^{2+}传感原理示意图

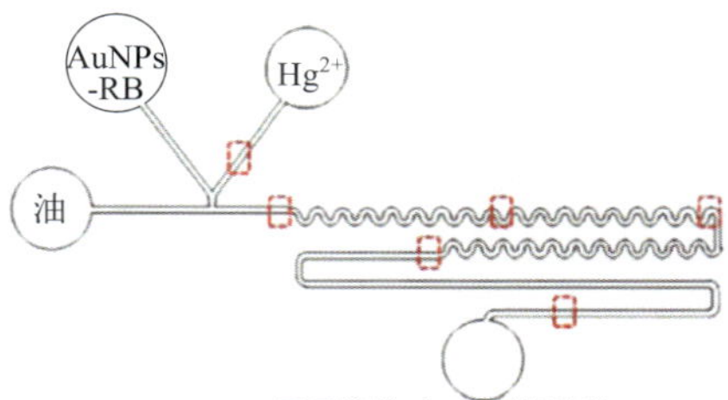

(b) 用于液滴生成的微通道

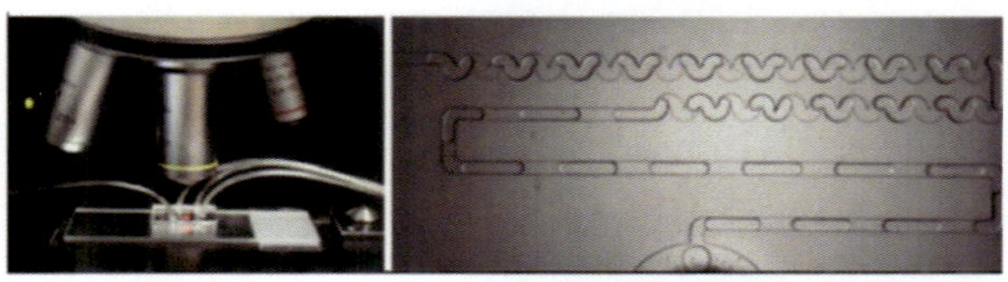

(c) 微流控芯片　　(d) 显微镜下的微流控芯片结构

图6-32 SERS传感器

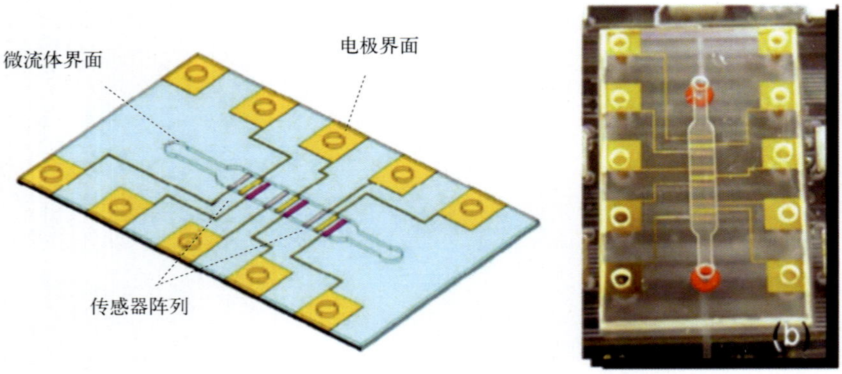

图6-33　具有三个传感器阵列的微流控芯片